商店叢書㉓

U0070326

店長操作手冊（增訂七版）

黃憲仁　編著

憲業企管顧問有限公司　　發行

《店長操作手冊》〈增訂七版〉

序　言

作者在店長培訓班（臺北班）授課中。

　　作者十多年對於商店的輔導與培訓，並曾擔任多家連鎖企業總經理，深深感受出，目前店長都是由銷售員提拔上來的，由於缺乏現代化的店鋪經營管理經驗和必要的崗位培訓，綜合能力較低，因而無法在複雜的經營環境中發揮應有的作用，難以勝任現代店長的工作，專業店長培訓教材與職業店長培訓教師更是嚴重缺乏。作者常思考若能有學校專門培訓商場員工、幹部的機會，那多好！

　　店長（或稱為店經理）是店鋪的經營管理者，他不僅是整個店鋪活動、運營的負責人，還是店鋪的精神領袖，發揮著火車頭的作用，在經營和管理中起著承上啟下的作用。企業發展得越快，對店長的要求也就越高。

　　本書是作者透過對零售店鋪的深入研究，並總結多年的培訓及賣場實戰經驗，專為提升店長的技能而量身訂制的。

本書在 1999 年當初只是企管培訓班的培訓教材 45 頁，後來改變策略，改發行書店版圖書，推出普及版本 25 開的 280 頁，又增修內容為 312 頁，後又修改內容與版面。本書在 2006 年 7 月，全部重新大幅度修改，版面設計大變動，內容更精彩，台灣各公司團購、學校採用為教科書，海內外大量採購，銷售轟動，再版達十多次，我們瞭解這全是拜讀者所賜，不以此自滿，屢屢自我要求，改稿重修，2017 年 11 月推出全新內容增訂第七版，修訂並增加內容，務期內容更佳。

　　本書是店長培訓班教材，主要針對目前零售行業的現狀，從店鋪經營管理的各個方面總結出店長應具備的技能，旨在對店長進行專業培訓，使其明確店長工作崗位的操作規範和工作職責，不僅要學會高超的銷售服務技巧，更重要的是學到現代經營管理能力，成為現代化的管理人才。

　　店長若有意一步提升自我能力的進修，本公司有一系列商店管理培訓叢書，可供讀者借鑒。

　　　　　　　　　　　　2017 年 11 月　黃憲仁於台灣‧宜蘭故鄉

《店長操作手冊》〈增訂三版〉

序　言

　　本書是「專為店長而撰稿」、「指導店長如何經營商店」的實務工具書；原因是作者屢獲企業要求，常為培訓商店的店員、收銀員、店長、督導員而奔波南北，並深深感受到，坊間有關商店經營書籍雖多，却是理論翻譯書居多，若能推出「專門指導店長經營商店」之書，必可造福社會，這才有此書之企劃意圖。然台灣出版市場之小，而投入花費之大，**公司推出此書《店長操作手冊》，或可戲稱為「參與社會公益活動」！** 原先稿源是自 1998 年以來的企管培訓班大本上課講義，經過多年授課修正後，遲至 2002 年 9 月才推出《店長行動手冊》。

　　普及版《店長行動手冊》2002 年上市以來，屢接獲各地讀者來電反應，頻頻以團體訂購方式，購書提供店長（或幹部、員工）作為自我進修、充電用途；我們深深感到榮幸，也祝福這些企業或店長，店務順利！

　　再度感謝諸多企業老闆的來電賜教，提供寶貴意見，並指出打字

失誤處，使我們有修改、補正機會。2004 年 5 月再版時，我們將原書重新歸納整理，並增補資料。從 2004 年 12 月起，原書重新改版上市，精彩內容更多，頁數增加，但價格不變，更敦聘黃憲仁顧問師於書內，加入顧問心得，並改名為《店長操作手冊》，希望以更充實的實務內容，來回報讀者的厚愛！

　　本書為商店叢書之一，其中尚有：《店員操作手冊》、《店長促銷技巧》、《連鎖店行動手冊》、《如何撰寫連鎖業營運手冊》均為指導企業人士的實務操作工具書，絕不是理論入門介紹書，各書彼此也有相連貫性，「完整的理論架構」搭配「實務執行技巧」，若能互相參考，可有更大領悟與參考，對商場經營有極大裨益！

寫於 2004 年 12 月

《店長行動手冊》

序　言

　　現代零售業的發展，在各行各業已有飛躍的進步，尤其是各種連鎖商店，比比皆是，經營者或店長常為爭奪市場、贏得消費者而努力。

　　在各種商店欣欣向榮的同時，有一群商店欲走向倒閉地步，雖令人同情，卻是自由競爭下的必然結果。

　　作者在輔導商店多年，深深感受到商店的經營，成功（或失敗）的因素極多，店長是關鍵因素，只有成功的店長，才會有成功的商店。

　　本書是以「指導店長之經營管理為唯一目標」之專業著書，主因是書店有關商店經營之理論書籍甚多，卻獨缺「以店長為對象，介紹店長應如何經營商店」的書籍。

　　本書由多人聯合撰稿，初稿在 1998 年發行於台灣企管界上課講義，爾後，並得到經濟部主管機關《連鎖店經營管理小組》多位編輯人員之協助，提供資料，內容更豐富，乃得以成書，藉此機會表示感謝！

　　本書上市，希望對於店長能略盡協助之力，書籍在匆促整合之際，若有不妥之處，敬請諒解，並歡迎來函指教！

2002. 10

《店長操作手冊》〈增訂七版〉

目　錄

第1章　店長的職責 / 14

　　店長是商店的管理者，店長負責商店盈虧與績效，企業經營者必須要關注到店長素質和經營管理能力。店長管理質量的好壞，將直接影響到整個商店的營運效率。

第一節　店長的定義 ⋯⋯⋯⋯⋯⋯⋯⋯⋯⋯⋯⋯⋯⋯⋯⋯ 14

第二節　店長的職責 ⋯⋯⋯⋯⋯⋯⋯⋯⋯⋯⋯⋯⋯⋯⋯⋯ 16

第三節　店長的素質 ⋯⋯⋯⋯⋯⋯⋯⋯⋯⋯⋯⋯⋯⋯⋯⋯ 20

第2章　店長的每日工作內容 / 26

　　店長每日必須把握住商店營運管理的重點，安排每日工作流程，分清每天工作中的優先順序。身為店長，要逐日記賬，多瞭解日報表，店長會議是店內溝通的好時機。良好的溝通有助於商店的整體運作。

第一節　店長的每日作業時段管理 ⋯⋯⋯⋯⋯⋯⋯⋯⋯ 26

第二節　店長的巡店紀錄表 ⋯⋯⋯⋯⋯⋯⋯⋯⋯⋯⋯⋯⋯ 34

第三節　店長的巡店管理 ⋯⋯⋯⋯⋯⋯⋯⋯⋯⋯⋯⋯⋯⋯ 37

第四節　店長會議的報告內容 ⋯⋯⋯⋯⋯⋯⋯⋯⋯⋯⋯⋯ 40

第 3 章　店長的表單式管理 / 43

　　運用「表單式管理」是商店管理最有效的方法。藉由表單的管理與應，可用來掌握現況問題與未來趨勢，建立標準流程。不斷追蹤檢討、改善流程，才能使表單發揮最大功能，提升工作效率和商店利潤。

第一節　店長的檢核表管理方式 ················· 43
第二節　店長要善用表單管理 ················· 50
第三節　店長的數據管理 ················· 53

第 4 章　店長的管理重點法則 / 62

　　店長只要把握商店各作業環節的重點，就能基本保證商店作業的正常進行。店長作業管理的重點無非是人、財、物和資訊。有效地利用商店的資源，做好日常銷售服務工作，使顧客滿意，最終能實現預定銷售計劃和利潤目標。

第一節　店長的管理重點法則（一）···對現金的管理 ··········· 62
第二節　店長的管理重點法則（二）···對員工的管理 ··········· 69
第三節　店長的管理重點法則（三）···對商品的管理 ··········· 75
第四節　店長的管理重點法則（四）···對資訊的管理 ··········· 78

第 5 章　店長對店員的工作要求 / 81

　　要工作有績效，一開始就要聘請到正確的員工。店員每日在商店的作業活動就是商店管理的真實情況，其職業技巧、個人素養及服務態度，直接影響到商店的運作，以及顧客對商店的滿意度，是不容小視的。

第一節　對店員職業修養的要求 ················· 81

第二節　對店員個人衛生的要求 ························ 84

第三節　店員如何銷售成功 ···························· 86

第四節　設法讓店員快樂工作 ························· 89

第五節　指導店員做好銷售工作 ······················ 91

第六節　妥善安排店員的工作 ························· 97

第七節　制定賣場工作標準化 ························· 98

第八節　對店員進行激勵 ···························· 107

第九節　激發店員的工作意願 ························· 109

第 6 章　店長對理貨員的工作要求 / 111

　　理貨員負責營業場所內的商品管理，需熟知自己責任區內商品的基本知識，瞭解賣場的整體佈局和商品陳列方法，隨時掌握責任區內商品銷售的動態，及時提出補貨建議。

第一節　理貨員的工作職責 ··························· 111

第二節　店長如何督導理貨員 ························· 116

第三節　店長如何督促補貨 ··························· 121

第 7 章　店長對收銀員的工作要求 / 123

　　收銀員每日的作業流程可分為營業前、營業中、營業結束後三個階段。收銀作業要嚴格按照店內工作要求執行，收銀員在營業前與營業後要填寫作業表，店長要督導收銀員的具體收銀作業，發現錯誤立即糾正。

第一節　收銀員的工作流程 ··························· 123

第二節　店長對收銀員的工作管理 ····················· 127

第三節　如何修正收銀作業差錯 ······················· 133

第 8 章　店長要對賣場進行規劃 / 137

　　賣場佈局的規劃應遵循結合實際的原則來進行安排，運用商品配置表來進行管理。讓顧客很容易地進入賣場是展開銷售的第一步，開放格局、豐富商品、整齊陳列、舒適氣氛都是吸引顧客的有力手段。

第一節　　賣場佈局與規劃 ················· 137
第二節　　賣場佈局的器具 ················· 141
第三節　　善加使用商品配置表 ············· 144
第四節　　如何將商品放入配置表 ··········· 152
第五節　　善用配置表來調整商品 ··········· 157
第六節　　如何陳列商品 ··················· 159
第七節　　櫥窗設計 ······················· 166
第八節　　注意顧客的移動路線 ············· 167
第九節　　維護陳列區的銷售績效 ··········· 168

第 9 章　店長要控制存貨 / 174

　　商品處理不好，就成「存貨」，因此，店長要確實掌握庫存數量，加強商品的規劃能力，提升銷售能力，對存貨進行分類管理，採用現代化的管理方式，商品的進銷存循環順暢，商店的生意自然興旺。

第一節　　店長要控制存貨 ················· 174
第二節　　店長有效控制存貨的方法 ········· 176
第三節　　店長的訂貨作業管理 ············· 178
第四節　　店長的收貨作業管理 ············· 180
第五節　　店長的退換貨作業管理 ··········· 184

第六節　店長的調撥貨作業管理 ⋯⋯⋯⋯⋯⋯⋯⋯⋯⋯⋯185

第七節　找出滯銷品並加以淘汰 ⋯⋯⋯⋯⋯⋯⋯⋯⋯⋯⋯186

第 10 章　店長對盤點工作的管理 / 189

在商店作業中，盤點作業是一項繁重、花時間的作業，盤點是對現有商品庫存實際狀況的具體清點，通過盤點作業，可以計算出商店真實的存貨、費用率、毛利率、貨損率等經營指標，盤點的結果是衡量企業經營狀況好壞的最標準尺度。

第一節　店長為何要盤點 ⋯⋯⋯⋯⋯⋯⋯⋯⋯⋯⋯⋯⋯⋯189

第二節　盤點的方式 ⋯⋯⋯⋯⋯⋯⋯⋯⋯⋯⋯⋯⋯⋯⋯⋯190

第三節　盤點前的準備工作 ⋯⋯⋯⋯⋯⋯⋯⋯⋯⋯⋯⋯⋯196

第四節　盤點後的處理工作 ⋯⋯⋯⋯⋯⋯⋯⋯⋯⋯⋯⋯⋯201

第 11 章　店長如何防止損耗 / 204

「損耗」是由商品損壞、盜竊、損壞及其他因素共同引起的。商店必須根據損耗發生的原因，有針對性地採取措施，加強管理，堵塞漏洞，儘量使損失減少到最小。

第一節　商店損耗的原因分析 ⋯⋯⋯⋯⋯⋯⋯⋯⋯⋯⋯⋯204

第二節　商店防止損耗的方法 ⋯⋯⋯⋯⋯⋯⋯⋯⋯⋯⋯⋯208

第三節　防止顧客偷竊的措施 ⋯⋯⋯⋯⋯⋯⋯⋯⋯⋯⋯⋯210

第 12 章　店長要確保商店的安全與衛生 / 214

滿足消費者的購物需求之外，商店還必須給消費者提供一個安全舒適的購物環境。店鋪的清潔衛生來自於日常工作中的定期清理和打掃，要制定出合理的衛生執行標準和清潔操作規範，並

對員工進行培訓，指導他們以正確的方式去工作。

第一節　確保商店作業安全的對策 ⋯⋯⋯⋯⋯⋯214

第二節　各種安全作業的具體作法 ⋯⋯⋯⋯⋯⋯218

第三節　安裝商品的防盜設施 ⋯⋯⋯⋯⋯⋯⋯⋯228

第三節　店長要要確保商店的衛生 ⋯⋯⋯⋯⋯⋯230

第 13 章　店長應對顧客投訴的技巧 / 238

如何處理顧客投訴，是商店作業管理中的重要一環，處理得好，矛盾得到化解，企業信譽和顧客利益得到維護；反之，往往會成為商店經營的危機。

第一節　顧客投訴的類型分析 ⋯⋯⋯⋯⋯⋯⋯⋯238

第二節　店長處理顧客投訴的對策 ⋯⋯⋯⋯⋯⋯242

第三節　要讓顧客有投訴的管道 ⋯⋯⋯⋯⋯⋯⋯249

第四節　建立投訴處理系統 ⋯⋯⋯⋯⋯⋯⋯⋯⋯251

第五節　如何處理顧客的商品退換 ⋯⋯⋯⋯⋯⋯255

第 14 章　店長提升業績的方法 / 258

消費者到店頭購物，會受到認知、記憶、使用經驗、試用效果等多種因素的影響。POP 廣告、店頭促銷、現場促銷、展示促銷、會員制消費等都是有效的促銷手段。

第一節　活用店頭 POP 效果 ⋯⋯⋯⋯⋯⋯⋯⋯⋯258

第二節　打造屬於自己店面的銷售秘笈 ⋯⋯⋯⋯264

第三節　商店的展示促銷 ⋯⋯⋯⋯⋯⋯⋯⋯⋯⋯267

第四節　一定要舉辦促銷活動 ⋯⋯⋯⋯⋯⋯⋯⋯273

第五節　商店常見的促銷推廣方法 ⋯⋯⋯⋯⋯⋯277

第六節　店長銷售提成比例的問題 ⋯⋯⋯⋯⋯⋯⋯⋯281

第 15 章　店長如何掌握賣場業績 / 284

店長要運用目標管理提升商店績效，掌握店內商品的銷售數量，充分地利用好 POS 銷售數據，創造活潑的銷售氣氛，善加利用各個息息相關的優點，就能確實實現經營目標。

第一節　養成每天看報表的習慣 ⋯⋯⋯⋯⋯⋯⋯⋯284
第二節　運用目標管理提升績效 ⋯⋯⋯⋯⋯⋯⋯⋯285
第三節　擬訂銷售計劃的步驟 ⋯⋯⋯⋯⋯⋯⋯⋯⋯290
第四節　店長要重視經營數字 ⋯⋯⋯⋯⋯⋯⋯⋯⋯291
第五節　店長要留心商品銷售量 ⋯⋯⋯⋯⋯⋯⋯⋯296
第六節　要善用 POS 銷售分析資料 ⋯⋯⋯⋯⋯⋯⋯298
第七節　要做好銷售環節的分析 ⋯⋯⋯⋯⋯⋯⋯⋯301
第八節　創造銷售場所的活潑氣氛 ⋯⋯⋯⋯⋯⋯⋯307
第九節　店員要手不離開商品 ⋯⋯⋯⋯⋯⋯⋯⋯⋯308
第十節　創造愉快工作的每一天 ⋯⋯⋯⋯⋯⋯⋯⋯309

第 16 章　店長要拉住顧客 / 313

顧客是商店最寶貴的資源，是決定商店生死存亡的關鍵，顧客的價值，不在於他一次購買的金額，而是他一生能帶來的總額，做好售后追蹤服務工作，才能讓顧客成為忠誠顧客。

第一節　服務理念可提升業績 ⋯⋯⋯⋯⋯⋯⋯⋯⋯313
第二節　要拉住老顧客 ⋯⋯⋯⋯⋯⋯⋯⋯⋯⋯⋯⋯314
第三節　加強售後服務以創造顧客 ⋯⋯⋯⋯⋯⋯⋯318
第四節　會員制的必贏之道 ⋯⋯⋯⋯⋯⋯⋯⋯⋯⋯320

第五節　服裝公司的會員制方法·····················328

第 17 章　店長如何改善賣場績效 / 331

　　對店內業績時時關心，發覺業績不理想，未達目標，應立刻分析原因，通過各種評估診斷找出對策，迅速執行，並對「產品」、「人員」、「時間」分別設定目標，追蹤其執行結果，加以跟催，扭轉頹勢。

第一節　先瞭解為何業績不佳·····················331
第二節　透過營業額公式來抓改善重點············332
第三節　商店自我診斷評估·······················335
第四節　具體改善商店形象·······················343
第五節　扭虧為盈，自強救店·····················346

第十八章　店長手冊範例 / 353

＜範例 1＞　餐飲業的店長手冊·····················353
＜範例 2＞　超市的店長手冊·······················366

第 *1* 章

店 長 的 職 責

第一節 店長的定義

店長是商店的最高管理人員,店長管理質量的好壞,將直接影響到整個商店的營運效率。

通常商店的最高管理者稱為店主或店經理。在店長之上可能還有一個「店主」,店主是商店的所有者,而店長是商店的管理者,店長不是法人代表,其工作重點是管理而不是經營,一個店有可能是「店主」與「店長」同一人,也有可能店主聘請「店長」來管理這個店面或專賣店。店長的定義如下:

1. 店長是商店的代表者

店長對外是商店、專櫃、專賣店的代表者;對內,店長是員工利益的代表者,是商店員工需要的代言人。

商店內不論有多少服務人員,他們都是在不同的時間、不同的部門為顧客提供不同的服務。個別服務人員的表現可能有好壞之差,但整個商店的經營績效及商店形象都必須由店長負起全責,所以店長代表商店

的經營與管理，對商店的營運必須了如指掌，才能在實際工作中做好安排與管理，發揮最大實效。

2.店長是商店經營目標的執行者

商店既要能滿足顧客要求，同時又必須創造一定的經營利潤。對於政策、經營標準、管理規範、經營目標，店長必須忠實地執行。因此，店長必須懂得善於運用所有資源，以達成兼顧客需求及企業需要的經營目標。即使店長對總部的某些決策尚存異議或有建議性意見，也應當通過正常的管道向總部相關部門領導提出，不可以在下屬員工面前表現出對決策的不滿情緒或無能為力的態度。所以，店長必須成為商店重要的中間管理者，才能強化商店的營運管理，確保商店經營目標的實現。

3.店長是商店士氣的激勵者

員工工作慾望的高低是一件不可忽視的事，它直接影響到員工工作的質量，店長應不斷激勵全店員工保持高昂的工作熱情，形成良好的工作狀態，讓全店員工人人都具有強烈的使命感、責任心和進取心。

4.店長是問題的協調者

店長應具有處理各種問題的耐心與技巧，例如與顧客溝通、與員工溝通、與總部溝通等方面。若店長對上級的報告、對下屬的指令傳達都毫無瑕疵，但是對與顧客溝通、與員工溝通、與總部溝通等方面卻做得不夠好，無形中就會惡化人際關係。因此，店長在上情下達、下情上達、內外溝通過程中，都應儘量注意運用技巧和方法，以協調好各種關係。

5.店長是賣場的指揮者

商店的區域有賣場、後場之分，「賣場」直接服務顧客，「後場」是後勤補給中心，因為顧客每天接觸最頻繁的場所就是賣場，故店長必須負起總指揮的責任，安排好各部門、各班次服務人員的工作，指示服務人員，嚴格依照下達的商店營運計劃，將最好的商品，運用合適的銷售技巧，在賣場各處以最佳的面貌展現出來，以刺激顧客的購買慾望，提升銷售業績，實現商店銷售的既定目標。

6.店長是員工的培訓者

員工的業務水準高低與否，關係到商店經營的好壞。所以店長不僅要時時充實自己的業務經營及相關技能，更要不斷地對所屬員工進行工作技能培訓，以促進商店整體經營水準的提高。

店長工作繁忙，並且常有會務活動、會議討論，當其不在店內時，各部門的主管及全體員工就應及時獨立處理店內事務，以免延遲工作。此外，店長還應適當授權，以此培養部屬的獨立工作能力，訓練下屬的工作技能，並在工作過程中耐心地予以指導，指正與幫助。員工的素質提高了，商店的營運與管理自然會越來越得心應手。

店長培育下屬，既能提高其工作效率，也能促成商店工作順利開展。

7.店長是營運與管理業務的控制者

為了保證商店的實際作業，店長必須對商店日常營運與管理業務進行有力的、實質性的控制。控制的重點是：人員控制、商品控制、現金控制、資料資訊控制以及地域環境的控制等。

8.店長是工作成果的分析者

店長應具有計算與理解商店所統計的數值的能力，以便及時掌握商店的業績，進行合理的目標管理。同時店長應始終保持著理性，善於觀察和收集商店營運管理有關的情報，並進行有效分析以及對可能發生的情況的預見，及時採取有效的行動。

第二節　店長的職責

依據公司所交付的任務，店長應執行其工作職責所在，如「商店經營指標」、「掌握商店的銷售動態」、「店內工作的安排與管理」、「加強店內銷售績效」等。

店長負責商店盈虧與績效，其職責如下：

1.各項指令和規定的宣佈與執行

⑴傳達、執行上級的各項指令和規定。

⑵負責解釋各項規定、營運管理手冊的條文。

2.完成各項經營指標

根據各項經營指標，各店長應結合本店的實際狀況，制定自己商店完成年度銷售計劃的執行計劃(包括商品、銷售、培訓、人員等項目的計劃)，可具體細分為月計劃、週計劃和日計劃等。

⑴營業目標。如月營業額 2000 萬元。

⑵毛利目標。如月毛利率為 15%，則月毛利額為 300 萬元。

⑶費用目標。如月費用率為 13%，則月費用額為 260 萬元。

⑷利益目標。如月利益率為 2%，則月利益額為 40 萬元。

3.傳達工作目標

將目標傳達給下屬，要掌握每日、每週、每月、累計等的目標達成情況，帶領員工完成公司下達的指定銷售目標，依業績狀況達成對策，領導員工提供優質的顧客服務，並竭力為公司爭取最佳營業額。

4.負責商店的日常經營

負責陳列方式的更新、廣告的製作張貼、禮券和信用卡的發送、陳列台的佈置整理、店面和店內的巡視等；根據市場環境，制定長期、中期和短期的經營管理計劃，包括促銷策劃、顧客管理等；掌握商店銷售動態，為新商品的引進及滯銷商品的淘汰提供建議；業績的掌握和目標的管理，將各項目標分解給部下，並促使其行動以實現目標。

5.員工的安排與管理

考勤簿的記錄、報告、依據工作情況分配人員，對商店員工考勤、儀容、儀表和服務規範執行情況進行監督與管理。

6.監督與改善商店個別商品損耗管理

不同性質的商店，其損耗商品的類別會有所差異，店長應針對本商

店的主要損耗商品進行重點管理,將損耗降到最低。

7. 監督和審核商店的會計、收銀等作業

店長要做好各種報表的管理,例如:店內的顧客意見表、盤點記錄表、商品損耗記錄表和進銷商品單據憑證等,以加強監督和審核商店的會計、收銀等工作。

8. 掌握商店銷售動態,向上級建議新商品的引進和滯銷商品的淘汰

店長要掌握每日、每週、每月的銷售達成情況,並按時彙報商店銷售動態、庫存情況以及新產品引進銷售狀況,並對商店的滯銷商品淘汰情況,提出對策和建議,幫助上級制定和修改銷售計劃。

9. 維護商店的清潔衛生與安全

(1)店內設備完好率的保持;設備出現故障的修理與更換;冷凍櫃、冷藏櫃、收銀機等主力設備的維護等。

(2)商店前場與後場的環境衛生。一般按區域安排責任人,由店長檢查落實。

(3)對店內的封閉情況,保安人員的到位情況,消防設施的擺放以及停電、火災、盜竊搶劫等各種意外事件的防範與核檢等主要環節做最後的核實,確保安全保安工作萬無一失。

10. 教育、指導工作的開展

教育指導員工主動遵守公司規範,協調人際關係,使員工有一個融洽的工作環境,增強商店的凝聚力。

11. 職工人事考核、職工提升、降級和調動的建議

店長要按時評估商店員工的表現,實事求是地向企業總部人事主管提交有關員工的人事考核、員工提升、降級和調動的建議。

12. 顧客意見與投訴的處理

要滿足和適應消費者不斷增長和變化的購買需求,方法之一就是恰當地處理顧客的投訴和意見,保持與消費者經常性的溝通與交流,隨時

改進商店的工作，這也是店長的工作職責之一。

13.其他非固定模式的作業管理

店長面對商店各種突發的意外事件，如火災、水災、停電、盜竊、搶劫等，應由自己下判斷迅速處理。

14.各種資訊的書面彙報

有關競爭店的情況，顧客的意向，商品的資訊等各種資訊，應及時用書面形式向企業營運部彙報。

15.店長的工作成績報告

每月底(28 日)呈報《訂貨計劃表》。

每週一呈報上週《每週銷售匯總表》。

每月呈報《銷售成績報告表》。

每月 3 日前呈報《自我鑑定表》和《賣場營業資金結算表》。

每月 5 日前呈報《月份業績考核簡報》和《月份營業服務報告》。

16.績效評定標準

⑴達到每月的銷售目標。

⑵提高員工的團隊的凝聚力和對企業的向心力。

⑶提供良好而舒適的銷售環境。

⑷對店鋪所有的財產有保護的義務。

⑸嚴格執行公司的各項制度。

⑹賬目清楚、賬物相符。

⑺每月的各種業務報告按時呈交給公司。

第三節　店長的素質

一、店長的技能

　　店長對於商店(或專櫃、專賣店)的績效，具有絕對性的重大影響。成功的企業，對於店長的要求條件甚高，並且還要給予一系列的培訓，以保證他的服務績效。

　　有關「店長的素質」，可分為「身體素質」、「品質素質」、「性格素質」、「技能素質」、「學識素質」等方面。

1.有優良的商品銷售技能

　　店長對所銷售的商品應具有很深的理解力，這對營業業績的不斷提高有著至關重要的作用，尤其是對銷售過程中所遇到的問題，必須有判斷力，且能迅速地處理問題。

2.有確實執行的技能

　　店長身為管理者要指揮全體店員，讓全店員工心服口服地接受他的指揮，就必須樣樣都能幹、樣樣都會幹、樣樣都比別人幹得好的這種實幹技能。

3.有良好的處理人際關係的能力

　　店長要十分注意與下屬之間的情感關係。人與人之間建立了良好的情感關係，便能產生親切感。在有了親切感的人際關係中，相互的吸引力就大，彼此的影響力也就大。因此，店長擁有良好的處理人際關係的能力，對於商店營運與管理的順利進行有著舉足輕重的作用。

4.具有自我成長的能力

　　店長應以自我管理能力為前提，隨著企業的成長，培育自我成長的能力。因而店長應該具有較強的自學能力，能從管理實踐中不斷總結經

驗，充實自己。

5.擁有教導下屬的能力

店長應具有教導下屬的能力。店長身為教導者，應是下屬的「師傅」和「老師」，能發現下屬是否能力不足，以幫助其成長與努力向上，指揮下屬達到既定目標，促使其提升業績，讓下屬能力發揮到極限。

二、店長的性格

1.有積極的性格

無論什麼事情都積極主動地去處理，無論什麼時候都可以面臨任何挑戰，從不會想到要躲避困難。

2.有忍耐力

商店管理過程中，能順利進行的時候不多，辛苦、枯燥的時候卻很長。所以，對於店長性格而言，具備超強的忍耐力是極其重要的。

3.有明朗的性格

用明朗的笑容，也是工作，用毫無表情或陰沉的臉色，也是工作。店內全體員工的工作氣氛是明朗或是陰沉，有時就要看店長的性格與心情了。

4.有包容力

雖然對同事、下屬的失敗或錯誤要教育和批評，但是不可常常掛在嘴邊。為了提醒他們，店長可以給下屬時間或勸告，但是不可驕縱。而關懷員工則是激發員工的工作熱情、維護店長權威的最有效手段。

三、店長的品格

一個有績效的店長，其品格主要包括道德、品行、人格、作風等。俗話說：「榜樣的力量是無窮的」，好的品格可以成為模範，能使下屬對

店長產生敬重感，從而吸引下屬模仿。因此，品格是商店店長最基本的素質要求，是一切能力的基礎，店長必須注意自身的品格與修養。

四、店長的學識

學識與才能是緊密聯繫在一起的。學識是才能的基礎，才能是知識的表現。一個人學識的高低，主要表現為其對自身和客觀世界認識的程度。學識是一個人最寶貴的財富，它本身就是一種力量。具有豐富學識的管理者，容易取得下屬的信任，並由此產生信賴感，甚至帶來極高的影響力。在學識方面主要包含有以下幾個方面：

⑴具有洞察市場消費動向的知識。

⑵具有關於零售企業的變化及今後發展的知識。

⑶具有關於零售企業經營技術及管理技術的知識。

⑷具有關於經營企業的歷史、制度組織、理念的知識。

⑸具有關於銷售管理等方面的知識。

⑹具有關於教育方法和技術的知識。

⑺具有關於商店的計劃決策方法的知識。

⑻具有計算及理解商店內所統計的數值的知識。

⑼具有關於零售業法律方面的知識。

店長應該是具有上述知識、技能、性格和素質的人。但是人無完人，沒有一個人一生下來就具有上列資質。只要店長認清自己的缺點和弱點，努力的改善和進修，一定能不斷提高自己的素質，得到下屬的愛戴與尊敬，進而提高商店經營業績。

五、店長應有的心態

「態度決定一切」，好的態度產生好的驅動力，註定會得到好的結果。

　　店長從事的是一項與顧客及店員接觸最為廣泛、最為頻繁的工作。店長的服務意識、銷售行為、言談舉止、甚至個人形象等對店員都具有很好的影響作用，而店長所做的一切都是由他自己的心態決定的。店長必須具備以下幾種心態：

1. 積極樂觀的心態

　　積極的心態是成功者最基本的品質。一個人如果心態積極，樂觀地面對人生，樂觀地接受挑戰和應付麻煩事，那他就成功了一半。很多有知識有能力卻沒有成功的人，他們的共同點就是，缺乏足夠的樂觀與熱情。不同的心態，將決定智力開發的方向，因此，就發現市場機會而言，積極樂觀的心態遠比智力重要。

　　樂觀的人更能發現機會。在悲觀的人看來是常態，在樂觀的人看來就是鮮活的種子。在熱情的灌溉下，種子就會成長，直至得到收穫。灌溉不一定得到收穫，但放棄灌溉就絕對得不到收穫。

　　積極的人像太陽，走到那裏那裏亮；消極的人像月亮，初一十五不一樣。積極的心態不但給自己帶來奮鬥的陽光，也會給你身邊的人帶來陽光。

2. 主動熱情的心態

　　在競爭異常激烈的時代，被動就會挨打，主動就有機會佔據優勢地位。好的業績不會從天而降，一個商店想要有好業績，要靠店長帶領店員主動熱情地去創造。

　　作為店長，企業、店主已經為你搭建了舞台、提供了道具，如何去表演需要你自己去思考和排練，能演出什麼精彩的節目，有什麼樣的收視率也由你自己決定。

　　主動熱情的店長總是受到老闆的支持和店員的擁戴，主動熱情地去為商店創造良好的銷售業績，掌握實現自己價值的機會。

3. 專業務實的心態

　　專業務實就是以專業的知識確實做好銷售管理工作，建立一隻優秀

的店員隊伍和忠誠的顧客群，為企業創造穩定的銷售業績。

廣博的專業知識既可以隨時指正店員的錯誤，在關鍵時刻還可以獲得顧客的信心和領導的賞識。

4.經營者的心態

為什麼你還在為老闆打工？那是因為你沒有像老闆一樣去考慮問題！

像老闆一樣思考，像老闆一樣行動，你也可以取得與老闆一樣的成就。店長只有具備了老闆的心態，才會盡心盡力去工作，才會去考慮商店的成長，考慮商店的成本，才會意識到商店的事情就是自己的事情，就會知道什麼是自己應該去做的，什麼是自己不應該做的。

反之，如果工作時得過且過，不負責任，認為自己永遠是打工者，商店的命運與自己無關。那麼，你肯定得不到老闆的認同，自己的人生價值也就無法得到體現。

什麼樣的心態決定什麼樣的生活。惟有心態擺正了，才會感覺到自己的存在，才會感覺到生活與工作的快樂，才會感覺到自己所做的一切都是理所當然的。

六、店長助理的職責

通常在商店規模較大的情況下，各商店應配備相應的副店長或店長助理。副店長是店長的助手，在職務稱謂上，依公司需求可稱為「副店長」或「店長助理」。

在企業的經營管理上，可靈活發揮「店長助理」的功能，例如「店長每年固定休假兩週，休假期間由店長助理代理」、「店長輪調他店，此期間由店長助理暫代一個月」等，有關「店長助理」或「副店長」其職責如下：

1. 店長助理

店長的事務面廣，並且繁雜，商店的整體工作計劃制定以後，就需要店長助理協助各個具體工作，細緻地逐項安排落實，並且檢查實際作業的效果。

2. 代理店長

在店長因事外出或不在店內時，由店長助理代行店長的職責，負責商店的全面管理工作，並與店長輪早、晚班。

3. 實習店長

通常，企業會有意識地在各商店安排一批店長助理實習，讓他們熟悉並掌握店長的全面管理工作，為今後企業的不斷發展，培養後備經營管理人才。

心得欄

第 2 章

店長的每日工作內容

第一節　店長的每日作業時段管理

　　店長每日的工作，必須在有限的時間內把握住商店營運與管理的重點，嚴格執行安排每日的工作流程。

　　1. 明確店長的作業時間

　　不同的企業，因其經營的業態形式不同，其商店的營業時間也有所差異。一般超級市場的營業時間為早上 9 點至晚上 10 點，總計 13 個小時。因此，通常店長的作業時間，除每星期必有一天實行全天工作制外，店長一般為早班出勤，即上班時間為早上 8 點至下午 6 點半，店長在此時間段可充分掌握商店銷售過程，並可在營業高峰掌握商店每日的營業狀況，確保開店的狀況良好。

　　2. 規定店長在每日每個時段上的工作內容

　　下列的表 2-1-1 是一家超市公司對店長作業流程的時段控制和工作內容確定的店長每日檢查項目列表。

表 2-1-1　店長作業流程時段表

時　段	作業項目	作　業　重　點
營業前	店員報到	每日提前 15 分鐘到店，進入店後依次打開電源，做好店員簽到考勤，查看留言本上的昨日留言及營業狀況，待店員到齊，召開早會。
營業中 8：00 ～9：00	1.晨會	早會由店長主持，所有店員必須參加，議程包括： · 檢查儀容儀表 · 總結前一天的銷售情況和工作 · 介紹銷售計劃，提出當日銷售目標 · 提出當日工作要求：服務要求、紀律要求、衛生標準、顧客意見回饋 · 注意每位店員情緒，提高其工作意願 · 針對新店員進行階段性的、有計劃的銷售技巧培訓 · 培訓與產品知識培訓(尤其是新品上市) · 傳達上級工作要求 · 鼓勵、表揚優秀店員
	2.職工出勤狀況確認	· 出勤、休假、病事假、人員分配、儀容儀表及工作掛牌檢查
	3.賣場、後場狀況確認	· 商品陳列、補貨、促銷及清潔狀況檢查 · 後場倉庫檢查(包括選貨驗收等) · 收銀員、找零、備品及收銀台和服務台的檢查
	4.昨日營業狀況確認	· 營業額 · 來客數 · 每客購物平均額 · 每客購物平均品項數 · 售出品種的商品平均單價 · 未完成銷售預算的商品部門
9：00 ～10：00	1.開門營業狀況檢查	· 各部門人員、商品、促銷等就緒 · 店門開啓、地面清潔、燈光照明、購物車(籃)等就緒
	2.各部門作業計劃重點確認	· 促銷計劃 · 商品計劃 · 出勤計劃 · 其他
10：00 ～11：00	1.營業問題點追蹤	· 作業營業未達銷售預算的原因分析與改善 · 電腦報表時段商品銷售狀況分析，並指示有關商品部門限期改善

續表

營業中	10：00～11：00	2.賣場商品態勢追蹤	・缺品、欠品確認追蹤 ・重點商品、季節商品、商品展示與陳列確認 ・時段營業額確認
	11：00～12：30	1.後場庫存狀況確認	・倉庫、冷庫、庫存品種、數量及管理狀況瞭解及指示
		2.營業高峰狀況掌握	・各部門商品表現及促銷活動效果 ・後場人員調度支援收銀 ・服務台加強促銷活動廣播
	12：30～13：30	午餐	・交代指定代管負責賣場管理工作
	13：30～15：30	1.競爭店調查	・同地段競爭店與本店營業狀況比較（來客數、收銀台開機數、促銷狀況、重點商品等）
		2.部門會議	・各部門協調事項 ・如何達到今日營業目標
		3.教育訓練	・新進人員在職訓練 ・定期在職訓練 ・配合節慶活動的訓練（如禮品包裝）
		4.文書作業及各種計劃、報告撰寫與準備	・人員變化、請假、訓練、顧客意見等 ・月、週計劃、營業會議內容、競爭對策等
	15：30～16：30	1.時段、部門營業確認	・各部門人員、商品、促銷等就緒 ・店門開啟、地面清潔、燈光照明、購物車（籃）等就緒
		2.全場態勢巡查、檢核與指示	・賣場、後場人員、商品清潔衛生，促銷等環境準備及改善指示
交接班	16：30～18：30	1.營業問題點追蹤	・後勤人員支援賣場收銀或促銷活動 ・收銀台台數、找零金確保正常狀況 ・商品齊全及量感化 ・服務台配合促銷廣播 ・人員換班迅速且不影響對顧客服務
	18：30～	1.指示代理負責人接班注意事項	・交代晚間營業注意事項及開店事宜

　　上述表中所反映的店長時段作業流程內容和檢查項目，在管理上要

求是很高很嚴的，是職責和作業標準在工作上的細化。企業可根據自己的實際情況，制定適合企業自身需要的店長作業流程內容。要提高商店管理的現代化水準，必須從職責管理上升到作業管理，也就是說從粗線條的工作職責要求，轉向細化的作業管理發展。

3.合理安排工作程序

分清每天工作中的優先順序，是店長工作執行必須具備的條件之一，店長按如下步驟安排工作流程：

第一步：召開班前會，明確當天的目標及要求。

第二步：填寫日清欄。由部門主管、職能巡檢員每 2 小時公佈一次巡視中發現的問題及處理意見。

第三步：自清。所有崗位的員工對當天的工作按日清的要求逐項清理，並填寫日清卡交部門主管。

第四步：考核。由部門主管根據一天對每人各方面情況的掌握進行考核確認，然後上報店長。

第五步：審核。由主管根據當天對各部門情況的掌握，覆核各部門的「日清」卡，確認後返回部門，並填寫「日清工作記錄」。

表 2-1-2　化妝品店長的每日必做之事

每日要事
‧每天早上提前 5 分鐘到達店門口迎接員工的到來
‧在規定的時間帶領店員跳晨舞、唱晨歌
‧晨歌、晨舞結束後組織店員開晨會，並講解和總結
‧晨會結束後檢查捲簾門是否完全拉開，查看門口的地面、台階是否潔淨
‧檢查店內店外是否有蜘蛛網和灰塵，柱子是否擦乾淨，有無其他廣告貼，櫥窗是否乾淨透明
‧入店後檢查店內地板是否有污漬和垃圾，包括地面包線盒縫隙有無灰塵和雜質
‧檢查垃圾桶是否乾淨，有無套垃圾袋
‧檢查座椅是否乾淨、完好
‧檢查休息桌上的報紙是否過期，煙灰缸是否乾淨、到位

．檢查玻璃櫃是否乾淨、整潔，包括所有能移動的櫃子和肉眼看得見的櫃子下方有無灰塵、雜質
．檢查鈦金設備、保溫設備是否乾淨，有無水垢
．檢查冷氣機過濾網是否乾淨，能否正常使用，冷氣機室外裝置有無異常情況
．檢查氣球裝飾中是否出現壞氣球和癟氣球
．檢查櫃台和貨架是否有空標籤和缺貨或錯擺
．檢查試用裝是否乾淨、整潔，有無丟貨
．檢查試用品是否乾淨、能否正常使用
．檢查廁所是否乾淨、有無異味，垃圾桶有無套垃圾袋
．檢查飲水機是否有水，清潔衛生、紙杯是否到位
．檢查電視機是否有灰、遙控板是否乾淨
．檢查庫房清潔衛生，有無庫存異常現象
．抽查發貨單的價格是否與實物價格吻合
．每天要和一個店員溝通半小時以上
．檢查顧客需求本上的需求是否解決
．檢查顧客過敏本上過敏情況是否回訪
．檢查是否每天給過生日的顧客打電話或是發短信
．檢查顧客回訪本上的回訪記錄情況以及 POS 機中的回訪檔案是否填寫
．檢查記事本中有無沒有解決的事情
．檢查連帶配套本，如有特殊情況及時溝通、表揚
．每天要在店內外感受兩三次(每次 3～5 分鐘)，以判斷店內的溫度、燈光、空氣是否宜人
．每天查看店員生日表，提前準備生日祝福
．檢查滅火器是否乾淨並且能正常使用
．檢查調撥單、配送單、在途單據是否錄入或審核
．檢查店門口是否有積水(避免過往行人滑倒)或是碎石塊(避免汽車碾壓彈射傷到人或物)
．跟單銷售或協助銷售次數不低於 3 次

表 2-1-3　化妝品店長的每週必做之事

每週要事
・檢查贈品數量，贈品是否乾淨、整潔
・檢查玻璃櫃和貨架中存貨的衛生
・檢查標籤是否變色
・檢查 POP 有無損壞現象
・發貨前一天檢查有無需要更換的故障電器設備，及時與設備科聯繫
・匯總員工總結，並進行回覆
・每週要做數據分析
・每週安排一次到競爭對手處採價，瞭解競爭對手的動向
・抽查收銀員對帳本數據是否屬實

表 2-1-4　化妝品店長的每月必做之事

每月要事
・水、電、氣、電話費是否正常繳納
・檢查區域衛生；檢查商品先進先出的情況以防缺貨
・月底前必須把將過期的商品全數清理出來，並處理
・開閱讀總結會議，並做好記錄，以備檢查
・組織一次員工集體休閒活動，如聚餐
・清點一次發票，確定有無開錯現象
・核實相關文件及考勤表是否已呈交相關主管
・月末前檢查所有單據是否返回總部
・檢查醫藥箱內的藥品是否過期
・店長必須在每月 30 日之前將薪資發放完畢，不能因為私人原因拖延員工薪資

表 2-1-5　家電零售業的店長管理工作

	程序名稱	程序標準	注意要點
8：45之前	工作前的準備檢查	對門店營業前的情況做好檢查，包括員工打卡、昨日盤點及庫房情況、配送中心的商品補充情況、本日的工作計劃等	注意重要促銷活動的提前安排
8：45	晨檢	召開晨檢例會，檢查員工到崗情況、精神面貌、儀容儀表，傳達公司文件精神，總結昨日工作情況，安排本日工作等	檢查到位，做好宣廣工作
9：00～10：00	檢查開業情況	對門店開門營業的重點情況進行檢查監督，如門店退殘、業務商品的調度、重要促銷活動的安排監督、員工衛生打掃、展品的清潔、價簽及POP的到位等	
10：00～11：30	日常業務	開展日常的門店管理業務，對業務的管理協調、對門店人員的管理督促、對財物的監督管理、對外的公關協調等辦公性工作	每1～2小時檢查門店營業廳情況一次
11：30～13：30	進餐及半日工作情況	進餐，以及對門店員工進餐的管理，確認上半日門店工作的全面情況，瞭解本日工作計劃的進程情況	
13：30～16：00	日常業務	同日常業務管理	
16：00～17：00	店內檢查	對門店營業狀況進行考察，包括店面衛生、銷售情況、促銷效果、商品到貨情況、員工的精神狀態和儀容儀表，與員工之間進行溝通激勵	做好平時檢查督促和溝通
18：30～19：00	店內管理層會議	召開店內管理層會議，總結一天工作情況，包括銷售業績、員工管理、財務狀況、售後問題、促銷的效果、出現的問題、第二天的工作計劃和目標等	溝通情況，確認計劃完成
19：00	工作總結及第二日計劃	將本日的工作進行總結，確認工作計劃的完成情況和程度，填寫經理日誌，做本人的第二天工作計劃	做好計劃及急需解決的問題
其他重要工作			
每月定期	優秀員工	按公司要求對門店員工進行綜合性評比，從銷售業績、工作的積極性、工作規範執行、業務知識經驗的熟練和提高、與其他員工的溝通和協調等方面入手，促進員工積極性的提高，促進門店建設的發展	

續表

每月定期	獎金分配	根據公司關於獎金的規定，以促進門店業務發展，員工積極性的提高	公平分配，激勵員工士氣
每日、定期	培訓工作	根據公司以及門店培訓計劃，以提高門店管理工作，員工服務技能為目的。將培訓工作具體化解為細緻的培訓方案，並監督方案的具體實施，定期彙報和檢查培訓效果	做好培訓計劃，提高培訓效果
每週二下午	公司會議	按公司的要求參加每週的經理例會，充分做好參會的準備，會上及時彙報與交流，瞭解公司最新方針，解決工作中的問題	
每日	門店硬體設施	對門店硬體設施建立相應管理檔案，規定責任管理人員，建立定時檢查制度進行管理，保證安全使用，符合公司資產管理規定	堅持日常管理，減少安全隱患
每日	客戶檔案	建立門店自己的客戶檔案管理制度和體系，對重點區域、重點客戶進行管理，詳細登記顧客的個人及銷售資料，建立良好的客戶關係和經常性的溝通管道，促進門店的業務銷售，擴大顧客群體數量	
	人員招聘	促銷員的面試考核	
	廠商費用的收取	按公司要求對各廠家收取必要費用，如展台費、廣告費、贊助費等	
	財務控制	收款、票據的填寫開具	
	自進商品的管理	按分部商品銷售的特點和本門店的環境情況，引進商品，注意引進商品的上報審批管理	
	保安管理	駐店人員的管理、消防管理、鑰匙管理、營業廳安全管理等	
	公關協調	門店經理每月、每季定期與所屬政府主管部門溝通協調	
	業務殘次品的處理		
	促銷活動	重大節假日、週末、平時	注意媒體的接待管理

第二節　店長的巡店紀錄表

店長巡店要做到以下：

.發現問題，及時記錄，及時落實，儘快解決。

.有重點地依序巡店。

.解決問題分輕重緩急。

.已分配的任務，及時檢查有無執行到位。

.商場暫時不能解決的問題，要及時與有關部門溝通協商。

.事無巨細，事事關心。

.巡店要以不影響顧客購物為原則。

.巡店時要以身作則，教育員工樹立強烈的責任心。

.巡店時對發現的問題要作書面記錄，及時處理解決問題。

表 2-2-1　巡店記錄表

巡店日期：　　年　　月　　日　　星期：　　　點　分～點　分

檢查項目	小項	項目	結果			
			分值	得分	說明	備註
作業表單管理檢查（12分）	銷售單據	銷售金額正確，填寫清楚，無塗改	2			
	調撥單	填寫完整，櫃台有留底	2			
	銷售日報表	填寫完整無塗改，數據準確	2			
	交接班日記	有固定的交接班日記本	1			
	進銷存明細表	有清楚詳細的明細賬，數據錄入及時	3			
	交接班盤點	早晚、上午、下午都有記錄盤點數，有認真校對	2			

續表

檢查項目	小項	項目	結果			
			分值	得分	說明	備註
人員情況 （26分）	儀容儀表	著裝統一、乾淨、平整，配掛服務證，化妝精神大方	2			
	考勤	無無故缺勤，無私自調崗	10			
	紀律	無聊天、接聽私人電話和離崗現象	3			
	業績指標	當週的業績目標，以及目前的完成情況	5			
	專業知識 考核	以陳列指引為準	6			
銷售技巧 （34分）	服務禮儀	站姿、手勢（指引方向、交單遞貨）	1			
		用請求性而不是命令性、否定性語氣	1			
	迎接顧客、以 客為先	問候語（正視、微笑）	4			
		能把握正確接近顧客的時機	3			
	瞭解需求及 推薦介紹	善於觀察，主動詢問，主動推薦	3			
		產品FABE介紹和說明、展示	2			
		能提供專業搭配意見	2			
銷售技巧 （34分）	試衣服務	能推動試衣	2			
		能提供週到的服務	2			
	消除顧慮及 促成成交	能積極有效地消除顧客顧慮	2			
		能進行替代銷售	4			
		能進行附加銷售	5			
	銷售完成 後的服務	開票、包裝快速準確、規範	1			
		道別語正確、有禮貌	2			

續表

檢查項目	小項	項目	結果			
			分值	得分	說明	備註
店鋪環境 （12分）	道具的 使用規範	道具壞損有報備	1			
		燈光射向合理，道具擺放合理	2			
		POP更換及時，無壞損	2			
	清潔衛生	賣場清潔	4			
		試衣間整潔(鞋子、牆面、地面)	3			
商品狀況 （16分）	陳列出樣 規範	分區合理	2			
		道具載貨合理	2			
		間距均勻，吊牌不外露	2			
		出樣按尺寸有序排列	2			
		出樣齊全、整潔(有熨燙)	2			
		色彩搭配合理	4			
	庫存管理	倉庫乾淨整潔，貨品分類擺放	2			
競爭品 情況			合計			
營業員 回饋信息						
優缺點 描述						
店長簽字：			巡店簽字：			

第三節　店長的巡店管理

如何使商場能處在高效率、高品質、高服務的經營狀態下，是每個店長的職責，執行有效率的巡店工作，就是達成該目標的重要手段。

1.巡店的時間

· 開店前、關店後、營業高峰期。

2.巡店的區域

(1)店內巡視：賣場、倉庫(收貨區)、收銀區(金庫)、出入口、操作間、更衣室/食堂/廁所、退貨區。

(2)店外巡視：廣場、停車場、收貨場、店的週邊。

3.巡店的內容

(1)人員

· 各部門員工是否正常出勤。

· 員工的工裝、儀表是否符合規定。

· 員工的早班工作是否都已安排好。

(2)商品

· 生鮮商品是否補貨完畢。

· 快訊商品補貨陳列是否完畢。

· 堆頭、端架的 POP 牌是否懸掛。

· 零星物品是否收回。

(3)清潔

· 入口是否清潔。

· 地板、玻璃、收銀台是否清潔。

· 通道是否清潔、暢順。

· 廁所是否乾淨。

· 商品是否清潔完畢。

(4)其他

· 購物車是否就位。

· 購物袋是否就位。

· 開店前 5 分鐘收銀區是否準備完畢。

· 廣播是否準備完畢。

4.關店後的巡店內容

(1)賣場

· 是否有顧客滯留。

· 賣場音樂是否關閉。

· 店門是否關閉。

· 冷氣機是否關閉。

· 購物車是否全部收回歸位。

· 冷凍設備是否拉簾、上蓋。

· 不必要的照明是否關掉。

· 賣場內是否有空棧板、垃圾等未處理，

(2)收銀

· 收銀機是否關閉。

· 現金是否全部繳回。

· 當日營業現金是否完全鎖入金庫。

· 金庫保險櫃及門是否鎖好。

(3)操作間

· 水、電、煤氣是否安全關閉。

· 生鮮的專用設備是否關閉。

· 操作間、設備、用具是否完全清潔完畢。

· 冷庫的溫度是否正常。

5.營業高峰期的巡店內容

(1)商品

· 商品是否有缺貨。

· 商品的品質是否良好。

· 堆頭、端架的陳列是否豐滿，需不需要緊急補貨。

· 賣場通道是否暢通無阻。

· POP 標價牌是否正確（內容、位置、價格）。

(2)人員

· 賣場是否隨時都有員工作業。

· 促銷人員是否按商場規定程序作業。

· 員工有無違規違紀。

(3)其他

· 店內的特賣消息有無廣播。

· 顧客在收銀機前排隊是否太長。

· 手推車是否及時收回。

· 稽核處的秩序是否正常。

· 入口處人流量是否正常。

· 店外交通是否正常。

6.專門性的巡店內容

(1)金庫

· 金庫的門鎖是否安全，有無異樣。

· 金庫的報警系統是否正常運作。

· 每日現金是否安全存入銀行。

(2)收貨區

· 送貨車輛是否有交通堵塞，卸貨等待時間有多長，是否需要臨時
　增補人員。

· 是否優先處理生鮮和快訊商品的收貨。

· 收貨區域是否通暢,百貨與食品是否分開堆放。

(3)促銷區

· 堆頭/端架陳列是否豐滿。

· POP 價牌有無脫落,是否正確。

· 商品的陳列是否美觀、有吸引力。

· 堆頭/端架的破損商品是否及時處理,散落的零星物品有無及時歸
  位。

(4)客服區

· 退貨處的退貨量大小,是否需要人員支援。

· 客服員工的態度是否規範等。

· 投訴情況如何。

第四節　店長會議的報告內容

一、店內溝通從朝會開始

身為店長,不僅要「承上啟下」,還必須善於溝通。一店之首是店長,店長可利用每日的朝會(或會議),加強與店員的溝通。

在向經營者、高階主管報告「店長會議」時,也是溝通的好時機。店內的溝通是否良好,對店長而言實在是一大課題。

店內溝通好,店內活動會很順利地進行,同事間的合作關係也會很好,工作上的錯誤和糾紛也會比較少。如果溝通不良,不但店內的協調工作無法順利進行,連活動也無法機動性地去開展。

店內的溝通方式,最先用到、最常用到的,可由「朝會」開始,以此為溝通的基礎。

　　店內的溝通，要將組織的活動，以及業務的相關資訊傳達給店內成員。

表 2-4-1　店內的溝通方式

序號	例會安排			要點指引	參加人員	主持人
	時段	時間	地點			
1	月/次	1小時	辦公室	賣場營運總結會：營業、服務、反饋、考核、鑑定、業績報告等及下月工作計劃與安排	全體員工	經　理
2	週/次	30分鐘	辦公室	營業小結會：每週工作彙報存在問題分析，應當改善的項目和下週工作調整和計劃安排	全體員工	營業店長
3	天/次	5分鐘	賣場	每天例會：總結一天的營業情況，扼要分析這一天的工作概況及努力爭取改善的方面	營業店長 店長助理 店　員 促銷員	營業店長
4	旬/次	1小時	辦公室	供應商及購貨評估會：購貨供應商信息和新產品投放的評估，賣場購進售賣銜接，退換補處理	經　理 營業店長 店長助理 購貨員 倉管員	經　理

表 2-4-2　店長會議

序號	內容	時間
1	販賣事業部長致詞	30分鐘
2	生鮮食品損耗報告	30分鐘
3	活用 POS 資料報告	15分鐘
4	提案制度行為說明販賣企劃部總經理	15分鐘
5	POS 輸出資料之報告情報系統部總經理	30分鐘
	休息	
6	反對大型間接稅之報告調查部	30分鐘
7	營業的徹底施行事項 SMSV 部總經理	30分鐘
8	商品及管理情報 SMSV 部督察	20分鐘
	午餐時間	
9	業界領導者致詞副社長	30分鐘
10	薪資交涉勞工福利部董事	40分鐘
……	……	……

二、店長績效

單店經營的話，店長要利用會議，將本店本月績效狀況告知各成員，以利改善。若是連鎖經營的話，要定時集合各店的店長，定期舉辦店長會議，以便業務傳達與溝通，形成店長間彼此的學習與競賽的氣氛。在店長會議上，業績佳的店長坐前座，業績差的店長坐後座，店長可報告的內容如下：

1. 上月的來客數、客單價、營業客分析。
2. 與前月及去年同期來客數、客單價、營業額的比較分析。
3. 上月各部門營業額、成本率的分析。
4. 與前月及去年同期各部門營業額、成本率的比較分析。
5. 各部門的營業額、貢獻度分析。
6. 提出上月業績目標達成率、差異分析及改善對策。
7. 提出下月業績目標及其達成手法。
8. 提出上月各店促銷業績達成率、差異分析及改善對策。
9. 提出下月各店促銷活動業績達成目標及其達成手法。
10. 提出上月客訴件數分析、改善對策。
11. 與前月及去年同期客訴件數比較分析。
12. 與正常及目標客訴件數的差異分析。
13. 提出各項費用分析，差異分析及改善對策。
14. 提出商圈特殊活動狀況報告、同業店分析及對應手法。
15. 提出重要協調事項及其他經營改善革新建議。
16. 盤點與門市形象評比成績。
17. 其他上級重要政策指示及交辦事項。

第 3 章

店長的表單式管理

　　工作要順利開展，必須透過重點管理，而店長運用「表單式管理」是最方便、有效的方法之一。

　　表單的應用管理是簡單化、明文化、專業化與標準化四大經營原則的靈魂工具，企業可藉由表單的管理與應用來掌握現況問題與未來趨勢。

　　表單的基本功能為傳遞、處理及保存資訊；有效的表單有助於建立健全的報告、控制與授權制度。表單的使用應廢除無附加價值的表單，儘量力求精簡，以必要性、明確使用目標、相同性質合併、合理流程與效率等為原則。

　　為落實表單管理辦法，舉凡表單規劃、核準、使用、維護及歸檔等均須明文規定，並建立標準流程，不斷追蹤檢討、改善設計與流程，如此才能使表單發揮最大功能，提升工作效率和商店利潤。

　　店長的重點式管理，即店長對商店營業活動的統籌與管理，每天應認真並實事求是地填寫所制定的商店時段檢核表，對商店進行重點式管

理。

面對每天瑣碎的事務，店長若不能掌握重點，將使人心力交瘁，疲於應付。下列重點可說是每日的例行性工作，有賴細心的店長逐日完成。

1.銷售——店內每日的銷售狀況，必須確實掌握。

2.進、退貨——維持店內正常進貨，防止進貨短少、成本計算有誤：管理重點是將廠商資料詳細建檔，檢查進貨傳票是否隨貨到店，品名、數量是否有誤，有誤則辦理退貨或直接扣除成本，無誤則簽收，填寫進貨簽收單及退貨簽收單。

3.訂貨——瞭解暢銷品是否被引進，並做好缺貨控制：前置作業是依廠商訂貨日期進行訂貨，訂貨前請店職員先補貨，檢查每一商品是否均有貨架卡，檢查貨架卡所載與貨架上的商品是否相符、展開訂貨作業，做好缺貨處理，引進暢銷品，妥善處理滯銷品。

4.核帳單、發票——防止廠商發票金額與店內單據不符，檢查月份、日期、發票抬頭、發票地址、統一編號、廠商發票單、發票銷售金額應稅、進項稅合計金額、核帳單等。

5.日結帳——防止店職員讀帳並核對抽屜現金造成店職員弊端，並可瞭解每日營收狀況：店職員僅有收銀機操作鑰匙無法轉至讀帳，結帳鑰匙由店長保管，每天固定時間結帳，完成結帳手續，如有電腦收帳則依程序操作。

6.投庫報表——做好現金管理，防止店職員作弊：管理重點有投庫時間、投庫金額、投庫班別、各班小計、總計、誤打、銷貨退回、自用商品、現金支出及現金管理等。為了安全起見，保險櫃鑰匙僅店長擁有，密碼每月更換一次。

7.交班日報表——防止店職員填寫錯誤影響營業狀況：管理重點有結帳條班別營業額、退瓶、誤打、銷貨退回、自用商品、現金支出、應有現金、投庫現金、短溢、各班簽名等。

8.現金日報表——瞭解每日營業狀況及現金管理：管理的重點有今

日累積營業額、本日營業額、免稅金額、帳面應有現金、銀行存款、現金支出、短溢、本日來客數及本日客單價。

9.班次常模分析表──看出各班每週營運異常並防止店職員弊端：管理的重點有各班人員姓名、日期、天氣、各班營業額、各班營業額所佔百分比、短溢、來客數、客單價、狀況附註。

10.盤點──掌握存貨，瞭解盤損盈狀況，得出毛利率及成本率：管理的重點有資料分析、庫存商品、盤損盈、成本率及毛利率。

11.收銀機──快速正確結帳：管理重點有顧客顯示器、責任鍵、發票裝置、發票章、結帳時填寫發票始訖號碼、抽查發票是否跳號、讀帳。

12.價格變動表──防止店職員不實及錯誤填寫，控管零售價格，使帳面金額無誤。管理重點有日期、品名、變價理由、原單價、新單價、變價額、數量、變價小計、變價人、復審人。

13.報廢報表──防止店職員申報不實，帳面金額正確：管理重點有日期、報廢原因、數量、零售價小計．報廢申報人、復審人。

14.贈送報表──防止店職員登記有誤，掌握帳面金額，使之正確：管理重點有店名、日期、數量、金額、合計。

15.店外觀管理──防止視線障礙，免得不法之徒有機可乘；維持環境整潔以增加顧客好印象，提升商店形象：管理重點有玻璃窗、麵包箱、廢棄紙箱、POP 海報板、腳踏墊、垃圾桶。

16.店內管理──倉庫做分類管理，賣場整潔吸引顧客有購買慾：管理重點有倉庫整理分類放置商品、櫃檯、地板的清潔、自助區、生財器具內外觀及出口、貨架商品、標價完整、先進先出、補貨、拉排面、擦貨架、巡過期品、冷氣清洗、商品安全衛生、地板及廁所的清潔。

17.人事管理──健全人事管理人性化管理瞭解問題：適時面銷、具備商品知識、儀容端莊潔淨、關心店職員生活態度及問題改善。

18.市場調查──藉情報搜集，掌握並開創商機：藉問卷調查顧客滿意度、調查競爭店的動態、掌握社區新聞。

表 3-1-1　店長每日檢查項目表（開店前）

類別	項　　　目	檢　查	
		是	否
人員	1. 各部門人員是否正常出勤		
	2. 各部門人員是否依照計劃工作		
	3. 是否有人員不足導致準備不及的部門		
	4. 專櫃人員準時出勤、準備就緒		
	5. 工作人員儀容儀表是否依照規定		
商品	6. 早班生鮮食品是否準時送達無缺		
	7. 鮮度差的商品是否拿掉		
	8. 各部門特價商品是否已陳列齊全		
	9. 特賣商品 POP 是否已懸掛		
	10. 商品是否即時做 100%陳列		
	11. 前進陳列是否已做好		
清潔	12. 入口處是否清潔		
	13. 地面、玻璃、收銀台清潔是否已做好		
	14. 廁所是否清潔乾淨		
其他	15. 音樂是否控制適當		
	16. 賣場燈光是否控制適當		
	17. 收銀員零找金是否已準備		
	18. 開店前五分鐘廣播稿及音樂是否準時播放		
	19. 購物袋是否已擺放就位		
	20. 購物車、購物籃是否已準備就位		

表 3-1-2　店長每日檢查項目表(開店中)

時段	類別	項　　　　　目	檢　查 是	否
營業高峰前	商品	1.是否有欠品		
		2.商品鮮度是否變差		
		3.端架陳列量是否足夠		
		4.POP 與商品標價是否一致		
		5.商品陳列是否足夠？是否要補貨		
	賣場整理	6.投射燈是否開啟		
		7.通道是否通暢		
		8.試吃是否阻礙通道或導致阻擋商品銷售		
		9.面售是否有人當班		
		10.是否有突出陳列過多的情形		
		11.賣場地面是否維持清潔		
營業高峰中	銷售態勢	12.是否定時播放店內特賣消息		
		13.各部門是否派人至賣場招呼客人或喊賣		
		14.顧客是否排隊太長要增加開機		
		15.是否要後場部門來收銀台支援		
		16.是否需要緊急補貨		
		17.是否有工作人員聊天或無所事事		
		18.POP 是否脫落		
營業高峰後	賣場整理	19.賣場是否有污染品或破損品		
		20.是否要進行中途解款		
		21.是否有欠品需要補貨		
		22.是否確認時段別營業額未達成原因		
		23.陳列架、冷藏(凍)櫃是否清潔		

續表

時常性	POP	24.POP 是否陳舊和遭污損		
		25.POP 張貼位置適當嗎		
		26.POP 書寫是否正確、大小尺寸是否合適		
		27.POP 訴求是否有力		
	商品	28.價格卡與商品陳列一致嗎		
		29.是否仍有廠商在店內陳列商品與移動商品		
		30.滯銷品是否陳列過多而暢銷品陳列面小		
		31.是否定期檢查商品有效期限		
	服務	32.賣場是否聽到五大用語		
		33.是否協助購物多的顧客提貨出去		
	清潔	34.廁所是否維持清潔通暢		
		35.廁所衛生紙是否足夠		
		36.入口處是否維持清潔		
		37.地面是否維持清潔		
	設備	38.冷凍(藏)櫃溫度是否定時確認		
		39.傍晚時分招牌燈是否開啟		
		40.BGM 是否正常播放		
		41.標籤機是否由本公司員工自行操作使用		
	後場	42.進貨驗貨是否按照規定進行		
		43.空紙箱區是否堆放整齊		
		44.空籃存放區是否堆放整齊		
		45.標籤紙是否隨地丟棄		
		46.退換商品是否定位整理整齊		
	其他	47.暢銷品或特賣品是否足夠		
		48.賣場標示牌是否正確		
		49.交接班人員是否正常進行		
		50.前一日營業款是否存入銀行		
		51.有無派部門人員對競爭店進行調查		

表 3-1-3　店長每日檢查項目表（營業結束後）

類別	項　　　　　目	檢　　查	
		是	否
賣場	1. 是否仍有顧客滯留		
	2. 賣場音樂是否關閉		
	3. 鐵捲門是否拉起		
	4. 招牌燈是否關閉		
	5. 店門是否關閉		
	6. 冷氣機是否關閉		
	7. 購物車（籃）是否定位		
	8. 收銀機是否清潔完畢		
作業場	9. 生鮮處理設備是否已關閉及清潔完畢		
	10. 作業場是否清潔完畢		
	11. 工作人員是否由後門離開		
	12. 是否仍有員工滯留		
現金	13. 開機台數與解繳份數是否一致		
	14. 專櫃營業現金是否繳回		
	15. 作廢發票是否簽字確認		
	16. 當日營業現金是否全部鎖入金庫		
保安	17. 門窗是否關妥		
	18. 保全設備是否設定		

第二節　店長要善用表單管理

　　店長要管理商店賣場，必須善用表單管理。表單的應用與管理，是商店專業化與標準化的工具，商店經營管理的優良與否，往往可以從表單的資訊、流程、實際填寫的內容、簽核的層次顯現出來。企業在進行體質改善工作時，業務流程與表單的合理化工作，也往往是最能即時產生效果且最容易掌握的重點。

　　商店所使用的表單相當多，茲將商店常用表單說明如下：

一、營業類表單

1.日營業時段估算表

　　此表是將每日營業時間以 1 小時為一單位，分段統計累計營業實績和累計營業目標的差異，並藉各時段實際營業額佔日營業目標額的比重，瞭解當日剩餘營業時間是否應採取必要措施，加速業績的衝刺，並藉以統計營業離峰和尖峰時段，作為日常排班及人力需求、商品調度的依據。

2.月銷售計劃表/月營業計劃表

　　此表主要目的在於掌握商店每月、每日的營業狀況及年度目標達成率，以瞭解銷售和所設定的營業目標及毛利目標的差異，藉助和去年同期相比較來客數、客單價、平均購買點數及備註欄特殊事件的說明，找出問題點，即時採取業績提升措施，如開展促銷活動等。

　　可依據日期別、行事別、週日別、農曆別的營業額，作為銷售預測的基礎資料，尋找銷售量規律模式，並進一步進行銷售預測差異分析，修正原有預測模式及銷售目標，提升銷售預測準確度，作為公司擬定各

項計劃的基礎。

　　本表每月一張，由店長填寫，於次月 1 日交給營業本部課長，由其簽核後，負責做成店別營業趨勢表。

3.商店營業趨勢表

　　此表是將各店月營業額、日平均營業額、日平均來客數、日平均客單價、每日平均購買件數加以統計，與上月、去年同月做比較，瞭解該店對上月和對去年同期的營業成長率，並統計各店預算達成率，掌握各店營業趨勢，以深入瞭解原因，採取對策。

4.各月份促銷活動計劃表

　　此表是將年度各月份促銷活動依節慶、重點商品、特色商品促銷、活動時間、運用媒體、預算費用、預估成效、配合廠商等加以規劃，讓商品部、促銷部及營業部形成共識，使團隊合作的表現呈現於賣場，達到預期的促銷效果和目標。

5.商品效率統計表

　　此表是計算各店的商品毛利率、回轉率及交叉比率，以作為商品採購、調整與效率提升的指引。

6.進貨簽收單

　　表單寫明貨號、品名、進貨單價、進貨數量、進貨總額、零售價和零售總額、單據號碼、進貨日期、廠商名稱等，此表是為達成進貨驗收的功能，為將來廠商請款的憑證。

7.退貨簽收單

　　表單寫明貨號、品名、退貨單價、退貨數量、退貨總額等項目，作為將來貨款扣抵的依據。

8.價格變動表

　　表單寫明日期、品名、變價理由、原單價、新單價、變價額、數量等項目，使商品變價時有所依據，並可維持價格彈性。

9.現金日報表

此表統計每日現金收入和支出情形，達成現金管理的目的。

10.交班報告表

為控制班與班之間的交接事項，明確劃分各班收取金額與商品責任，並掌握特殊設備狀況、加強人員管理，而設計的表單。

11.報廢明細表

此表主要目的在於記錄報廢原因，進行報廢品管制，以利商品庫存管理及損耗控制。

二、商品毛利類表單

1.新品開發引進評估表

將新商品依毛利率、進退貨、市場競爭力、廣告密集度及預算、廠商贊助能力等，加以評分評等，作為新商品引進的依據。

2.商品類別銷售比及毛利率統計表

將商品依其部門別分類計算其銷售比(部門別商品銷售額/總銷售額)、毛利率及貢獻比(部門別商品銷售比×毛利率)，並觀察其銷售比和毛利率上升或下降的趨勢，以作為商品採購的依據。

三、費用類表單

1.月營業費用比較表

將營業費用依科目別分類,統計各科目費用佔總費用的百分比(費用比)；再與上月相比較(如 6 月和 7 月相比)，找出其差異，並分析費用是否為上升或下降傾向，寫明費用增加原因，以此成為營業費用控制的依據。

2.商店營業費用明細表

將各店營業費用，依費用科目包括人事費用、推銷費用、管理費用三大部份所佔銷售額的比率，並依據重點法則找出「重要的少數」加以管理，尋找差異原因，加以改善，以降低費用。

四、損益類表單

依損益統計各店預算、實績，並找出兩者之間的差異，檢討差異問題點，加以改善。

第三節　店長的數據管理

一、活用報表巧妙創錢景

一家商店的報表林林總總，如果沒有報表做依據，則收集的資料只是片斷而不完整，無法做分析解讀。一般而言，報表大致可分為兩種：一是財務報表，將每天營運相關的基本資料統劃於財務報表；另一種則是管理報表，雖然也是由每天營運中會發生的資料衍生而來，但其功能較偏向提供給店長之類的管理者作為門市管理參考。

財務報表是營收的指標，如果沒有它做依據則難以計算真正的盈虧。它除了可知道當日、當月的營運資料外，更可累計全年資料，以便作為來年管理的行動參考。通常銷售報表、進貨資料表以及損益資料皆歸類於財務性報表。銷售報表必須是忠實的使用收銀機做營運資料的收集，而進貨資料表是根據供應商的進貨資料，詳實的記載每筆進貨資料，方可計算出庫存金額及門市銷售的毛利所得。損益資料則來自每日的銷

貨、進貨資料，及各項費用的支出，含折舊及攤提費用的設定基準，則可粗略算出門市的損益狀況。

管理性報表則是反應一種跡象，可提供管理者找出問題點，並提出改善對策，透過此報表，管理者在溝通過程更能理直氣壯，站得住腳。諸如簽到資料(輪值排班表)、簽帳資料(門市內部職員食用或取用店內商品不以現金交易，而采簽帳方式，定期或定額再結帳)、各班相關資料(來自每天銷售日報表的資料，各班做成記錄，如班次常模分析、退瓶誤打分析)、門市內部溝通資料(上對下交辦事項、下對上的問題反映及同事間的溝通協調事項)、報紙銷售記錄(每天報紙的進量、銷量及退貨量)及盤損盈資料(定期實地盤點存貨金額與帳面應有金額的差異)等皆是。

這些報表要如何管理與巧妙運用呢？在財務報表方面，銷售報表的管理重點應確實掌握各班及門市整體的每日營運狀況，並瞭解當班職員的收銀機動作的熟練度；運用技巧可設立監視器，或每天結帳且不定期清點當班的現金差異情形，對誤打的發票做審核，瞭解有無舞弊。

進貨資料的管理重點須確保每筆進貨資料皆合法且列入記錄，在無 EOS 或 POS 系統的情況下，可瞭解門市的進貨狀況。運用技巧是個體店可作為付款的依據、營業資料的匯整及毛利的估算，連鎖店店長則可作為庫存金額及盤損報表的查核。損益資料的管理重點則是費用的差異點及費用的合理性。其運用技巧是提供管理者做差異管理，以及營運的決策參考。

至於管理性報表中的簽到資料，是以實際業績做人力工時的排班依據，也可考核店職員的出勤狀況。簽帳資料則是掌握職員的簽帳狀況，瞭解有否貪小便宜的狀況，運用技巧店長應以身作則，不定期做報表的審核，遇有質疑立即關心加以瞭解。各班相關報表在超出設定常模後要有追蹤動作，以判斷差異的跡象，運用技巧則是遇差異立即追查，並定期審核資料。

內部溝通資料是追蹤交辦事項，可保持溝通管道的暢順及作為各班

之間的工作協調。在運用技巧上，店長除了以身作則妥善運用，應特別注意溝通字眼的使用，以免影響團體的工作氣氛。報紙銷售資料每天須詳實記載，查檢各報的進貨量是否足夠，退貨量最好控制在約 15%，並且要隨時掌握事件而增加報量，在報表上要記載付款的記錄並做退貨的管理。至於盤損盈資料除了做成記錄作為參考外，並設定標準達成共識，有關盤損盈的運用技巧則是依長期趨勢做成曲線圖以供人員考核參考。

報表雖然不會說話，但卻會透露出管理或營業上的問題，因此一名成功的店長，基本的任務就是每天詳實的做好填寫報表的動作，並由當中找出缺失，挑出「病」源，使店務蒸蒸日上，好上更好。

二、經營好壞，數據說了算

做生意，重視實實在在的數據，要想做好生意，也得從數據著手管理。

店鋪經營者要善於思考和記錄，自己店裏的有多少貨品、每次進多少貨、一天賣了多少、顧客有什麼樣的回饋等都一清二楚。

1. 數據的運用分析對店鋪發展的重要性

目前，越來越多的店鋪已經敏銳地發現，在店鋪的運營及庫存管理中，數據的分析起著非常重要的作用。透過對運營中數據的分析以及其規律的掌握，可以有效地規範店鋪的運營管理，把握消費群體的需求，瞭解競爭對手的動態，提升銷售的針對性和有效性，以及產品正常生命週期內降低庫存積壓。以下是數據分析的三大作用：

⑴可幫助經營者瞭解市場，把握消費者需求及變化規律，迅速做出正確的市場決策，以提高商品的週轉效率，減少商品庫存。

⑵可瞭解行銷計劃的執行結果，及時發現問題，解決問題，為提高銷售業績及服務水準提供依據和對策。

⑶可規範店鋪管理，提高店鋪行銷系統的運行效率。

2.店鋪數據報表可分析的五大店鋪經營問題

⑴透過數據報表，可以更清晰地看出暢銷貨品的種類、款式特點、型號，以確定店鋪的主推產品，使銷售人員在銷售過程中判斷更準確，方向更明確。一旦發現暢銷品快沒庫存了，就可以提前做好補貨工作或者找一些其他不錯的產品作為替代款來主推。

⑵透過店鋪銷售業績的數據表，店鋪經營者可以掌握單日、一週及整月的銷售情況，這些報表將反映出不同的問題。看單日報表，可以看到成交量、成交品類；看週報表可以分析與上一週相比，銷售升跌的幅度，可以看出貨品銷售的變化趨勢；透過月報表可以對整體銷售作全面的分析和判斷。另外，店鋪銷售業績表還可以為分析銷售額和利潤提供確切的數據。

⑶透過數據分析，找出季節性商品的變動週期及變化的時段，為及時準備季節性商品和合理調整季節性商品的庫存提供依據。

⑷透過單品銷售量的排行，分析店鋪固定消費群體，瞭解該群體的消費需求、消費檔次，為找出商品和培養新品提供方向。

⑸一份詳細的數據報表，可以清楚地看出這一週、這一月是否完成了銷售計劃、完成了多少、與上個月比較又是什麼情況，還可以結合數據分析其中的原因所在，這樣才能有對比，有總結，才能提升和改進，使店鋪發展蒸蒸日上。

三、店鋪數據分析的關鍵指標

店鋪經營數據是店鋪的真實反映，每個數據都是終端店鋪運營的晴雨錶。把握了數據就可以時時瞭解店鋪的進展情況，發現店鋪存在的問題。透過報表分析，可以增強對終端的有效控制。掌握終端店鋪最直接最有效的數據，成為企業終端的行銷利器。

表 3-3-1　店鋪內常見數據

銷售金額	店鋪的實際營業額
銷售數量	銷售數量的高低，能體現出客流量的多少
交易數量	交易數量低，可以分析出可能影響交易數量的因素是客流量低、員工銷售技巧不到位、產品知識瞭解不到位、不瞭解客人需求而抓不住客人
平均件單價	平均件單價＝總銷售金額/總銷售件數，平均件單價反映出銷售的貨值情況，影響因素包括價格帶、銷售技巧、員工是否會推高貨值、公司對推高貨值是否有激勵等
銷售金額	店鋪的實際營業額
平均客單價	平均客單價＝總銷售金額/購買人數
平均附加銷售率(聯單)	平均附加銷售率＝總銷售件數/總購買人數
同期比	同期比＝(本週數據－上週數據)/上週數據，反映出本週銷售量比上週增長或者下降的趨勢
環比增長率	環比增長率＝(本週金額－上週金額)/上週金額

認識店鋪核心指標前，我們先看一個店鋪銷售額公式：

店鋪銷售額＝商場街道客流量×進店率×深度接觸率×試衣率×試穿客單件量×成交率×客單價×回頭率×轉介紹率

平均附加銷售率(聯單)是一個非常關鍵的店鋪經營數據。

兩家店營業額一樣，A 店聯單高，B 店銷售件數多。

分析：從信息可知 A 店鋪 1 年以上老員工較多，對產品熟悉，銷售技巧比 B 店鋪高，但是缺乏激情，同時也能夠反映出店長在店鋪的調配不到位，店長需要提升的是對聯單高的員工定高目標，同時要著力培養新員工以留住散客。

B 店反映出的信息是新員工較多，附加推銷能力弱，對產品缺乏瞭解，對客人的把握不到位。

四、終端店鋪報表分析方法

嚴格的報表制度，可對作業人員產生束縛力，督促他們克服惰性，使之工作有目標、有計劃、有規則；嚴格的報表制度也有利於賣場加強對各類數據的管理，能夠系統地、直觀地反映賣場經營運作中存在的問題，有助於賣場決策層進行科學的決策和賣場管理。

在整理報表時，應保持信息報表的迅速性，失去時效的報表資料也將失去市場的先機。為了得到充分的市場資訊，完成一筆交易的同時，應及時將銷售資料正確且快速地輸入營業店的電腦中，或填好報表寄送資料處理中心。

1. 店鋪銷售日報表

銷售日報是每日銷售活動的第一手資料，各營業店當天銷售的情況都顯示在該記錄中，這是最快也是最直接提供給配銷中心補貨的參考資料。分析日報表的目的如下：

①終端店鋪個人銷售跟蹤依據。

②各店鋪的銷售表現及產品類別銷售結構分析的依據。

③用於價格帶、連單率、平效、人效的計算和分析。

④與去年同期銷售進行比較。

⑤競爭品的同日銷售狀況分析與比較。

表 3-3-2　銷售日報表

日報表欄目	包含的內容
單品銷售信息	商品名稱、商品編號、商品數量、顏色、價格、折扣、實績、陳列區域等
銷售狀況	當日銷售信息、目標達成率、當週累計信息、去年同期比、去年同期累計
來客狀況分析	光顧人數、購物人數
競爭品信息	品牌名稱、上市新產品、銷售額、去年同期比
庫存信息	昨日庫存、今日調入、今日調出、退貨
其他補充信息	如當日發生的突發事件、顧客投訴處理等信息
個人目標完成情況	店鋪中每個銷售人員的目標及達成情況

2.店鋪銷售週報表

店鋪銷售週報表是反映店鋪一週的銷售信息的報表，因此內容需要加以歸納和分析。銷售週報表的作用如下：

①週區域性各主要店鋪的銷售表現及產品類別銷售結構分析依據。

②用於進行新上貨品不到一週的銷售分析及市場回饋。

③各主要色系的銷售趨勢分析依據。

④用於價格帶、連單率、平效、人效的計算和分析。

⑤與去年同期銷售進行比較。

⑥競爭品的同週銷售狀況分析與比較。

⑦前十名是否加單；後十名是否需要調整打折；滯銷原因。

表 3-3-3　銷售週報表

週報表欄目	包含的內容
週銷售信息	週目標預算、實績、目標達成率、去年同期比、去年環比
本月累計	月預算、實績、達成率、去年同期比、去年環比
競爭品信息	競爭品牌名稱、實績、去年同期比、去年環比
本週概況	問題與成績
重點報告內容	顧客、競爭品、商品、賣場、暢銷品、滯銷品的情況
下週對策	商品對策、銷售對策、陳列對策

3.店鋪銷售月報表

店鋪銷售月報表是反映店鋪一個月的銷售信息的報表，透過每月銷售目標與每月實際銷售達成(實際銷售＝銷售額－退換貨或者其他)對比(即達成率是多少)，找出達成率低或沒有完成銷售目標的原因，必須在下個月進行改正；找出達成率非常高或超額完成銷售目標的原因，之後在銷售工作中不斷地複製及改進。

表 3-3-4　銷售月報表

月報表欄目	包含的內容
進銷存統計	每月的銷售實績、原價銷售、原價進貨、原價庫存
計劃執行狀況	各指標如銷售實績、原價銷售、進貨、庫存等的預算、實績及達成率
顧客購買數據分析	來店人數、購買人數、購買率、客單價、平效的分析
本月概況	對於成績及問題的分析
重點報告內容	顧客、競爭品、商品、賣場、暢銷品、滯銷品的情況
下月對策	商品對策、銷售對策、陳列對策

透過月銷售報表可以清晰地瞭解以下內容：

(1)全面瞭解進貨情況

透過某月或者截至某日的各貨品(品規)進貨結構，可以全面瞭解該客戶總體進貨是否合理，是否存在過度回款現象(即通常所說的壓貨)，同時也可全面瞭解各貨品之間的進貨是否合理，是否與公司的重點貨品培育目標一致，是否存在個別貨品回款異常現象。

(2)全面瞭解銷售情況

透過每月銷售情況，可以全面瞭解公司的每月銷售總體情況及各貨品銷售結構以及在某階段時期內的銷售增長率、環比增長率等，從而發現有望實現銷售增長的品種。透過銷售回款比可以及時發現銷售失衡的品種，為尋找原因、採取有效措施爭取最佳時機。

(3)全面瞭解庫存情況

透過對庫存結構的分析，可以發現現有庫存總額以及庫存結構是否合理，透過庫存銷售比可以判斷是否超過安全庫存，如果庫存過大，那麼過大的原因何在，是否與分銷受阻、競爭品有關。這有利於銷售主管及時採取措施，加大分銷力度，降低庫存，避免庫存貨品因過了期而產生退貨風險。對低於安全庫存的產品，要加大供貨管理力度，避免發生斷貨現象。

第 **4** 章

店長的管理重點法則

第一節　店長的管理重點法則（一）

…對現金的管理

對商店而言，現金管理是極其敏感、重要的事。商店的交易，最終要在收銀機的交易中實現，收銀機是為收款和記錄銷售而設置，店長對現金管理的重點，在於收銀管理和進貨票據的管理。

對於「現金管理」而言，店長的重心在於：「收銀管理」、「進貨票據管理」，對「收銀管理」必須加以「督導、抽驗」。

1.每日營業收入的管理

營業收入管理的重點，是為了保證經營管理的最後成果的安全性，各店的營業款解繳必須按照以下規定操作：

⑴每天的營收，委由銀行派人收款存入公司賬戶內。否則應擺放於店內保險箱中。

⑵每個商店可根據實際情況配備保險箱一隻，用於存放過夜營業

款，保險箱鑰匙由店長保管。

⑶收銀員的營業收入結算，除了在交接班和營業結束後要進行外，每天要固定一個時間做單日營業的總結算，這個時間最好選擇在 15：00～16：00 之間，這樣可避免營業的高峰，也可以在銀行營業結束之前進行解款。在每天這個總結算時間裏結出的營業收入(如每天 15：00)，代表昨天 15：00 至今天 15：00 的單日營業總收入金額。

⑷在進行總結算時，應將所有現金、購物券等一起進行結算。結算後由收銀員與值班長在指定地點面對面點算清楚，並填寫每日營業收入結賬表，由收銀員和值班長簽名，該結賬表是會計部門查核和做賬的憑證。

⑸值班長在收銀員清點營業款後，列印收銀員日報表，並與現金解款單核對，收銀損益在現金解款單中寫明，然後將現金與現金解款單封包並加蓋騎縫章，最後在交接簿登記，移交給店長。

⑹店長將收到的營業款存入保險箱，如由銀行上門收款的，在銀行收款員上門收款時，在交接簿上登記並交給銀行收款員；如解繳銀行的，應由專人(最好是兩人)存入指定的銀行，如可由店長在當班時解繳銀行，同時最好對營業款存入銀行的時間、路線等做出規定，以免發生意外。

⑺店長每日列印銷售日報表，並收齊當日收銀員日報表與現金解款單，同時按總部規定的時間送到總部財務部。

2.收銀員的管理

現金管理是非常重要的，必須謹慎行事。商店的全部工作最終要在收銀機的交易中實現。收銀機是為收款和記錄商店銷售情況而設立的，其唯一的產品是現金與現金代用品，如支票、優惠券、購物卡等，有一定的特殊性。店長對現金管理的重點就是收銀管理和進貨票據的管理。

店長對商店現金的管理焦點就是收銀台，因為收銀台是商店現金進出的集中點。而對收銀台的管理又可歸納到對收銀員的管理，因此對收

銀員的選聘就十分重要。通常，收銀員的選聘標準是：誠實、有責任心、快捷與友善。對收銀員的管理往往是用控制收銀差錯率來進行的。商店收銀差錯率都有一個控制標準，如果差錯率無法控制在這個標準之內，對企業的損失是很大的。

除此之外，收銀管理其他的主要事項是：

⑴偽幣。

⑵退貨不實。

⑶價格數輸入錯誤。

⑷親朋好友結賬少輸入。

⑸內外勾結逃過結款。

⑹少找顧客錢。

⑺直接偷錢。

3.交班金錢的管理

針對收銀管理，在上班、下班的交接過程中，也要列入管理重點。

為了分清各班次收銀員金錢管理的責任，交接班時應注意：

⑴交班收銀員在交班前應將預留的額定零用錢備妥。

⑵應準備一本現金移交簿，用於營業現金的交接簽收。

⑶有些便利店是 24 小時營業，通常，24 小時商店其交班收銀員應取出收銀機中的現金，先將額定備用金清點給下一班收銀員，然後清點營業款，填寫現金解款單，將清點好的營業款與解款單一起交予店長。

⑷傳統的一般商店，必須定時打烊休息，在打烊時，收銀員在清點額定備用金時，店長應當場監點，並放入收銀機內，供次日收銀員找零。次日上班的收銀員上班營業前，應打開收銀機，清點額定備用金，發現不符應及時記錄，並向店長彙報。

4.大額鈔票的管理

收銀台內若有大額鈔票，必須善加處理：

⑴收銀台不僅人員出入頻繁，也是賣場唯一放現金的地方，其安全

與否要格外重視。尤其是找錢給顧客時，並不需要用到最大面值的現鈔，因此無須將大鈔放在收銀機抽屜內的現金盤內，為了安全起見，可放在現金盤的下面，以現金盤遮蓋住。

⑵當抽屜內的大鈔累計到一定數額時，應立即請收銀主管或店長收回到保險箱內，此作業稱為中間收款，可避免收銀台的現金累積太多，而引發歹徒作案。即使真遇到歹徒強行搶劫，也可因大鈔已收走，而使商店的損失降到最低。

⑶收取大鈔時，應暫停收銀台的結賬作業，將現金放在特定的布袋內，然後繫在手上帶走，並隨時注意四週的情況。

⑷每次收大鈔時，經過點數後，必須將收取的現金數額、時間登錄在該收銀台的中間收款記錄本內，由收銀員及收銀主管分別簽名確認。每台收銀機應分別有中間收款記錄本。

⑸大鈔送到保險箱，也必須登錄在保險箱收支本內，並將日期、時間、收銀機號、金額，以及累積數填寫清楚，登錄者必須簽名以示負責。

5.零用金的管理

各種商店為應付顧客找零的需要，必須準備若干零用金，在執行上，要注意下列重點：

⑴零用金應包括各種面值的紙鈔及硬幣，其數額可根據營業狀況來決定，每台收銀機每日的零用金應相同。

⑵每天開始營業前，必須將各收銀機開機前的零用金準備妥當，並鋪在收銀機的現金盤內（有的商店是將上一次結賬結束後置放的零用金，作為下一次開機前的零用金）。

⑶除每日開機前的零用金外，各商店還備有足夠數額的存量，以便在營業時間內，隨時為各台收銀機提供兌換零錢的額外需要。因而，收銀員應隨時檢查零用金是否足夠，以便及時兌換。

⑷零用金不足時，切勿大聲喊叫，也不能與其他收銀台互換，以免混淆賬目，一般可請店長或理貨員進行兌換。

(5)執行零用金兌換作業時，應填寫「兌換表」，並由指定人員進行。兌換時必須經過收銀員與兌換人員雙方對點清楚。完成兌換之後，應將兌換表收存在指定位置，以便日後查核。

6.保險箱的管理

當天營業結束後，店鋪需要對營業款和相關單據進行整理和保管。在此過程中，保險櫃及店鋪鑰匙的管理至關重要。很多店鋪發生被盜事件都是由於對這兩者的管理不善造成的。

(1)現金管理

固定資產管理者責任重大，店鋪經營者必須委託專人負責。僅以金庫設備管理為例，負責人不但要登記門店金庫設備的購入、調撥、使用和報廢情況，而且有義務保管與金庫設備相關的產品說明書、維保證明等附件。

金庫設備主要包括金庫大門和金庫內的營業款保險櫃、備用金保險櫃。當金庫設備從生產廠家運送到店，金庫管理者須通知門店經營者等相關人員，並在後者的監督下當場對設備開封、檢查。檢查結果一律登記建檔，說明書、保修單等附件必須得到妥善保管。

金庫管理者的下一步工作是對設備進行初運轉實驗，提出設備鑰匙的分配方案，並與設備的初次使用狀況一同登記。登記單一式三份，分別交相關管理者留存。

隨後，金庫管理者定期對設備的日常使用、保管情況建賬存檔，供店鋪經營者進行不定期檢查。無論何時，一旦金庫內的設備發生故障，管理者應及時聯繫生產廠家和店長，確保故障在最短時間內得到排除。

金庫管理人員進行崗位更替時，店鋪經營者要仔細審核《金庫設備初次使用情況登記表》、《金庫設備管理情況表》和相應設備，確保萬無一失後方可批准交接事宜或離職申請。

此外，協助店鋪經營者制定金庫設備的使用規範也是金庫管理者的分內之事。

⑵鑰匙管理

越是規範的門店，其管理也必然越精細化。鑰匙的謹慎管理就是一個體現。為安全起見，金庫設備一般附有密碼鎖和明鎖等保險裝置。相關密碼由店鋪經營者設定，並且每季更換一次。每次的密碼修改情況都應在《金庫設備管理情況表》上記載。

對於營業款保險櫃密碼，店鋪經營者只能授權相關值班人員在存入營業款時使用。至於其他設備的密碼，店鋪經營者只可授權金庫管理人員和收銀組組長使用。若有知曉密碼之人離開工作崗位，店鋪經營者必須在當天修改密碼，並更新密碼管理的授權人名單。

另外，保險櫃、金庫大門的原有鑰匙和備份鑰匙都應編號。編號有利於日常管理，同時還降低了事後的責任追究難度。對於丟失鑰匙的員工，由店鋪經營者責令其照原價賠償，並可處以一定的經濟處罰。若鑰匙因員工的過失而受損，責任人不能隨意丟棄或私自配新鑰匙，應將其上交相關管理者。

在通常情況下，備用金保險櫃的備用鑰匙須寄放於營業款保險櫃內，與其他金庫常用鑰匙（營業款保險箱鑰匙除外）共同由金庫管理者管理。如有需要，由店鋪經營者拿取備用鑰匙交給使用者。使用者及時歸還鑰匙後，店鋪經營者立即將鑰匙放回保險箱原處，然後由金庫管理者將整個過程如實記錄在《金庫設備備用鑰匙使用情況表》上。

同時，金庫大門必須隨時處於鎖定狀態。金庫管理者上、下班時的固定任務即是檢查金庫大門是否上鎖，是否存在異狀。若店鋪經營者接到其報告的異常情況後，一定要立即到場查看。

值得注意的是，除了金庫鑰匙的保管，門店出入口大門、辦公室和收銀機等其他鑰匙的管理，同樣是安全管理中的重要部份。這些鑰匙經編號後，原配鑰匙一律放入專用箱，備用鑰匙由店鋪經營者負責保管，多餘的鑰匙必須封存在營業款保險櫃內。相關人員做好登記方可從專用箱中領取鑰匙作應急之用。

　　一些惡性事件雖然表面看起來是突發性的，但事實上其根源和環境早已存在，只是由於恰巧處在流程監測的「盲點」，未曾受到重視和及時解決，才最終擴大化。店鋪經營者如果能將安全管理流程化，並將安全管理細節做足，一定能最大限度地減少門店損失。

7. 試驗性的購物檢驗

　　為了評核收銀員在為顧客做結賬服務的工作表現，店長應每日在不固定的時間隨機查詢、督查是非常重要的，因為制度靠人監督才能得到有效的執行。例如日本的 7-11 連鎖店是專員巡視檢查，肯德基炸雞店是「神秘顧客」，即公司派出的專員以顧客的身份出現在炸雞店中，根據自己所接受的一系列服務，按營業手冊所規定的標準，對商店的營業水準進行檢查，可參考表 4-1-2。

表 4-1-2　試驗性購物記錄表

收銀員姓名：_____　收銀員號碼：_____　商場號碼：____
收銀機號碼：_____　收銀機類型：機械____電子____掃描____
職員是否帶證章？是____否____　是否穿工作服？是____否____
出現錯誤的商品　　部門　　標價　　登錄價格　　差額（＋）或（－）
1. _____　_____　_____　_____
2. _____　_____　_____　_____
正確總計_____　登錄總計_____　差額（＋）或（－）_____

其他錯誤或程序錯誤		
1. 是否檢查了購物車？	□是	□否
2. 是否唱付？	□是	□否
3. 折扣券操作是否正確？	□是	□否
4. 是否要求檢查價格？	□是	□否
5. 現金操作是否正確？	□是	□否
6. 是否掃描？	□是	□否
7. 找錢是否正確？	□是	□否
8. 包裝是否合適？	□是	□否
備註： 這是一個完全正確的交易嗎？　□是　　□否		

　　店長（或企業主）可指定人員來（店）進行購物檢驗，檢查店內的收銀作業，方法如下：

　　⑴選擇 20～30 種不同性質的或來自不同部門的商品，如上幾週特價商品、要稱量的商品、幾個外包裝相似但價格不同的商品等。

　　⑵付款時，提供幾張折扣券和一張過期的購物卡。

　　⑶購物結算時，再多買一項商品。

　　⑷每一次試驗的結果必須記錄在收銀員準確記錄卡上，並註明錯誤的種類。

　　店長必須和收銀員討論試驗中出現的錯誤。收銀完全正確的收銀員則予以表揚。

第二節　店長的管理重點法則（二）
⋯對員工的管理

　　店長作業管理的事項非常繁瑣，但其內容大部份是重覆的例行性事務，大約佔總工作量的 70%～80%，僅有 20%～30%是非例行性事務，應由店長自行判斷處理。

　　作為店長，只要把握商店各作業環節的重點，就能基本保證商店作業的正常進行。店長作業管理的重點無非是人、財、物和現代商業企業所需要的資訊。他必須有效地利用和管理商店的人、財、物、資訊資源，做好日常銷售服務工作，最大限度地使顧客滿意，最終實現預定銷售計劃和利潤目標。

　　店長的管理重點，可分為「對人的管理」、「對商品的管理」、「對現金的管理」、「對資訊的管理」、「對機械的管理」。

　　商店對人的管理主要是本店員工、來店購買商品的顧客以及店內商品供貨者的管理。

一、對員工的管理

　　對店內員工管理的目標，就是盡量發揮員工各個方面的潛力，讓員工願意為商店盡力，也就是願意在商店店長的領導下工作。

第一步：店長要合理安排員工的出勤

　　企業由於其涉及的特定業態的要求(如超級市場、便利店、餐飲店等)，控制員工人數是提高商店盈利水準的重要環節。這就要求店長合理地配置好各作業部門的工作人員，安排好出勤人數、休假人數、排班表，並嚴格考核員工的出勤情況。如店長做不好商店的出勤狀況，就會直接影響商店的進貨、出貨、補貨陳列、服務水準等，難以維持較佳的營業狀態。

　　店長通常要分析競爭對手的休息日、節假日、地方性活動來預測不同日子及一日中各時間段可能的消費額、顧客人數和銷售數量，以此掌握適當的工作量，安排適當人數的員工，制定出月間和週間出勤安排表。具體地按時段的顧客流量，安排好工作出勤，使工作出勤人員的工作性質與顧客流量相配合，並使每一個工作崗位達到效率化。

　　例如：收銀員的工作班次是根據商店的營業時間來安排的。如超級市場的營業時間通常是 9：00～22：00，可安排早班(8：30～17：30)、晚班(13：30～22：30)；若營業時間是 7：30～22：00，則可安排早班(7：00～16：00)、中班(10：00～19：00)以及晚班(13：30～22：00)共三個班次。有些商店(如便利店)是 24 小時營業，一般分為早班(7：00～15：00)、中班(15：00～23：00)以及晚班或稱大夜班(23：00～次日7：00)。在確定了基本班次的基礎上，店長還要根據營業情況確定每一班次的人數、具體人員、上班及休假日期等具體內容，然後按日或按週

編制收銀人員排班表。

安排好出勤崗位人員的搭配，能使上下工序在良好的配合下達到效率化。同時應注意控制好現場緊急事項的處理，按先急後緩的原則進行工作程序的調整。

具體的考勤、休假、請假，一般遵循營業手冊規定嚴格執行。如員工上下班均應親自打卡計時，不得受託打卡，否則雙方以曠工一日論處；未按規定辦請假手續而不上班者，視同曠工等。

例如：超級市場的員工一般每週工作 44 小時，而且每天都有人輪休，而具體工作時間則由店長安排。通常位於居民區的超級時段，每天下午 17～18 點是顧客來店購物的高峰時段,週六和週日整天這個時段來店的顧客更多。因此，每天在這個時段內，商店的商品一定要齊全，所有的收銀機要全部打開，各部門的工作人員要全部就位；在週六、週日更要增加人員、補足商品。同時店長也要抓住這些黃金時間，在收銀機前多與顧客交流，不斷地捕捉資訊。

第二步：店長要隨時確保商店的服務水準

高的服務水準是企業市場競爭的優勢，店長要時常督促員工保持良好的服飾儀容、對顧客的禮貌用語和友善的應對態度，並且隨時留意顧客的投訴及意見反映，不能讓顧客覺得不滿而不再上門的情況發生。

第三步：店長要確保商店的工作效率

一般人事費用在商店總成本核算中所佔的比率最高，往往會超過月營業額的 6%，故應經常調查各部門作業人員的作業安排表，並將人員予以靈活調度，這樣才能產生最高的工作效率。此外，由於商店均採用標準化作業管理，工作相對較單調，因此大多數商店有意識地讓員工在不同工作崗位上輪流工作，即採取柔性工作時間（允許員工在一定範圍內自己選擇上班時間或在不同工作時段，分別在不同崗位工作）等活動，以此提高商店的工作效率，這也是今後可逐步借鑑的方式。

表 4-2-1　商店的人員排班表

日期：＿＿年＿＿月＿＿日至＿＿年＿＿月＿＿日

班次 ＼ 姓名／日期	星期一	星期二	星期三	星期四	星期五	星期六	星期日
早班 正　職 (8：30～17：30)							
兼　職 (9：00～13：00)							
中班 正　職 (10：00～19：00)							
兼　職 (14：00～18：00)							
晚班 正　職 (13：30～22：30)							
兼　職 (18：00～22：00)							

第四步：店長要推動商店的共同作業守則

商店工作人員必須要有一致性，並能共同遵守工作守則，例如：

①上班時間必須穿制服，維持服裝儀容整潔。

②上班前 5 分鐘到達工作崗位。

③服從主管命令、指示，不得頂撞或故意違抗。

④上班時不得任意離開工作崗位，有事要離開必須預先向主管報告。

⑤上班時間不得與人吵架或打架。

⑥嚴格遵守休息時間。

⑦愛護商店內一切商品、設備、器具。

⑧遵守顧客至上，提供親切滿意的服務。

⑨隨時維護賣場的環境整潔。

⑩顧客進入賣場時員工必須高喊歡迎光臨。

二、對顧客的管理

顧客是「衣食父母」，可以說是整個商店的基礎。沒有顧客就沒有銷售，就沒有盈利，商店也就失去了存在的意義。因此，店長對顧客的有效把握及開發，是商店成長與發展的基本重點。

第一步：店長要建立顧客檔案

為了掌握顧客活動管理的重要資料，與顧客建立長久關係，顧客檔案的建立是店長必做的日常作業。由於顧客的數量較多，而且顧客檔案包含較多的收錄項目，因此現代企業對於顧客檔案的管理與分析必須使用先進的 POS 系統，不然大大小小的問題會接踵而來。如果顧客檔案未整理好，要對顧客作仔細的分析是相當困難的，更別提如何服務於目標顧客了。

第二步：店長要設計顧客檔案的資料項目

顧客檔案的登錄項目，應儘量精簡，應該以「何時、誰、買什麼」為事實的基礎，將顧客的姓名、地址、電話號碼、專購品(即主要惠顧本店何種商品)、採購時間等五項內容登記前列，其他項目不妨另行登錄，如顧客的職業、家庭成份、年齡等。

第三步：店長要收集顧客檔案的資料

建立顧客檔案時，最大的問題是「怎樣要求顧客填寫」。為解決此問題，可以將起初的記錄項目限制於顧客的姓名、地址和電話號碼三項內容即可，而顧客的採購時間和惠購品則由顧客口述，填寫工作由商店的工作人員來完成。同時可誠懇地向顧客說明「是為通知顧客本店舉行的特惠促銷活動或由本店寄送免費券、折扣券及廠商的新商品介紹用的。」

第四步：店長要確定顧客檔案管理的重點內容

⑴顧客來自何處。要分析顧客來源地區的戶數、人數、家庭規模結構、收入水準、性別、年齡、消費愛好等市場因素，據此提供給顧客滿意的商品和服務，所以對顧客的調查也是店長對人的管理的重要事項。

⑵顧客需要什麼。顧客對各種商品和服務的需要是經常變化的，在收入水準不斷提高和消費者個性增強的情況下，這種變化的速度在增強。因此，店長要經常組織對顧客需要什麼的調查，虛心聽取顧客對商店的商品和服務的要求和意見。如在各居民點設立顧客意見和要求箱，或用問卷調查等方法與顧客交流，及時獲知顧客的真實需要，建立與顧客之間的良好溝通關係。

第五步：店長要修正顧客檔案的資料

一年一次定期核對。一年一次向登記在顧客檔案上的顧客寄送本店的問卷調查表，懇求顧客的意見。該表應設有住址變更記錄欄，以這樣的方法定期掌握顧客的遷移情況和動向。同時可採用顧客只要憑填好的問卷調查表就能領取精美小禮品的方式，以保證商店能基本收回問卷調查表，以此重新確認顧客的檔案資料。

第六步：店長建立顧客檔案的管理制度

在建立顧客檔案的基礎上，需要進一步建立完善的商店管理制度，其目的是為了確立顧客的重點需求和重點顧客，以便及時進行商品和服務的調整，並把重點顧客逐步轉變成商店的穩定顧客群。現代零售業的一個顯著點就是科學性地管理顧客，要充分運用 POS 系統所提供給我們的各種資訊，通過 IC 卡、磁卡和會員卡等現代化工具進行資訊管理。

三、對供貨廠商的管理

無論是商店的供應商，還是企業內部配送中心的配送人員來商店送貨，必須在指定地點，按照連鎖企業總部規定的程序嚴格執行。

第三節　店長的管理重點法則(三)

…對商品的管理

　　店長對商店的商品管理，是作業管理的重點，商品管理的好壞是考核店長管理能力的重要標準。

　　商品的管理即有關商店內商品所有作業的管理，若有服務時其服務也包含在內。其中包括商品的包裝、驗收、訂貨、損耗、盤點以及店長對於商品的管理、清潔、缺貨等的監督。

1.店長對商品陳列的管理

　　商品陳列是企業商品促進銷售的利器，店長對其管理的要點是：

　　⑴商品是否做到了滿陳列，只有滿陳列才能最有效地利用賣場空間，要把陳列貨架理解為賣場的實際面積，予以高度重視。

　　⑵商品陳列是否做到了關聯性、活性化。關聯性能使顧客增大了購買量，活性化則能給顧客一種強刺激，促成購買。

　　⑶商品陳列是否做到了與促銷活動相配合。由於季節性和節慶假日往往成為商店銷售的高潮，因此配合這些促銷活動的商品特殊陳列，是大幅度增加商店銷售額的重要環節。

　　⑷商品補充陳列是否做到了先進先出，商品在貨架上陳列的先進先出，是保持商品品質和提高商品週轉率重要的控制手段，店長對此點的管理要尤為重視。

2.店長對商品陳列的檢查

　　店長應不定時的檢查店內各種物品陳列是否有問題。

　　· 是否按商品配置表來進行商品陳列；

　　· 商品陳列是否隨季節、節慶等的變化而隨時調整；

· 是否將陳列商品的使用方法一同展示出來;

· 是否注意到商品陳列的關聯性;

· 陳列商品是否整齊有規則;

· 商品的形狀、色彩與燈光照明是否能有效地組合;

· 商品的價格標籤是否完整、符合要求;

· 陳列的商品是否便於顧客選購;

· 陳列的商品是否讓人有容易接近的感覺;

· 陳列的方式是否能突出豐富感及商品的特色;

· 注意商品是否有灰塵;

· 是否能顯示出商店所經營的主要商品;

· 促銷商品能否吸引顧客的興趣;

· 商品陳列的位置是否在店員視線所及的範圍之內;

· 貨架上的商品出售以後,補貨是否方便;

· 是否有效地利用牆壁和柱子來陳列商品;

· 商品的廣告海報是否已破舊;

· 各部門陳列的商品,其指示標誌是否明顯;

· 引導顧客的標誌是否易見易懂;

· 陳列設備是否與商品相稱;

· 陳列設備是否安全可靠;

· 破舊的陳列設備是否仍然在使用;

· 所有員工對陳列設備的使用方法是否已詳細瞭解。

3.店長對陳列商品的質量管理

商品品質是企業的生命。對超市、便利店來講,由於銷售的商品基本上是包裝過的商品,消費者往往是拆開商品包裝後使用時才能判別商品的質量,有些甚至在使用後也不瞭解商品的品質對自己的影響程度,所以品質對維護消費者的利益是至關重要的。店長對商品質量的管理重點,是銷售包裝的商品在貨架上陳列期間的質量變化和保質期的控制,

冷凍設備、冷藏設備的完好率，收貨、驗貨的質量把關和搬運方法與陳
列方法的正確操作，及商品質量的統計資料，並將這些及時上報到總部
的採購部。

4.店長對商品缺貨的管理

零售業都把缺貨稱作是「營業的最大敵人」，因為商品一旦缺貨會使
得顧客的需要無法得到滿足，顧客量就會流失，導致銷售下降，而顧客
的需要在其他競爭店得以滿足的話，就等於將顧客推向了競爭對手，從
而大大削弱了自己的競爭力。

店長要時時刻刻統計商品的缺貨率，及時地與供應廠商聯繫，把缺
貨率降到最低。目前有些超級市場由於還有一部份沒有採用電腦的銷售
與訂貨管理系統，因此缺貨還是較高的，只能依靠店長的嚴格管理來減
少商品的缺貨率。當然，根本上還要依靠總部運用電腦來管理商品的進
銷調存。

5.店長對商圈內競爭對手所販賣商品之瞭解

店長要對本店商圈內的競爭對手瞭若指掌，對手所賣商品的動態要
清楚，例如商品促銷、商品佈置、新進商品、商品價格、商品銷售狀況……
等。

6.店長對商品損耗的管理

商品的破包、變質、失竊等因素可能造成較高的損耗率，損耗率的
高低，是影響獲利多少的關鍵。店長對商品損耗的管理，就成為商店節
流創利的重要環節。店長對商品損耗管理的主要工作如下：

- ‧商品標價是否正確。
- ‧銷售處理是否合理(如特價賣出、原售價退回)。
- ‧商品有效期管理不當，引起損耗。
- ‧價格變動是否及時。
- ‧商品盤點是否有誤。
- ‧商品進貨是否不實，殘貨是否過多。

· 員工是否擅自領取自用品。
· 收銀作業是否因錯誤引起損耗。
· 顧客、員工、廠商的偷竊行為引起的損耗。

第四節　店長的管理重點法則(四)
…對資訊的管理

　　身為店長，必須將本店的各種管理資訊，加以彙整、傳送到總公司，並將總公司所傳送來的資訊報告，加以分析，以便藉此改善本店的營運狀況。

　　不懂得對資訊管理的店長不是好店長，這是現代化的零售業店長的要求。運用 POS 系統來管理的商店，店長會很快地得到有關經營狀況的準確信息資料，店長要對這些資料進行分析研究，做出改進經營的對策。

　　例如在商店最常使用的 POS 系列，可以迅速分析出公司、商店營運狀況；而各種財務報表(例如損益表、費用表)，可以看出影響利潤的變化關鍵因素。

　　店長對資訊管理的重點說明如下：

1.商品銷售日報表

　　POS 系統所作出的銷售日報表，能分析商品和時間細化地反映。它可反映出日銷售總額、商品部門時段別的銷售額和銷售比重、來客總數、來客平均購買額、來客購買商品的品項數和每一個品項的平均單價，並可據以分析每個產品項目對利潤的貢獻，從而有助於確定增加或刪除那些產品項目。

2. 商品銷售排行表

商品銷售排行表主要包括銷售額排行、毛利率排行、銷售比重、銷售額和量的交叉比率排行等資料，使商店有能力追蹤不同產品銷售額的變化，分析產品受歡迎狀況，調整廣告和促銷策略。

3. 促銷效果表

促銷效果表主要反映促銷活動中銷售額變化率、顧客增加率、來客平均購買額變化率、毛利率變化、促銷活動前後的差異比較等。

4. 費用明細表

該表主要反映出各項費用的金額和所佔費用總額的比重等資料。

5. 盤點記錄表

該表主要反映各部門商品存貨額和週轉率等。

6. 損益表

每月的損益表所包含的內容是：銷售額、毛利額、損耗額、費用額等資料。

7. 顧客意見表

重視顧客意見的超級市場，都會在電腦設定程序，要求 POS 系統列出顧客意見表。該表所反映的內容是：顧客意見的內容、意見的件數、意見所指的商品部門和服務項目、顧客滿意的內容、件數和部門。經過良好管理素質培訓的店長會較容易的根據這些信息資料，把電腦的定量分析與由人做的定性分析結合起來，迅速地做出相應的改進對策，保證超市經營蒸蒸日上。

1962 年，山姆‧沃爾頓在美國阿肯色州本特維拉市開設了第一家以沃爾瑪命名的商店。時至今日，沃爾瑪已一躍成為全球最大的連鎖零售經銷商，分店數量截至 1999 年已達 3600 多家，業務遍及許多國家和地區，1999 年全球銷售總額達 1600 億美元左右，在美國擁有 780000 名僱員，在海外擁有 130000 僱員。沃爾瑪自 1996 年 8 月進入中國市場，現已擁有 3 家購物廣場、1 家山姆會員店及一個配銷中心，年銷售額 15 億

元。

　　沃爾瑪成功的奧秘是什麼呢？

　　⑴商品採購管理實行 80/20 原則。沃爾瑪實行進銷分離的體制，地區總部採購部負責所有分店商品的採購，而各分店則是一個純粹的賣場。沃爾瑪現在已放棄了系列化經營原則，他們發現，一個商店 80%的銷售額通常是由 20%的商品創造的，採購員的任務就是要經常分析這 20%的商品是什麼，然後採購。進貨之後，要監控銷售情況，根據商品的不同表現，決定增加或刪減。

　　⑵電腦信息系統。沃爾瑪公司的信息管理系統來自強大的國際系統支援，公司總部與全球各分店和各個供應商通過共同的電腦系統進行聯繫，擁有相同的補貨系統、相同的 EDI 條型碼系統、相同的庫存管理系統、相同的會員管理系統、相同的收銀系統。這樣的系統能從一家商店瞭解全世界的商店的資料。

　　①電腦系統中保存兩年的銷售記錄，記載了所有的商品——具體到不同的規格、花色、款式的每一件商品的銷售數據，這樣的信息支援能夠使商店採購適應顧客需求的商品及保持適當的庫存。

　　②供應商享受同樣信息。供應商在任何時候都可以在沃爾碼的電腦系統中查到自己商品的銷售、庫存的詳細資料。這對按需生產十分有利。

　　③商店員工應用掃描槍掃描商品的條碼時，能夠顯示價格、當前庫存、建議訂貨數量、在途數量及最近各週期銷售數量等信息。

第 5 章

店長對店員的工作要求

第一節　對店員職業修養的要求

一、店員的形象修養

　　職業修養是指為達到一定的職業水準所進行的自我鍛鍊。「店員職業修養」包括形象修養、意志修養、品德修養。

　　形象修養包括儀表、舉止、語言三個方面。具體內容如表 5-1-1 所示。

二、店員的待客規範

　　待客包括等待顧客，主動接近顧客，接受顧客詢問，傾聽顧客意見、建議和抱怨，與顧客溝通，送客等多項活動。

　　1. 等待顧客應避免

　　⑴雙手交叉於胸前或手插口袋，斜靠在貨架上或坐於陳列商品上；

表 5-1-1　店員的形象修養

儀　表	舉　止	語　言
耳朵： A.有沒有清洗乾淨 B.有沒有將耳環拿下		常用的服務用語： A.您好 B.歡迎光臨
頭髮： A.有沒有頭皮屑 B.有沒有梳理整齊 C.是不是一般髮型 D.染色是不是自然		C.請稍等 D.讓您久等了 E.真抱歉 F.謝謝您 G.歡迎再次光臨
臉部： A.化妝是不是太濃 B.眼睫毛是不是整齊 C.臉部是不是乾淨	舉止是通過肢體來傳達意識的一種語言，稱為肢體語言。主要包括： A.動作語言	不能說的話(例)： A.不知道，你去問別人 B.賣光了，沒有了，貨架上找不到就沒有了，你自己再去找找看
口： A.有沒有刷牙 B.有沒有口臭	B.表情語言 C.視線語言 D.利用空間語言	C.那您想怎麼樣 D.有本事去告好了
手： A.指甲剪短了沒有 B.有沒有將指環拿下 C.是否保持清潔	E.言語表達方式 F.聲音表達方式 G.接觸表達	E.你大概不懂，我們企業是統一定價的 F.講話要講點道德，現在是文明社會
服裝： A.是否按規定穿著職業裝 B.服裝是否整潔 C.是否佩掛服務證	H.性別、年齡語言 I.容姿語言 J.氣味語言	G.你是不受歡迎的顧客 H.偷了東西就得罰款
鞋子： A.是不是乾淨 B.後跟會不會太高 C.是不是一般款式		
口袋： 有沒有便條、文具、手帕		

⑵理貨員們聚集聊天、嬉笑、竊竊私語等；

⑶評說顧客，抱怨工作，指責上司、上級或同事。

2.主動接近顧客應避免

⑴讓顧客久等，大搖大擺地接近；

⑵不說「歡迎光臨」，也不作其他善意的表示；

⑶在顧客未提出詢問或作出需要幫助的意思表示之前，過早地接近顧客，並向顧客進行推銷。

3.接受顧客詢問應注意

⑴不用否定型，而以肯定型說話；

⑵不斷言、讓顧客自己決定；

⑶表示拒絕時應說「對不起」，然後加請求型語句；

⑷在自己的責任領域內說話；

⑸多說讚美和感謝的話；

⑹不用命令型，而使用請求型；

⑺不要光是口頭回答詢問或用手勢表示意思，應隨同顧客解決問題。

4.與顧客溝通應避免

⑴言語粗俗，不用敬語；　　⑵隨便使用方言；

⑶表示出焦急的狀態；　　⑷表現出心情不好、疲倦的狀態。

5.送客應避免

⑴站在顧客前面卻背對顧客；　　⑵不說謝謝，也不送客。

三、店員的作業活動規範

店員的作業活動可按部門劃分，如生鮮部、雜貨部等；也可以按活動項目來劃分，如標價作業、補貨上架作業、領貨作業、盤點作業、卸貨搬運作業、驗收作業等。

作業活動道德規範，列舉如下：

1. 上班時間務必穿工作服，佩戴工作牌，維持服裝儀容整潔。

2. 上班前 5 分鐘到達工作崗位，見到同事要相互問候，遲到除按規定接受處罰外，還應向同事及店長表示歉意。

3. 服從店長的命令和指示，接受指導和監督，不得頂撞或故意違抗。如有意見分岐，應通過正常途徑予以報告或溝通。

4. 上班時不得任意離開工作崗位，有事要離開須先向店長請示。

5. 上班時間不得與人爭吵，更不能打架。

6. 嚴格遵守休息時間。

7. 愛護公司內一切商品、設備、器具。

8. 隨時維護賣場、作業場的環境整潔。

9. 接觸生鮮食品的理貨員應定期作健康檢查，並注意工作衛生。

10. 包裝生鮮食品時不可以將不良品混入其中或藏於底層。

11. 接觸商品要輕拿輕放，按規定要求補貨上架或作展示陳列。

12. 製作 POP 廣告要實事求是，決不能虛擬「原價」，引起顧客誤解。

13. 商品盤點要做到「誠實、認真、仔細」，絕對避免弄虛作假。

14. 價目卡要如實填寫，以免誤導顧客。

15. 無論是對企業對消費者的贈品，還是供應商對本企業的贈品，都屬於企業的財物，決不能佔為己有。

第二節　對店員個人衛生的要求

店員的服飾穿著要符合衛生，符合風俗習慣、社會要求。外表要清潔衛生，是指店員的手、臉、衣服、帽子、頭巾、頭髮、鬍鬚、指甲等等符合衛生要求。如果店員穿著褶皺不堪，印有污漬、污垢的工作服，就會給顧客一個極不雅觀的印象，導致顧客不願與他(她)交談，不願請

他(她)幫助選購商品,從而使顧客的購買慾望減低,損壞商店的聲譽。

　　與餐飲業有關的商店,店長更應要求店員的外表要清潔,要做到勤洗手、勤剪指甲、勤換衣服、勤洗澡、理髮、刮臉,上班前不要吃帶異味的食物(例如吃蒜頭),不要飲烈性酒,以免使顧客產生厭惡情緒。

　　有些店員的外表很整潔、大方,可是顧客卻不願意靠近她們,原因就是飲食習慣的問題。有的人吃飯時要吃蒜,而顧客卻可能討厭大蒜的味道。以食品業而言,店員更應嚴格要求自身養成良好的衛生習慣:

　　1.店員及打包員必須保持雙手衛生,有以下情況時必須洗手:工作開始前,中途離開崗位,休息或飲食後,接觸生肉、蛋、蔬菜或不乾淨的食具、容器等之後,拾起污物或直接處理廢棄物後,洗手後經過 2 小時又繼續烹飪、加工。

　　2.加工房的用具及台面,必須經過嚴格清洗和消毒;店員及打包員必須用消毒水,進行手部消毒。

　　3.直接與食品原料、半成品和成品接觸的,不允許戴手錶、戒指、手鐲、項鏈和耳環。不得塗指甲油、噴灑香水。不得用勺直接嘗味或用手抓食品銷售,不接觸不潔物品。手部受到外傷時,不得接觸食品或原料,經過包紮治療戴上防護手套後,方可接觸食品工作。在台灣擔任店長,尤其要避免店員吃檳榔,難看又惡心。

　　4.工作人員要進入加工房裏,必須穿戴整潔的工作服、帽、鞋、口罩。工作服應保持乾淨整潔。頭髮不得露於帽外,不可在加工場所梳理頭髮。

🔊 第三節　店員如何銷售成功

一、聘用對商品情有獨鍾的店員

想要工作有績效，一開始就要聘請到正確的員工；你在賣那種商品，就要找到對那類商品情有獨鍾的員工。

這是一家經營不善的兒童服裝店。該店雖然因總店曾派遣一些資深銷售人員前來，想努力提高業績，但始終欲振乏力。

後來情況有了轉變，該店長說道：「剛好有人請假，在不得已的情況下僱用臨時工，這位臨時工是剛專科畢業的年輕女性；沒想到自從她來了以後業績不斷提高。」

外行的銷售員居然使得業績不斷提升，實在令人感到不可思議。因此，該店長就仔細探其究竟，結果說道：「哦，我知道了，原來她喜歡這些商品。進來的顧客也都是喜歡『米老鼠』的人，相同嗜好的人談起話來比較投機；該女性和顧客對話時眼睛散發出亮光，在彼此有趣的交談中很自然地就將商品推銷出去。」

換句話說，喜歡商品的銷售員對於商品非常瞭解，無論顧客喜歡或不喜歡都能給予詳細的解說，所說的話自然具有說服力，因此與顧客之間的交談就更為融洽，所以，僱用一個對商品情有獨鍾的銷售員，可以大大提高業績。

筆者有經營一個憲業出版社，也有類似經驗，當顧客來電原本只想購買某一本書時，若接電話的員工對這類書內容很熟悉時，多介紹相關內容的其他書本，通常最後一定成交，而且一定是成交至少 3 本以上。

在日本神戶波特島的一家購物中心也發生過類似的情形。那是一家洋酒專賣店，在商品架的側邊放置有一張長條桌，上面擺設著一些能提

供有趣舞會的東西；長條桌是粉紅色系列，上有玻璃酒杯、進口酒……等，再以聚光燈照射，襯托出舞會氣氛。而擔任銷售員的是一位中年太太，她面無表情的擦拭著酒瓶。

有一次，店長在聽過我的演講之後，邀請我到銷售現場瞭解實際情形，並且說道：「由於僱用婦女臨時工，所以業績始終無法提升。」筆者仔細一看，桌上佈滿了灰塵，玻璃酒杯上也是灰塵；即使對舞會興致再濃的顧客，看到這種情形，對舞會的熱情也會消失殆盡。

如果那位臨時工也是一位喜歡舞會氣氛的人，相信對於桌上的東西必定每天清掃，甚至順手在桌上插一盆鮮花。但是，如果銷售人員對商品絲毫沒有感情，對於商品無動於衷，又如何能將商品推銷出去。如果售貨員喜歡商品，自然會有喜歡的人前來購買；只要內心真正喜歡就會巧構心思去進行陳列與佈置，也唯有如此才能引發顧客的購買欲。

培養喜好的情感，在一般員工手冊中都有教導，而且必須是發自內心，並非在店長的命令之下可做到的。所以一開始就應該僱用對商品有特別喜好的人，這是店長應有的顧慮。

二、顧客買的不是特點，顧客買的是利益

所有生產商都會整合各種產品特點，以使他們的產品與別家生產商的產品類似或者不同。手錶的錶盤可能和別的手錶有所區別，而其他部份卻和很多手錶類似。一件服裝的裁剪風格好像出自某個設計師之手，但其實是原創設計的「山寨版」；某個傢俱品牌擁有經得住年輕家庭折騰的好聲譽；汽車製造商則競相提供全世界時間最長的品質保證。

1. 你賣的不是特點，是利益

顧客買的不是特點——他們買的是利益。最成功的銷售人員會選擇演示的要點，提供給顧客他們想買的東西。要做到這一點，你要把從探詢中得知的答案和你銷售的特定商品的利益匹配起來。

僅僅羅列產品的各種特點是不夠的，關於特點你說了些什麼，可能比特點本身更加重要。例如，每個人的臉都有特點，如果你能列舉頭髮、眼睛、鼻子、嘴唇等，人們就會明白你在談論某個人的臉部特點。

列舉賣點是銷售的通用方法。它不需要任何思考或想像力，因為你可以對任何人覆述同樣的賣點。它基本上就是告訴你的所有顧客，他們要買的是市場上最好的產品。即使你說的是真的，很多顧客也不相信，因為這是個沒有與任何個人關聯的陳述，對於店裏的任何商品、任何顧客，你都可以這樣說。

然而，透過繪畫的方式描述賣點——紅色的捲髮、棕色的眼睛、塌鼻子、性感的嘴唇，你就能激發出人們對某些面部特徵的熱情。如果商品的某些方面能滿足顧客在探詢中透露出的需求，你就要用語言去創造性地描繪這些方面。

2.最具說服力的 14 個詞語

這裏列出了最具說服力的 14 個詞。這些詞人人都知道，還具有能被普遍理解的優點。看一看今晚的電視廣告，數數用到了幾個詞。把它們運用到你在演示時使用的語言中去，這些詞語能讓顧客對成為真正的買主興奮不已。

(1)容易(Easy)　(2)免費(Free)　(3)省錢(Save)

(4)新款(New)　(5)愛(Love)　(6)錢(Money)

(7)健康(Health)　(8)成果(Results)　(9)你(You)

(10)證明(Proven)　(11)你的(Your)　(12)安全(Safety)

(13)發現(Discovery)　(14)保證(Guarantee)

使用這些已被「證明」有用的詞語不但「容易」，而且「免費」。你在交流中要使用人們「愛」聽的詞語，這樣做時，你會有一個重大「發現」。你會賺更多的「錢」，「節省」更多時間，還能改善你的「健康」和「安全」。使用這些詞語能「保證」你的推銷員生涯獲得「新」的「成果」。

第四節　設法讓店員快樂工作

　　店員在店鋪的工作時間較長，且大部分為重複性工作，店員在長期平淡無奇的工作中容易產生倦怠和厭職情緒。要改變這種狀況，店長就要想方設法為店員創造快樂的工作環境。店員工作快樂了，才能為顧客提供最卓越的服務。店長應該如何為店員創造愉快工作？

表 5-5-1　讓店員快樂工作的要點

項目	要點說明	
讓店員理解工作的意義	· 工作給店員提供接觸百味人生、接納百種個性的機會，通過工作可以實現自我價值，這就是工作帶給店員的意義 · 工作的最大動力不是職位和薪酬，而是來自真心喜歡他的工作與角色所激發出來的自發性和自主性	
變領導為引導	· 主管有主次之分，含有命令強迫的成分多一些 · 過於強調「領導」，員工只能服從，從而失去主動性 · 引導包含的命令成分要少得多，將領導變為引導是企業管理者靈活運用激勵原則的高超表現，在企業員工中能夠取得意想不到的激勵效果	
讓單調的工作變得有趣	改變工作內容	如理貨工作與銷售工作每半天或一天交換一次，即可發生變化
	改變賣場的氣氛	如更改展示櫃、收銀台的位置或店鋪佈局，使氣氛煥然一新
	將工作分成幾段	如在短時間內將容易完成的小目標一個個分開
	工作時提供短暫的休息時間	如 10 分鐘喝茶、讀書看報的時間，以增加一點樂趣，讓店員暫離單調的工作一會

續表

指導店員由「厭業」到「樂業」	改變對工作的看法	如看到一件商品，若能聯想到該零件可能在何處製造、用途何在、有何特徵、同樣的商品別家公司有否製造，如此一考慮再經過求證，你就能瞭解同行分佈、公司概況，趣味無窮
	研究工作的變化	不管多單純的工作，都不可能毫無變化，每天到店鋪購物的顧客都不可能與昨日完全相同，那一類型的顧客應該用何種銷售技巧應對等，都需要店員專心研究
	分析工作	手上的工作經過分析後，你會得知無論多單純的工作也必須由十多種要素構成，我們就以「取商品」為例吧，必先伸手尋找，經過選擇，拾起，最後緊握手中。這樣簡單的行為必須由如此多的動作拼成，其實這並不單純。將這種觀念應用到工作上，任何事物先經過分析，最後必可得到改善的啟示
店員快樂工作的秘訣	培養積極樂觀的心態	任何事情都有好壞兩個方面，只想好的一面就會快樂起來
	營造融洽的工作氣氛	當你以真誠、關愛對待別人的時候，別人也會同樣回報你，和諧、快樂的工作環境就由此誕生
	把工作看作自己的事業	同時每天要說一句話：我健康、我快樂、我大有作為
	不要總是拿自己和別人比較	堅信自己是最好的，或許現在還不是，但將來一定是
	練習微笑	當微笑出現在你臉上的時候，你的心裏也會有笑意

創造店員愉快的每一天	上班路上	儘量放鬆自己，想一件讓自己高興的事，這樣可以給一天定一個愉快的基調
	午餐時間	如果可以離開工作場所的話，出去走走放鬆一下，暫時忘記工作的疲勞
	顧客都是好朋友	將購物的顧客看作是來訪的好朋友，熱情週到地接待他們是你最樂意做的事
	給任務分級	先做完最重要的工作，再去做其他的，這樣會讓自己覺得輕鬆，效率也提高了
	美化工作環境	整潔明亮的店面不但讓顧客流連忘返，也是令你快樂工作的地方

第五節　指導店員做好銷售工作

　　銷售的成功，包含著巧妙接近顧客的方法。例如細心觀察顧客的需要和購物動機，恰到好處地進行商品說明，完美的示範表演，以及能消除顧客疑問的解答等。整個櫃台售貨的接待工作，不僅是在推銷商店，也是推銷企業的聲譽。

　　店員的接待顧客，可區分為「等待時機」、「接觸搭話」、「出示商品」、「商品說明」、「推薦」、「促進銷售」、「收取貨款」、「結束銷售」八個步驟，說明如下：

步驟一　等待時機

　　顧客進店後走近櫃台或貨架，店員要隨時注意找機會同顧客接觸搭話。首先要仔細觀察和判斷顧客臨近櫃台的意圖是隨便觀看，或是購買商品，有無某種商品已引起顧客的注意。這時要求店員端莊自然地站在

自己負責的商品地段內,而不能心不在焉、左顧右盼。如果能主動為顧客提供幫助,就可能促成一筆交易,而不與顧客接觸搭話,就會使一些交易的機會白白喪失。

步驟二　接觸搭話

接觸搭話就是主動接近顧客,並掌握恰當的時機和善地與顧客打招呼。打招呼的最佳時機是在顧客由知曉商品到觀察瞭解之間。若搭話過早會引起顧客的戒心,甚至由於不好意思而離開櫃台。搭話的機會一般有六個:

- ·當顧客較長時間凝視某個商品時;
- ·當顧客把頭從觀察的商品上擡起來時;
- ·當顧客臨近櫃台停步用眼睛看某種商品時;
- ·當顧客用手觸摸商品時;
- ·當顧客臨近櫃台尋找某種商品時;
- ·當顧客把臉轉向店員時。

這六個機會意味著顧客已意識到對某種商品的需要或希望得到店員的幫助,店員可通過接觸搭話喚起顧客的注意,或使顧客從無意注意轉向有意注意,以加深印象。

接觸搭話可採用:打招呼法、介紹商品法和服務性接近法。

(1)打招呼法

打招呼法適用於隨意瀏覽的顧客和因忙於接近別的顧客而無暇顧及的顧客。當顧客走近櫃台或貨架隨意觀察商品時,通過打招呼問好,讓顧客感覺到店員對自己的到來表示歡迎,並正在隨時準備為自己服務。當店員正忙於接待一位顧客時,可向另一位剛到的顧客打招呼問好,避免這位顧客產生被冷落的感覺而離去。

(2)介紹商品法

介紹商品法適用於正注意觀察某種商品的顧客。店員這時應扼要地介紹商品的優點以引起顧客的購物興趣,這時顧客一般不會說「我只是

看看」，而店員卻獲得了推銷商品的機會。這就要求店員應有較寬的商品知識面，瞭解商品的主要特色，並能將這些特色與顧客的實際需要聯繫起來。當這種商品的特色同顧客的需要相符時，這種方法的效果就最明顯。運用這種方法，還會使顧客把店員當作經驗豐富的專家而樂意接受其幫助。

(3)服務接近法

服務接近法適用於對那些明確表明要購物的顧客，特別是那些急於要購物的顧客。此時就採用直接詢問顧客要買什麼商品的方法。但是這種方法要慎用，因為一般情況下，這種方法的運用總是會得到顧客消極的反應，所以此種銷售的成交額一般都很少。店員只有通過接觸搭話設法瞭解顧客的興趣、意圖後，並指出該商品能滿足其興趣，才能使顧客的興趣得到發展，促其產生一定的聯想。

步驟三　出示商品

出示商品就是在顧客表明對某種商品產生興趣時，店員要立即取出商品送到顧客手中，以促進其產生聯想，刺激顧客的購物慾望。店員與顧客搭話以後，應儘快出示商品，使顧客有事可做，有東西可看，有引起興趣、產生聯想的對象。為使出示的商品達到出示的目的，需要以下幾種方法：

(1)示範法

這種方法就是商品的表演。例如：兒童玩具的演示。這是消除顧客偏見的最好方法。

(2)感知法

這種方法就是盡可能地讓顧客接觸商品，讓顧客實際感知商品的優點，以消除顧客的疑惑。

(3)多種類出示法

這種方法適用於顧客對具體購買某種商品無一定主見時，店員可出示幾種性能相近或價格相近的商品供其選擇。但要注意，這並不是說出

示越多的商品越好，有時出示商品過多，會將顧客思緒搞亂，無所適從，最終只好放棄購物。還要注意，這時顧客非常需要店員的幫助和指導，店員切不能消級地等待顧客的選擇，應當在顧客觀看商品後，將其不再感興趣的商品迅速拿開，以使顧客將注意力集中到另外的某一商品上。

(4)逐級出示法

這是在顧客可能接受的價格段位上，先出示價格低的商品，再出示價格高的商品的方法。這種方法不僅適合那些想購買廉價商品的顧客心理，也會使想購買高檔商品的顧客產生優越感。反之，從高檔到低檔出示，會使欲購廉價商品的顧客感到難堪，從而放棄購物。當然，對喜歡購買名牌的顧客，若從較低價開始出示，也會令其反感，最終失去銷售機會。

步驟四　商品說明

出示商品的同時應向顧客提供商品的有用資訊。這時店員應實事求是地作有效說明和介紹。好的商品介紹能使店員掌握銷售的主動權，並能刺激顧客的購物慾望。

步驟五　推薦商品

推薦就是根據顧客的情況，在顧客比較判斷的階段刺激顧客購物慾望，促成購買。這一般需要三個步驟：

· 列舉商品的一些特點。
· 確定能滿足顧客需要的特點。
· 向顧客說明，購買此種商品所能獲得的利益。

這就是將商品特徵轉化為顧客所向往、所理解、所需要的東西，即顧客利益的過程。其轉化公式為：

顧客利益＝商品特徵＋功能

步驟六　促成銷售

促成銷售是抓住顧客對欲購商品的信任，堅定顧客的購物決心的步驟。促成銷售的機會有四個：

· 當顧客關於商品的問題提完時；

· 當顧客默默無言獨立思考時；

· 當顧客反覆詢問某個問題時；

· 當顧客的談話涉及到商品售後服務時。

　　店員在把握這四個機會時不應在一旁默默等待，而應堅定顧客的決心，消除其疑問，建議其購買。值得注意的是，店員建議顧客購買決不等同於催促顧客購買。若店員不斷地催促顧客購買，會使顧客產生反感。但一味等待也會失去銷售機會，因而店員只能用平緩的語調建議顧客購買。建議的方法主要有以下幾種：

(1)直接建議法

　　當顧客對商品沒有問題可提了，就可以直接建議顧客購買。但建議購買決不能使用「你到底買不買？」或「你定下來了嗎？」等語言。這會使顧客感到不自在，很可能得到否定的回答。正確的方法應扼要地歸納一下商品的特色和顧客所能得到的益處，概括　下顧客應購買的原因，然後，很自然地問：「您看這件商品怎麼樣？」

(2)選擇商品法

　　這是採用含蓄的促使顧客作出購物決定的方法。選擇商品法是詢問顧客要買那種商品，而不是讓顧客在買與不買之間進行選擇。在選擇的範圍上，一般不超過兩種，否則顧客難以作出選擇決定。例如：可讓顧客在諸如顏色、式樣、型號、材料等方面進行選擇。這種方法是最經常使用的較好的一種方法。

(3)化短為長法

　　當顧客面對商品的幾個缺點猶豫不決時，店員應能夠將商品的長處列舉出來，使顧客感到長處多於短處，就能促進顧客對商品的信任。

(4)機不可失法

　　這是指讓顧客感到，錯過機會就很難再買到的一種堅定顧客購物決心的方法。例如節假日期間削價、折扣、特價等。運用此法使顧客感到

若不下決心購買，以後不是買不到，就是價格上漲。但這只有當顧客希望購入短缺商品或有銷售時間性的商品時，才可使用此法；反之，會事與願違。

(5)印證法

當顧客對商品的個別問題持有疑惑，遲遲不願作出購物決定時，可向其介紹其他顧客使用此商品的情況來印證店員所作的介紹，或弱化商品的問題，消除顧客不下購物決定的因素。但一定要讓顧客感受到店員的真誠，而不是感到這是強行推銷。

(6)獎勵法

這是一種通過向顧客提供獎勵，鼓勵顧客購買某種商品的方法。這種方法與用削價出售商品的方法相比，它不會讓顧客產生商品本身價值就低，或認為商品已過時的錯覺，反而使顧客考慮購買決定。採用向顧客提供獎勵的方法，可以使顧客更樂意購物。

步驟七　收取貨款

顧客一旦下了購物決心，採取購物行動後，店員就開始收取貨款。收取貨款務必要做到「三唱一複」：

「三唱」即「唱價」（確認顧客所購商品的價格）；「唱收」（確認所收顧客現款金額）；「唱付」（確認找給顧客餘款餘額）；「一複」（確認所付商品與收進貨款是否相符）。

步驟八　結束銷售，誠心送客

在這個步驟中，店員在為顧客進行商品包裝時，還應該詢問顧客是否還需要別的商品，主要是與顧客所購買的商品相關的商品。當將包裝好的商品交到顧客手中時，應主動口頭向顧客表示感謝，讚揚顧客的明智選擇，並請其對商品的質量放心。這將使顧客體驗到商店是真心實意地為顧客服務的，從而留下美好的購物記憶。

以上是成功地完成銷售所進行的基本步驟。若由於種種原因未能交易成功，店員也絕不能怠慢顧客。否則，顧客會認為該店只為推銷商品，

而不考慮顧客的利益，其結果往往不是失去一次銷售機會，而是永遠失去一位顧客。

第六節　妥善安排店員的工作

店長既要保證每日業務工作圓滿完成，又要合理安排店員的工作，充分發揮和使用人力資源。因此，店長必須有詳細、週密的業務分工，對店員工作的日程安排。店長要設定對店員的各種培訓工作，店員能夠熟悉自己的工作，店長的運作才能上軌道。

1.事先做好業務分工計劃

⑴做好預測：根據週邊環境、競爭對手情況、節假日預測不同時間段可能的銷售額、顧客人數和銷售數量。

⑵制定業務計劃：根據預測制定月、週工作計劃，其中要考慮訂貨、盤點等工作量的多少。

⑶制定店員出勤安排表：根據業務計劃掌握適當的工作量和店員的工作安排，在此基礎上制定出勤安排表。

⑷對店員工作進行合理安排：為保證正常營業，把訂貨、補充商品、接待顧客、銷售、提供服務等工作合理分配給店員，具體包括何種工作、多少工作量、在什麼時間內、安排給何人完成。

⑸明確下達操作指標：制定分工計劃後，通過操作指示來明確每項工作的具體操作規程，例如如何進行貨架商品的補充等。操作指示表要按照不同部門填寫，針對 30～60 分鐘的工作量。

2.做好作業分配

作業分配的目的在於，使店員在預定的時間內，去實現商店的銷售計劃。作業類型要按不同的性質可分為例行性作業與變化性作業，店長

在進行作業分配時，需要先製作一張重點作業一覽表，以便進行人員工作的分配。

(1)例行性作業：理貨、陳列、補充、訂貨、接待顧客等每週的固定例行作業。

(2)變化性作業：主要指促銷、排面變更等活動，由店長依個案制定作業計劃。

(3)製作重點作業一覽表：目前商店要每月、每週、每日實際執行的作業匯總成表，估算實際執行所需要的時間，再統計成表。

(4)人員分配：店長在作業量規劃好之後，需安排具體人員執行何種作業。

3.落實執行

店員執行工作，店長要督導工作是否順利進行。

第七節　制定賣場工作標準化

一、要編寫標準化手冊

標準化作業是商店成功經營的基礎。通過資料搜集與定性分析、現場作業研究等，制定出既簡便可行，又節省時間、金錢的標準化作業規範。

要使企業的規模發展快速，首先要建立管理標準，而標準化作業流程就是最重要的指標工作。

缺乏嚴格的管理，再好的管理標準也只是一紙空文。嚴格地展開實施管理標準，是經營標準化管理的實質。可以說管理標準是企業內部的「法律」，執「法」要嚴，企業運轉才會有序和高效。管理的標準化與標

準化管理是管理活動得以開展的方法。

通過作業研究和比較，發掘最有效的作業方法，以此作為標準，並編寫具體的營業手冊。

商店營業手冊的編寫實際上是將商店經營的經驗、技巧升華為明確的理論和原則。

任何一個企業總部所制定的營業手冊都應全面地包括每一工作崗位、每一作業人員，應盡可能發現每一細節並加以規定，盡可能完整地包含所有細節，這正是營業手冊的精華所在。

二、實施標準化，並且不斷修正

標準化的貫徹執行，依靠的是科學的嚴格管理，不然制定再多的標準也形同廢紙，而分工越細就越需要協調，否則各個職能部門的運行會相互牽制，各個作業崗位的銜接也難以順利進行，作業化管理所帶來的優勢，就難以轉化為商店的現實競爭優勢。因此在實際營運過程中，必須不斷改善營運的標準，使商店作業化管理不斷合理化，越來越協調。

商店的運作與製造業十分相似，從產品設計、原材料採購、零件加工到成品組裝和銷售，前後工序緊密相關，嚴格地按專業化分工原理來完成業務全過程。每一個部門、每一個環節、每一項作業活動以及每一個人都必須按規定標準來完成作業活動。一個好的店長不僅在執行總部規定的標準，還應該是創造性地在執行總部的標準，這種創造並不是對總部標準的否定或變通，而是依靠其號召力和管理能力來激發商店的全體員工按合理化的作業程序來完成每一項工作。

標準的統一性不排除商店的變動性，只要能使商店的盈利水準提高，各商店都可以提出建設性意見，使新的、更好的方法成為新標準。

通過商店的不斷探索，經過總部進一步研究、開發，以堅持不懈的努力來改善商店的營運標準。只有如此，標準化才不會使企業僵化，固

步自封。標準化效果的取得，靠得就是嚴格管理的監督下，長期地堅持與改善標準，從而確立企業整體的競爭優勢。

三、服飾店作業標準化的流程示範

服飾店的營運流程,是指服飾商品自進貨到店內,上架、試穿、購買、退換貨、盤點等一系列有形的商品流動與無形的信息傳遞、交流過程,也是服飾商品透過營業員與顧客的交易過程。

(一)貨到驗收

1.檢查商品數量和品種是否正確：服飾的面料、款式、尺碼、顏色是否與送貨單一致。

2.檢查商品有無品質問題：服飾的紐扣是否缺少，針腳是否完整牢靠等，對商品品質的一些細節進行檢查。

3.檢查有無針頭殘留：服飾縫製過程中經常使用珠針、大頭針等固定,一不小心就會把針頭殘留在服飾中。殘留的針頭會對消費者造成傷害,並且導致顧客投訴事件的發生。

4.檢查標識、說明是否齊全：服飾商品一般應有三種標識卡：

⑴材質、成分說明。

⑵洗滌說明。

⑶產地說明。

按規定以上三種說明都需用中文標識。

(二)商品標價

1. 製作專業的標價卡

當服飾商品受到顧客的青睞時,價格是其考慮購買與否的主要因素。製作專業的標價卡較容易使客人對所標識的價格產生信賴感。不要貪圖簡單省事而用手寫文字來標識商品的價格,以免造成顧客有商品隨意定價錯覺,同時引起其討價還價的心態。

2.商品標價策略

服飾店最常用、最簡單的標價策略是成本加價定價和成本加成定價，即在成本的基礎上增加一定的利潤值作為定價。無論採用何種定價方式，都必須考慮市場上同類商品的平均價格和消費者購買心理，只有這樣才能巧妙地制定出具有競爭力的商品價格。

(三)上架陳列

1.服飾商品的整燙、折疊

服飾商品在搬運過程中極易受壓起皺變形，所以上架陳列前應先將其熨燙平整。對於大多數服飾都可使用蒸汽熨斗進行立體熨燙，但仍須注意各種材質、款式服飾的整燙要求。服飾商品熨燙平整後，吊掛類的服飾須用適當的衣架支撐，而平面陳列類的服飾可折疊成同樣大小放置在陳列板上，以利陳列的整齊美觀。

2.服飾商品的陳列

服飾商品一般按色彩和款式來進行陳列，陳列時對色彩運用的原則是依顧客視覺方向由明到暗、由暖色到冷色；對款式的運用原則是由短到長。如有尺寸/款式的分別，先依設計款式及顏色區別，再依尺寸排列，可造就美觀的排面。

3.模特出樣

服飾商品的陳列，除整齊、美觀外，還須將流行的信息與服飾搭配的理念，融入到服飾商品的陳列中，若商場的空間、位置許可，可將服飾穿戴在模特上立體陳列，以突出服飾店的特色，培養消費者的認同感。

(四)試穿試賣

1.試衣間管理

服飾店應配備試衣間，試衣間必須保持乾淨整潔。試衣間要有衣物掛鉤、衣架、拖鞋、小凳子、鏡子等附件方便顧客試衣；試衣間的地板可略高於商場地面，以營造較清潔的感受；試衣間是商場的一部份，決不能成為營業員存放私人物品或堆放庫存品的倉庫。

2.試衣服務

消費者試穿前，營業員可目測或詢問顧客適合的服飾尺寸，儘量讓顧客一次就試穿上合身的衣服。同時營業員應主動提醒顧客，在試衣時保管好自己物品。顧客在試衣間試穿後，營業員應主動提供調整服務，如尺碼大小、長短的調整。

(五)購買/銷貨

1.鼓勵「試穿」

利用各種途徑，主動介紹商品給消費者，使其透過全面瞭解商品的特性而對商品產生興趣。要透過恰當的方式鼓勵消費者「試穿」。

2.付款確認

服飾店顧客付款方式有現金、信用卡、禮券等，在顧客付款時應先確認付款方式。

3.收款

收款遵循先錢後物的原則，即先找錢，然後再交付商品。

4.交付與複誦

為確認與顧客共同確認金額、找零、銷售商品的正確性，在交付的同時可複誦交付的內容，並逐一複誦銷售商品與合計件數。

(六)調撥作業

「調撥」是指連鎖店間，其店臨時缺貨，而向他店調借商品的作業。

店間調撥，是指連鎖店間貨品的撥入與撥出，需在雙方經理同意下才可進行；店內調撥，系在同一家店，部門間的撥入撥出作業，此款調撥只須取得雙方部門主管同意，即可進行。

店內調撥也可表現為將原欲出售的商品，移到自己店中製作加工品的原料。如畜產部門製作調味肉時，需從雜貨部門拿醬油、鹽等作為原料；水產部門製作魚頭火鍋組合菜時，需從農產部門拿大白菜、薑、蔥、芋頭等，自雜貨部門拿澱粉等。

接單前最好先確認他店可調撥數量是否足夠，不要隨便接單，以免

影響商譽。

　　若是店內調撥，事前須徵得撥出部門主管的同意，絕不可私自取用。

(七)包裝

1.包裝材料

包裝紙、包裝袋要與商品的大小相適應，並能保證承受商品的重量。

2.包裝與店格

　　包裝是商品的一部份，商品包裝也反映了服飾店的風格。包裝袋、包裝紙的選擇與服飾店的市場定位相匹配。服飾店應重視包裝袋的設計，把它視為商店形象設計的一部份。

(八)退換貨

1.退換貨的原因

顧客退換貨的原因歸納起來常有以下幾種：

⑴尺碼不合身。

⑵重複購買。

⑶商品有品質問題。

⑷商品價格不合理。

2.退換貨的有效期

　　為了保護服飾店自身權益，對顧客退換貨應制定有效期，退換貨有效期通常為 7～14 日居多。

3.退貨條件

　　對於要求退貨的顧客，應儘量說服其更換相同或等值商品，盡可能避免退貨還錢的情況發生。若顧客堅持要退貨還錢，則需符合以下條件：

⑴需有原始購物憑證(發票)。

⑵商品沒有損失，沒有洗滌，沒有多次穿戴。

⑶在退貨有效期內。

(九)商品盤點

　　服飾店在銷售過程中，由於各種原因會出現賬物不符的情況，因此

服飾店銷售服務人員在銷售空閒時要經常對櫃檯和商場內的商品進行盤點，發現問題及時糾正，努力做到賬物相符。

服飾店商品盤點可以有人工盤點和機器盤點兩種方式。人工盤點就是服飾店銷售服務人員自己把櫃檯和商場內的商品分門別類地清點一遍，看看與帳冊上的數目是否一致。人工盤點速度較慢，容易出錯，效率很低。機器盤點是服飾店銷售服務人員利用掌上盤點機讀入櫃檯和商場內的商品的條型碼，然後掌上盤點機自動累加，自動與帳冊內資料進行核對，並輸出各式盤存報表。用掌上盤點機進行盤點，快速、精確、效率高，因此一些大中型服飾店大多用掌上盤點機來進行盤點。

無論是人工盤點還是機器盤點，發現賬物不符的情況，都要找出原因，及時糾正。

四、餐飲店作業標準化的流程示範

商店賣場進行的各種工作，其作業方式要標準化，才能提升績效，迅速完成。以餐飲店為例，詳細描述店內員工作業標準化的流程。

店長要規定店員作業方法的標準化，以餐飲業為例，有關「等候」、「迎接導引」、「點菜」、「上菜」、「送客」的作業流程如下：

1. 等候

(1)言語

· 在規定位置待命，不可與同事聊天。

(2)動作

· 注目玄關方向，採舒適自然的姿勢，不得坐在椅子上或偏倚櫃台、柱子。

(3)重點

· 只要顧客駕臨，要表現出由衷歡迎的姿勢。

· 要記住幾號桌跟幾號房是空的。

2.迎接導引

(1)言語

· 明朗有朝氣地說:「歡迎光臨」。

· 「有幾位呢?」確認人數。

· 「請走這邊。」由衷地表示歡迎之意。

(尖峰時段用手掌指引)

(2)動作

· 輕輕點頭行禮,兩手自然下垂,手指並攏。

· 走在顧客之前,慢步到席位。

· 輕拉椅子,用手指點。

(3)重點

· 以正確姿勢,表達由衷歡迎之意的行禮。

· 引導至合乎顧客的席位,例如將情侶同伴,帶至不引人注目的席位,要商談事情的顧客則到安靜的席位,單一顧客則帶到 2 人用桌。

3.接受點菜

(1)言語

· 再一次說:「歡迎光臨。」　· 鄭重地說:「請點菜。」

· 重覆再說一遍:「您點的菜是××××份。」

· 以感謝的語氣說:「麻煩您,稍候一會兒。」

(2)動作

· 輕輕點頭。　　　· 提供冰水或熱茶。

· 一直在一旁等待,要從顧客看菜單到點菜為止。

· 記載顧客點菜。　· 注視顧客眼睛,等候回答。

· 輕輕點頭、退下。　· 點菜單回廚房。

(3)重點

· 桌上必須擺置菜單。

· 要判斷顧客群中，誰有點菜決定權。
· 要確認所點的項目及數量。
· 要請示飲料，尤其是咖啡或果汁是在用餐之前、中、後，何時提供。
· 牛排之類的食品要請教幾分熟。
· 手持冰水、茶等容器，不可將手指插進容器內。
· 要迅速！切忌讓顧客等候時間過長。

4.上菜

(1)言語

· 「打擾您。」
· 「讓您久候了，這是××××（菜名）。」
· 「打擾您。」
· 要有精神，說：「是！」，笑著回答：「請稍候。」
· 「這個菜盤可以撤下嗎？」

(2)動作

· 做配合各式菜肴的安排。
· 退下。
· 將菜端上桌。以正確姿勢，不可扭轉身子或做誇張的姿勢。
· 補充加填顧客的冰水或茶水。
· 將吃完菜的空器皿撤下。

(3)重點

· 必要記住，不可弄錯點菜的人和所點的菜。
· 熱的要趁熱，冰的要趁冰，迅速上菜。
· 上菜前檢查菜的裝盛，要提供正常的菜。
· 冰水、茶水要趁顧客要求之前斟好。
· 煙灰缸要換。
· 即使喝完、吃完，也要等顧客答允，方可撤下空盤子。

· 上菜時，原則上要從顧客的左肩方向上菜。

5.送客

客戶付款結賬後，員工要有「送客」的禮貌行為。

(1)言語

· 以感謝之心，明朗地說：「多謝您照顧。」

· 「恭候再度光臨。」

(2)動作

· 走到靠近玄關。

· 以感謝之心行禮，直到顧客完全走出玄關為止，採取歡送的姿勢。

(3)重點

· 檢查席位，是否有顧客忘帶的東西。

· 以充滿感謝之心歡迎，務必做到使顧客心想「下次我還想再來。」

第八節　對店員進行激勵

　　所謂激勵，就是激發和鼓勵人的積極性與朝向某一特定目標行動的傾向，激勵的形式按人們的需要可分為物質激勵和精神激勵兩方面。

　　雖然每天與店員朝夕相處，但卻不一定瞭解他們的想法，不知道他們為什麼有時工作努力，有時卻士氣低落，有時情緒高昂，有時卻無精打采。

　　店員士氣低落的表現：工作提不起精神；經常遲到或早退；時常發牢騷或抱怨；不能按時完成任務。

　　要激發店員的積極性，就要針對其不同要求，採取不同的激勵手段，即：積極性＝需要×激勵。

　　也就是說，必須從滿足人的合理需要入手，採取多種激勵方式，才

能較大程度地發揮店員的工作積極性。

(1)激勵的形式

· 描繪遠景：讓店員瞭解公司目標、工作計劃全貌以及他們努力的結果。
· 授予權力：讓他們覺得自己能「獨挑大樑」，肩負著重要職責。
· 給予讚美：公開讚美，負面批評可以私下提出。
· 聽其訴苦：協助店員解決問題，提供資訊和情緒上的支援。
· 獎勵成就：提高店員的工作效率和士氣，同時有效建立其信心。
· 提供培訓：支持店員參加職業培訓，提高其創造力。

(2)激勵實施的方式

· 事先明文規定的獎勵。事先設定好目標，當店員的表現達到標準時，公司便給予獎金或禮物等的獎勵。
· 彈性給予的獎勵。根據店員的工作表現，給予額外的獎勵。
· 給予店員正面的回饋。通過不同的方式，讓店員瞭解他們的工作表現優異。
· 公開表彰店員的表現。例如，升遷、頒發最佳員工獎等。
· 私下表彰店員的表現。例如，請吃飯、給予額外休假等。

(3)不花錢或少花錢的激勵方法

激勵一個人有時只需一句話，每個人都有自我激勵的本能，都希望自己的能力得以施展，工作富有意義，能力得到認可。一個聰明的上司可利用這一本能激勵人才，甚至無需花費分文。

實施的方法：

· 請上級領導來感謝成績突出的店員；
· 用優秀店員的名字命名一項獎勵計劃；
· 對店員提出的建議，要給予適當的肯定；
· 在大會上公開表揚優秀店員；
· 給做出成績的店員休假；

· 讓優秀店員別上「優秀員工」或「最佳員工」胸卡；
· 把表現突出的店員照片，掛在宣傳欄裏；
· 讓有突出貢獻的店員與總經理合影；
· 讓表現好的店員參加同行的研討會和學習班；
· 把顧客寫來的表揚信陳列出來；

提高員工對達成目標的願望，必須採用「大目標、小步子」，讓員工跳一跳，努力一下才把果子摘到。

有效激勵員工的基本內容：認清個體差異，使人與職務相匹配；確保個體認為目標是可以達成的；儘量提供同行業中居於前列的固定薪資；保證薪水公平性，根據員工價值倡導適度競爭；報酬與績效掛鈎，以員工業績對應獎金；設計綜合完善的業績提成制度；儘量避免年度獎平均分配。

🔊 第九節　激發店員的工作意願

店長對店員管理的目標是，讓店員願意為本商店盡力，也就是願意在店長的領導下工作。主要從以下幾個方面著手：

1.具體工作的執行

解決「店員做什麼」的問題，確保店員明白工作的具體要求，並在工作之前提供指導和幫助。

2.工作執行

解決「店員如何做好」的問題，確保店員正確地按照要求執行任務，解決引起工作效率低下的因素；在工作過程中提供支援、評估和結論，激勵店員提高工作技巧和能力。

3.職業發展

解決「店員將去什麼地方」的問題，識別職業發展中店員的潛力；選擇時機，向店員提供有用的職業發展建議；支援他們達成職業發展各階段的要求。

4.瞭解店員個人生活

對店員個人生活瞭解並能夠理解店員的感情需求；清楚所提供的支援的界限；能夠從店員的角度來考慮店員所面對的問題。

5.店員工作滿足感

店員工作滿足感是「店員對工作或工作經驗的評價所產生的一種愉快的或有益的情緒狀態」。

工作滿足程度取決於店員個體對工作及其回報的期望值和實際值的差異。對工作的期望主要包括對工作環境、管理環境、工作重要性、工作挑戰性和工作優越性等的期望；工作回報的期望主要包括對工作報酬、工作評價、工作獎勵等的期望。

6.還應特別注意以下各點：

⑴讓店員明白團體合作的重要性；

⑵維持店員之間融洽的工作及相處氣氛；

⑶定期召開小組例會，讓店員清楚總部的方針及自己的計劃安排；

⑷分析總結商店的營業狀況，激勵店員努力實現計劃與目標；

⑸分析商店繁忙及非繁忙時間，適當調配人手，公平管理店員；

⑹合理分工、排班、必要的調動，吃飯、休息等；

⑺注意店員的精神狀態和工作情況，以便提出改進意見並以身作則；

⑻對新招聘的店員，應安排熟練人手照應，保持店內人際關係良好，避免某店員被冷落；

⑼聽取店員意見，及時改進自己的工作方式及方法，提高工作效率。

第 *6* 章

店長對理貨員的工作要求

第一節　理貨員的工作職責

一、理貨員的工作職責

　　理貨員就是負責營業場所內的商品管理，賣場內各個工作人員分工明確，均有其應盡的工作職責，理貨員具體工作如下：

　　1.嚴格執行賣場服務規範，做到儀容端莊，儀表整潔、禮貌待客，誠實服務，嚴格遵守各項服務紀律。

　　2.熟知產品或產品包裝上應有的標誌，以及自己責任區內商品的基本知識，包括商品的名稱、規格、等級、用途、產地、保質期限、使用方法和日常銷量等。

　　3.瞭解有關商業法規，能熟練執行賣場內的作業規範。

　　4.掌握商品標價知識，能熟練地使用標價機，正確打貼價格標籤（商品標籤和統一的價目牌）。

　　5.注意查看商品有效期，防止過期商品上架銷售。

6.瞭解賣場的整體佈局和商品陳列的基本方法，熟識責任區域內的商品配置圖表，嚴格按照商品配置表正確進行商品的定位陳列，並隨時對責任區域內的陳列商品進行整理。

7.隨時瞭解責任區域內商品銷售的動態，及時提出補貨建議，或按規範操作要求完成領貨和補貨上架作業。

8.要有強烈的責任心，注意商品安全，努力防止商品損壞和失竊，同時要瞭解治安防範要求。

9.瞭解賣場內主要設備的性能、使用要求與維護知識，能排除因使用不當而引起的小故障。

10.商品、設備、貨架與通道責任區的保證清潔。

11.對顧客的合理化建議要及時記錄，並向店長彙報。

12.服從店長關於輪班、工作調動及其他工作的安排（如在營業高峰時協助收銀台做好收銀服務）。

圖 6-1-1　理貨員的工作流程

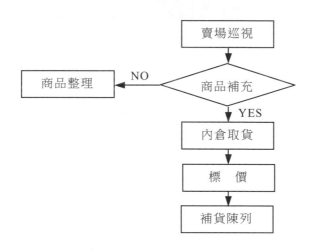

二、理貨員的工作流程

　　為使店面管理順利，店長要明確理貨員的工作職責，規範理貨員的工作流程。理貨員的作業流程可分為營業前、營業中、營業後三個階段。每一個階段的工作內容如下：

1.營業前

⑴打掃責任區域內的衛生。

⑵檢查購物籃、購物車。

⑶檢查勞動工具。

⑷查閱交接班記錄。

2.營業中

⑴巡視責任區域內的貨架，瞭解銷售動態。

⑵根據銷售動態及時做好領貨、標價、補貨上架、貨架整理、保潔等工作。

⑶方便顧客購貨，回答顧客詢問，接受友善的批評和建議等。

⑷協助其他部門做好銷售服務工作，如協助收銀、排除設備故障。

⑸注意賣場內顧客的行為，用溫和的方式阻止顧客的不良行為，以確保賣場內的良好氣氛和商品安全。

3.營業後

⑴打掃責任區內的衛生。

⑵整理購物籃、車。

⑶整理勞動工具。

⑷整理商品單據，填寫交接班記錄。

表 6-1-1　理貨員工作檢查表（營業前）

時段	檢查項目　　　　　　　　　　　　　　　　檢查日期	年 月 日 是	否
營 業 前	1.服裝乾淨整齊、佩戴好工號牌		
	2.辦理交接		
	3.清潔整理貨架		
	4.清潔責任區		
	5.清潔整理冷櫃		
	6.檢查冰箱溫度		
	7.商品標價、補貨		
	8.核對價目牌		
	9.清潔、整理商品		
	10.整理補充必備物品：各種記錄表和筆、乾淨抹布		
	11.整理倉庫		

商店：	簽名：	日期：	班次：

注意：1.工作完成時請打（✓），否則打（×）。

　　　2.請簽名後再下班。

表 6-1-2　理貨員工作檢查表（營業中）

時段	檢查項目　　　　　　　　　　　　　　　檢查日期	是	否
		年　月　日	
營業中	1. 站立服務，禮貌待客，熱情和藹回答顧客的詢問		
	2. 檢查 POP 招貼是否規範，書寫是否規範		
	3. 巡視商場，手拿乾淨抹布，隨時清潔貨架		
	4. 整理貨架商品，落地陳列商品		
	5. 檢查冰箱溫度		
	6. 冷藏冰箱內的商品陳列整理		
	7. 冷藏冰箱的定時補貨		
	8. 冷藏冰箱的不定時補貨		
	9. 核對價目牌及商品標籤價格		
	10. 紙箱、空箱、空瓶收好		
	11. 廠商進貨驗貨、上貨架		
	12. 缺貨的定時補貨		
	13. 貨架的不定時補貨		
	14. 檢視過期產品、變價、損耗商品		
	15. 記錄過期產品、變價、損耗商品		
	16. 商品的安全管理		

商店：	簽名：	日期：	班次：

注意：1. 工作完成時請打（√），否則打（×）。

　　　2. 請簽名後再下班。

表 6-1-3　理貨員工作檢查表（營業後）

時段	檢查項目 檢查日期	年　月　日	
		是	否
營業後	1.所有用品歸位		
	2.所有單據整理歸位		
	3.交接班讀賬、填寫交接班日報表		
	4.制服掛好、交代事項留言		
	5.協助現場人員處理善後工作		
商店：	簽名：	日期：	班次：
注意：1.工作完成時請打（✓），否則打（×）。 2.請簽名後再下班。			

通常，商店執行《理貨員每班次工作檢查表》的工作情況，會納入企業營運考核商店的指標。

理貨員的作業自查表，必須由當班理貨員填寫，應按時進行，不得提早或延遲，每天填寫完成後交給店長，一般由店長一星期裝訂一次在店長會議時上交。填寫自查表時，如「是」則打「✓」，否則打「×」，無此項目則「空格」。而在時段檢查中打「×」的部份，則應填寫未完成工作登錄表。

第二節　店長如何督導理貨員

理貨員有其負責的工作項目，店長必須對理貨員的工作加以督導，以追求績效。店長督導理貨員的工作項目，有「領貨作業流程」、「標價作業流程」、「改變價格作業流程」、「商品陳列作業流程」、「補貨作業流程」等，其運作重點說明如下：

一、領貨作業的管理

在營業過程中，陳列於貨架上的商品在不斷地減少，理貨員的主要職責就是去庫房領貨以補充貨架。也有些企業的商店(如便利店)中，除了飲料之外，是不允許有商品庫存的，因而只要商品驗收完畢，理貨員即可進行標價，補貨上架陳列，或暫時放於內倉，待營業時及時補貨。

1.理貨員領貨必須憑領貨單領取。

2.領貨單上理貨員要寫明領取商品的日期、大類、品種、貨名、數量及單價。

3.理貨員對內倉管理員所發出的商品，必須按領貨單上的事項逐一核對驗收，以防商品串號和提錯貨物。

對於大型綜合超市、倉儲式商場和便利店來說，其領貨作業的程序可能不反映在內倉方面，而是直接反映在收貨部門和配送中心的送貨人員方面。一旦完成交接程序，責任就完全轉移到商品部門的負責人和理貨員的身上。

二、標價作業的管理

標價是指將商品代碼和價格以標籤方式粘貼於商品包裝上的工作。每一個上架陳列的商品都要標上價格標籤，有利於顧客識別商品價格，也有利於商店進行商品分類、收銀、盤點及訂貨作業。這項作業運作起來簡單，容易學會，但標價的具體作業要求很多，十分複雜。

1. 標籤的類型

目前商店的價格標籤主要有四種類型。

⑴部門別標籤：表示商品部門的代號及價格，通常適用於日用雜品以及規格化的日配品。

⑵單品別標籤：表示單一商品的貨號及價格，這種標籤尤其適合於超市內的生鮮食品，可分為稱重標籤和定額標籤。

⑶店內碼標籤：表示每一單品的店內碼和價格，也可分為稱重標籤和定額標籤。

⑷純單品價格標籤：只表示每一個商品的單價，無其他號碼。

商品價格標籤對商品管理有很大的作用。其作用主要有：識別商品的部門分類和單品代號、商品銷售、盤點和訂貨作業；識別商品售價，有利商品週轉速度的管理等。商品部門別標籤、單品別標籤和店內碼標籤，一般都可用條碼的形式很快地通過電腦來設計和製作。此時標價作業的重點則是「對號入座」，而對那些仍需用價碼機來標價的商店，就必須強調手工作業的管理與控制。

2.標籤打貼的位置

⑴一般商品的標籤位置最好打貼在商品正面的右上角(因為一般商品包裝右上角無文字資訊)，如右上角有商品說明文字，則可打貼在左上角。

⑵罐裝商品，標籤打貼在罐蓋上方。

⑶瓶裝商品標籤打貼在瓶肚與瓶頸的連接處。

⑷禮品則儘量使用特殊標價卡，最好不要直接打貼在包裝盒上，可以考慮使用特殊展示卡，因為送禮人往往不喜歡受禮人知道禮品的價格，購買禮品後他們往往會撕掉其包裝上的價格標籤，由此可能會損壞外包裝，破壞了商品的包裝美觀，從而導致顧客的不快。

3.標價作業應注意事項

⑴商店內所有商品價格標籤位置應是一致的，這是為了方便顧客在選購時對售價進行定向掃描，也為了方便收銀員核價。

⑵打價前要核對商品的代號和售價，核對領貨單據和已陳列在貨架上商品的價格，調整好打價機上的數碼，先打貼一件商品，再次核對，如無誤可打貼其餘商品。同樣的商品上不可有兩種價格。

⑶標價作業最好不要在賣場上進行，以免影響顧客的購物。

⑷價格標籤紙要妥善保管。為防止不良顧客偷換標籤，將低價標籤貼在高價格商品上，通常可選用僅能一次使用的、有折線的標籤紙。

商品的標價作業隨著 POS 系統的運用，其工作性質和強度，會逐漸改變和降低。其重點會朝向正確擺放標價牌的方向發展。

三、變價作業的管理

變價作業是指商品在銷售過程中，由於某些內部或外部環境因素的發生，而進行調整原銷售價格的作業。

1.變價的原因

變價的原因可分為兩種：

⑴內部原因：如促銷活動的特價、企業總部價格政策的調整、商品質量有問題或快到期商品的折價銷售等。

⑵外部原因：如總部進貨成本的調整、同類商品的供應商之間的競爭、季節性商品的價格調整、受競爭店價格的影響以及商店消費者的反應等。

2.變價作業應注意的事項

變價作業不論由何種原因引起，一般都由連鎖企業總部採購部門負責，採購部門會將變價的通知及時傳達到各個商店，而商店理貨員在整個變價過程中應注意以下幾個方面。

⑴在未接到正式變價通知之前，理貨員不得擅自變價。

⑵正確預計商品的銷量，協助店長做好商品變價的準備。

⑶做好變價商品標價的更換，在變價開始和結束時都要及時更換商品的物價標牌以及貼在商品上的價格標籤。

⑷做好商品陳列位置的調整工作。

⑸要隨時檢查商品在變價後的銷售情況，注意瞭解消費者和競爭者

的反應，協助店長做好暢銷變價商品的訂貨工作，或者是由於商品銷售低於預期而造成商品過剩的具體處理工作。

3.變價時的標價作業

商品價格調整時，如價格調高，則要將原價格標籤紙去掉，重新打價，以免顧客產生抵觸心理；如價格調低，可將新的標價打在原標價之上。每一個商品上不可有不同的兩個價格標籤，這樣會招來不必要的麻煩和爭議，也往往會導致收銀作業的錯誤。

四、商品陳列的管理

商品陳列作業是指理貨員根據商品配置表的具體要求，將規定數量的標好價格的商品，擺設在規定貨架的相應位置。

商品陳列的檢查要點如下：

· 商品是否有灰塵？
· 貨架隔板、隔物板貼有膠帶的地方是否弄髒？
· 標籤是否貼在規定位置？
· 標籤及價格卡上價格是否一致？
· POP 是否破損？
· 商品最上層是否太高？
· 商品是否容易拿取、容易放回原處？
· 上下隔板之間是否間距適中？
· 商品陳列是否做到先進先出？
· 商品是否做好前進陳列？
· 商品是否快過期或接近報警期？
· 商品是否有破損、異味等不適合銷售的狀態存在？

五、補貨作業的管理

補貨作業是將標好價格的商品，依照商品各自既定的陳列位置，定時或不定時地將商品補充到貨架上去的作業。所謂定時補貨是指理貨員在每班上崗前或非營業高峰時的補貨。所謂不定時補貨是指只要貨架上的商品即將售完，就立即補貨，以免造成由於缺貨影響銷售的現象。

商品補貨的原則如下：

1. 要根據商品陳列配置表，做好商品陳列的定位化工作。
2. 嚴格按照連鎖企業總部所規定的補貨步驟進行商品補貨。
3. 注意整理商品排面，以呈現商品的豐富感，吸引消費。

第三節　店長如何督促補貨

需要注意的數據是回轉週數、消化率、貢獻度，透過分析，不難發現貨品 b 和 c 的庫存量分別僅夠維持 1.3 週和 2 週，提醒店長要對這兩類貨品及時補貨。同時，從貢獻度數據中，我們發現貨品 a 和 d 對總的銷售額貢獻偏低，同時消化率數據反映出這兩類貨品處於相對滯銷狀態。任何一項數據的分析都可以為我們提供店鋪經營的信息，透過店鋪的數據分析，要及時地引起注意，並採取措施來重點關注貨品 a 和 d，避免引起庫存積壓。

表 6-3-1　補貨的數據類型

回轉週數	回轉週數＝期末庫存/本週銷售件數
消化率	類別消化率：類別消化率＝該類別銷售件數/類別進貨總數
	款式消化率：款式消化率＝該款銷售件數/該款總進貨數
貢獻度	類別貢獻度：類別貢獻度＝該類別的銷售金額/總銷售金額
	款式貢獻度：款式貢獻度＝該款的銷售金額/總銷售金額

表 6-3-2　商品庫存類別報表

商品類別	期初庫存	銷售數量	銷售金額	期末庫存	回轉週數	消化率	貢獻度
a	16	1	338	15	15	6%	3%
b	16	7	2068	9	1.3	44%	17%
c	12	4	1744	8	2	33%	15%
d	13	1	286	12	12	8%	2%

心得欄

第 **7** 章

店長對收銀員的工作要求

第一節　收銀員的工作流程

　　商店收銀員要嚴格按照店內工作要求執行操作，店長要督導收銀員的具體收銀作業。

　　收銀員每日的作業流程可分為營業前、營業中、營業結束後三個階段。通常收銀員在營業前與營業後要填寫作業檢核表，該表由收銀員每次當班時實事求是地填寫，在當班結束後交於店長。而該表格將納入商店對收銀員每月的工作考核中。

　1. 營業前

　⑴檢查服飾儀容，佩戴好工號牌。

　⑵認領備用金並清點確認。

　⑶檢驗營業用的收銀機，整理和補充其他備用品。

　⑷瞭解當日的變價商品和特價商品。

　⑸營業前打掃收銀台和責任區域。

2.營業中

⑴遵守收銀工作要點，為顧客做好結賬服務。為顧客提供正確的結賬服務，除了可以讓顧客安心購物，取得顧客的信任之外，還可以作為連鎖企業計算其經營收益的基礎，因而其正確性相當重要。在整個結賬過程中，收銀員必須做到三點，即正確、禮貌和迅速。其中迅速是以正確為前提的，不能只求速度不求精度。基本的結賬步驟如下：

· 歡迎顧客光臨；

· 登打收銀機時讀出每件商品的金額；

· 登打結束，報出商品金額總數；

· 收顧客金錢要唱票——「收您 1000 元」；

· 找零時也要唱票——「找您 82 元」；

⑵主動招呼顧客，對顧客要保持親切友善的笑容，耐心地回答顧客的提問。

⑶發生顧客抱怨或由於收銀結算有誤顧客前來投訴交涉時，應立即與店長聯繫，由店長將顧客帶至休息室接待與處理，以避免影響正常的收銀工作秩序。

⑷等待顧客，收銀員可進行營業前各項工作的準備。

⑸在非營業高峰時間，應聽從店長安排其他的工作。

⑹適時對顧客予以引導與提醒。

3.營業結束後

⑴結清賬款，填寫清單。

⑵在其他人員的監督下把錢裝入錢袋交予店長。

⑶引導顧客出店。

⑷整理收銀作業區。

表 7-1-1　(營業前)收銀員的作業檢核表

時段	檢 查 內 容		執行情況	
			是(√)	否(×)
營業前	清潔、整理收銀作業區	收銀作業區的地板		
		空垃圾桶		
		收銀台前頭櫃		
		購物籃放置處		
	整理補充必備的物品	所有尺寸購物袋、吸管、剪刀		
		各種記錄本和筆		
		乾淨抹布		
		空白收銀紙及空白統一發票		
		【暫停結賬】牌和裝錢布袋		
	整理、補充販售商品，核對價日牌			
	認領備用金並清點確認(包括各種幣值的紙幣與硬幣)			
	檢驗營業用的收銀機	發票存根聯及收執聯的裝置是否正確		
		收銀機的大類鍵、數字鍵是否正常使用，日期是否正確		
		機內的程序設定是否正確，各項統計數值是否歸零		
	檢查服飾儀容、佩戴好工作牌			
	瞭解當日的變價商品和特價商品(可作適當記錄便於查找)			
商店：	收銀員：	日期：　　年　　月　　日		

表 7-1-2 (營業中)收銀員的作業執行表

步　　驟	收銀標準用語	配　合　的　動　作
1.歡迎顧客	· 歡迎光臨	· 面帶笑容，與顧客的目光接觸。 · 等待顧客將購物籃裏或手上的商品放置收銀台上。 · 將收銀機的活動熒屏面向顧客。
2.登錄商品	· 逐項審視每項商品的金額	· 以左(右)手拿取商品，並確定該商品的售價及類別代號是否無誤。 · 以右(左)手按鍵，將商品的售價及類別代號正確地登錄在收銀機內。 · 登錄完的商品必須與未登錄的商品分開放置，避免混淆。 · 檢查購物籃底部是否還留有商品未結大賬。
3.結算商品總金額，並告知顧客	· 總共××元	· 將空的購物籃從收銀台上拿開，疊放在一旁。 · 趁顧客拿錢時，先行將商品入袋，但是在顧客拿現金付賬時，應立即停止手邊的工作。
4.收取顧客支付的金錢	· 收您××元	· 確認顧客支付的金額，並檢查是否為偽鈔。 · 若顧客未付賬，應禮貌性地重覆一次，不可表現不耐煩的態度。
5.找錢給顧客	· 找您××元	· 找出正確零錢。 · 將大鈔放下面，零錢放上面，雙手將現金連同收銀條一併交給顧客。
6.商品入袋	· 請您拿好	· 根據入袋原則，將商品依序分類放入購物袋內。
7.誠心感謝	· 謝謝！再見	· 一手提著購物袋交給顧客，另一手托著購物袋的底部。確定顧客拿穩後，才可將雙手放開。 · 確定顧客沒有遺忘的購物袋。 · 面帶笑容，致送辭，目送顧客離開。

表 7-1-3　（營業結束後）收銀員作業檢核表

時段	檢　查　內　容		執 行 情 況	
			是(√)	否(×)
營 業 後	整理作廢了的收銀條			
	結清賬款，填制清單			
	在他人的監督下把錢裝入錢袋			
	16 小時商店	整理收銀作業區		
		關閉收銀機電源並蓋上防塵罩		
		擦拭整理購物籃，並放於指定位置		
		協助現場人員處理善後工作		
商店：　　　　　收銀員：　　　　　日期：　　年　　月　　日				

第二節　店長對收銀員的工作管理

收銀員工作對商店、賣場經營的重要性不言而喻，對收銀員作業的管理，最好要細化到收銀員作業流程的每一個作業程序，甚至每一個動作和每一句用語。

對收銀員作業的管理，例如「收銀員的作業紀律」、「收銀員的商品裝袋作業管理」、「收銀員離開收銀台的作業管理」、「營業結束後的收銀機管理」、「顧客要求兌換金錢的管理」……等。

1.收銀員的作業紀律

現金的收受與處理是收銀員相當重要的工作之一，這也使得收銀員的行為與品德格外引人注意。為了避免收銀員受到不必要的猜疑與誤會，也為了確保商店現金管理的安全性，作為與現金直接打交道的收銀員，必須遵守嚴明的作業紀律。

(1)收銀員在營業時身上不可帶有現金，以免引起不必要的誤解和可能產生的公款私挪的現象。如果收銀員當天擁有大額現金，並且不方便放在個人的寄物櫃時，可請店長代為存放在店內保險箱裏。

(2)收銀員在進行收銀作業時，不得擅離收銀台。收銀台內現金、禮券、單據等重要物品較多，如果擅自離開，將使歹徒有機可乘，造成店內的錢幣損失，而且可能引起等候結算顧客的不滿和抱怨。

(3)收銀員應使用規範的服務用語。

(4)收銀員不可利用收銀職務的方便，以低於原價的收款登錄到收銀機，以圖利於他人私利，或可能產生的內外勾結的「偷盜」。

(5)在收銀台上，收銀員不可放置任何私人物品。因為收銀台上隨時都可能有顧客退貨的商品，或臨時決定不購買的商品，如果有私人物品也放在收銀台上，容易與這些商品混淆，引起他人的誤會。

(6)收銀員不可任意打開收銀機抽屜查看數目和清點現金。隨意打開抽屜既會引人注目而造成不安全的因素，也會使人對收銀員產生懷疑。

(7)暫不啟用的收銀通道必須用鏈條拉住，如果不啟用的收銀通道開放的話，會使一些有不良心態的顧客不結賬就將商品帶走。

(8)收銀員在營業期間不可看報與談笑，看報與談笑不僅容易疏忽店內和週圍情況，導致商店遭受損失，而且給顧客留下不佳的印象。因而，收銀員要隨時注意收銀台前人員的出入情況和視線所能看見的賣場內的情況，以防止和避免不利於商店的異常現象發生。

(9)收銀員要熟悉商店的商品和特色服務內容，瞭解商品位置和商店促銷活動，尤其是當前的商品變價、商品特價、重要商品存放區域，以及有關的經營狀況等，以便顧客提問時隨時做出正確的解答。同時收銀員也可適時地主動告知顧客店內的促銷商品，這樣既能讓顧客有賓至如歸、受到重視的感覺，還可以增加商店的營業業績。

2.收銀員的商品裝袋作業管理

在計算金錢，收取金錢後，還要負責將商品妥當裝入袋內。

　　將結算好的商品替顧客裝入袋中，也是收銀工作的一個部份，不要以為該動作是再容易不過的，如果此工作做得不好，往往會使顧客掃興而歸。例如：收銀員將易壓壞物品，置於商品最底層，就會招致顧客抱怨。又例如收銀員將易破碎物品(如杯子)，粗魯地放在袋內，也會引起不好的評價。

　　收銀員的商品裝袋作業管理，重點如下：

　　⑴根據顧客購買量選擇尺寸合適的購物袋。

　　⑵不同性質的商品必須分開入袋，例如：生鮮與乾貨類，食品與化學用品，以及生食與熟食。

　　·⑶掌握正確裝袋順序：①硬與重的商品墊底裝袋；②正方形或長方形的商品裝入包裝袋的兩側，作為支架；③瓶裝或罐裝的商品放在中間，以免受外在壓力破損；④易碎品或較輕的商品置於袋中的上方。

　　⑷冷凍品、豆製品等容易出水的商品和魚、肉等容易流出汁液的商品，或是味道較為強的食品，先應用其他包裝袋包裝妥當後再放入大的購物袋中，或經顧客同意不放入大購物袋中。

　　⑸確定附有蓋子的物品都已經擰緊。

　　⑹裝入袋中的商品不能高過袋口，以免顧客提拿不方便，一個袋中裝不下的商品可放入另一個袋中。

　　⑺確定企業的宣傳物品及贈品已放入顧客的購物袋中。

　　⑻入袋應將不同顧客的商品分別清楚，要絕對避免不是一個顧客的商品放入同一個袋中的現象。

　　⑼對包裝袋裝不下的體積過大的商品，要請顧客至服務台另外用繩子捆好，以方便顧客提拿。

　　⑽提醒顧客帶走所有包裝入袋的商品，防止其把商品遺忘在收銀台上的情況發生。

3.收銀員對商品的處理管理

　　在開放式銷售的店內，商品要銷售出去，必須經過「收銀員」的「收

款」關卡；在封閉式的銷售櫃台內，各公司雖然作業流程有所不同，但仍是秉持同一原則的。

商店集中結算的原則，凡是通過收銀區的商品都要付款結賬，因此收銀員要有效控制商品的出入，商品的進入如無特殊需要，一般不經過收銀通道。這樣可避免廠商人員或店內職工擅自帶出商店內的商品，造成商店的損失。對廠商人員應要求其以個人的工作證換領商店自備的識別卡，離開時才換回。

(1)凡是通過收銀區的商品都要付款結賬。

(2)收銀員要有效控制商品的出入，避免廠商人員或店內職工擅自帶出店內的商品，造成損失。

(3)收銀員應熟悉商品價格，以便儘早發現錯誤的標價，特別是調價後的新價格，需特別注意。如果商品的標價低於正確價格時，應向顧客委婉解釋，並應立即通知店內人員檢查其他商品的標價是否正確。

4.收銀員對商品的退換、退款作業

每一個企業都有自己的商品調換和退款的管理制度，原則上凡是容易腐敗物品(例如食物)，不予調換和退款，除非是商品質量問題，其他商品應予以調換。

(1)接受顧客要求調換商品或退款，商店應設有指定人員到指定地點專門接待，不要讓收銀員接待，以免影響收銀工作的正常進行。

(2)接待人員要認真聽取顧客要求調換商品和退款的原因，做好記錄，這些記錄可能成為商店今後改進工作的依據。

5.收銀員暫時離開收銀台的作業管理

上班期間，收銀員的工作崗位就在收銀台位置，要離開工作崗位，例如「營業結束後」，即使是「暫時離開收銀台」，也有一定的作業管理規範。

當收銀員由於種種正常的原因必須離開收銀台時，應當：

‧離開收銀台時，將「暫停收款」牌擺放在收銀台上顧客容易看到

的地方。

· 用鏈條將收銀通道攔住。

· 將現金全部鎖入收銀機的抽屜裏，同時將收銀機上的鑰匙轉至鎖
定的位置，鑰匙必須隨身帶走或交店長保管。

· 將離開收銀台的原因和回來的時間告知臨近的收銀員。

· 應以禮貌的態度請後來的顧客到其他收銀台結賬，並為現有等候
的顧客結賬後方可離開。

6.顧客要求兌換金錢的作業管理

店內所持有的各種紙幣和硬幣，是為了維持商店每日正常的營業，
找錢給顧客的時候應保證收銀機內有一定的存量。如果接受所有顧客額
外兌換金錢的要求，必將難以有效控制商店內的現金使用。尤其是有一
些不法分子以換錢為由，運用各種手段詐騙金錢，致使商店遭受損失。

因此，若顧客是以紙鈔兌換紙鈔的話，收銀員必須根據店內的銀錢
狀況，必要時應予以婉言拒絕。若商店內設有公共電話或在店門口設有
兒童遊戲機，則可讓顧客兌換小額硬幣零錢，一般商店都會規定兌換的
最高限額；有些商店為了不影響收銀員的正常工作，規定顧客必須至服
務台處兌換零錢，那麼收銀員應引導顧客到服務台進行錢幣兌換。

7.收銀員對內部員工購物的作業管理

收銀員對店內員工購買店內商品時，應遵守相應的管理規定。

· 商店職工不得在上班時間內購買本店的商品，其他時間在本店購
買的商品，如要帶入商店內，其購物發票上必須簽收銀員的姓
名，還需請店長加簽姓名，這雙重的簽名是為了證明該商品是結
過賬的私人物品。

· 本店員工調換商品應按商店規定的換貨手續進行。不得私下調
換，以避免員工因職務上的便利徇私包庇，任意取用店內商品或
為他人圖利。

· 員工使用「員工優惠購物券」，收銀員應請員工在「員工優惠購物

券」上簽名，以示負責。

8.營業結束後，收銀員對收銀機的作業管理

收銀員在營業結束後，對待收銀機也應有一套管理方式。

營業結束後，收銀員應將收銀機裏的所有現金(除商店規定放置的零用金外)，購物券、單據收回金庫放入商店指定的保險箱內。收銀機的抽屜必須開啟，直至次日營業開始。收銀機抽屜打開不上鎖的理由是，為了防止萬一有竊賊進入商店時，竊賊為了竊取現金等而敲壞收銀機抽屜，枉增公司的修理費用。

表 7-2-1　收銀員交接班的例行檢核

1.收銀機結賬報表列印 OK？無誤？　　　□是
2.換班備份及結轉後台執行無誤？　　□備份　□結轉(結賬收銀班填)
3.下班時最後一張發票編號：＿＿＿＿＿＿＿＿＿＿＿＿＿＿
4.交接事項完全瞭解？　□是　　　　接班人簽章：＿＿＿＿＿＿＿
5.下班收銀相關設定完成無誤？　□是
6.茶葉蛋最後一鍋時間：熱食：＿＿＿＿＿ 已蒸時間：＿＿＿＿小時
7.安全檢查：　□倉庫　□電器　□蒸具　□工具　□錄影設備等。
8.作廢發票張數：＿＿＿＿＿＿張(明細填附表)
9.本收銀班下班繳款概況：
A.上班零用金　　　　　　　B.報表結賬金額
C.時段入款回公司　　　　　D.發票作廢＆退款
E.應繳金額(A＋B＋C－D)　F.實繳現金
G.公司禮券　　　　　　　　H.合計
I.盈虧金額(E－H)
實繳現金明細：
□1000 元鈔＿＿＿＿＿張　　　□500 元鈔＿＿＿＿＿張
□100 元鈔＿＿＿＿＿張　　　□50 元鈔＿＿＿＿＿張
□50 元幣＿＿＿＿＿枚　　　□10 元幣＿＿＿＿＿枚
□5 元幣＿＿＿＿＿枚　　　□1 元幣＿＿＿＿＿枚

第三節　如何修正收銀作業差錯

收銀員在作業時發生錯誤是難免的，常見的收銀作業錯誤有：「顧客攜帶現金不足、臨時要求當場退貨」、「收銀員本身的結賬錯誤」、「結算單作廢的處理」等。

1.顧客攜帶現金不足，臨時要求當場退貨

⑴如顧客攜帶現金不夠，不足以支付所選的商品時，可建議顧客辦理相當於不足部份的商品退貨。此時應將已打好的結算清單收回作廢，重打商品結算單給顧客。

⑵至於收銀機上的作廢，店長可設定控制鍵，只有店長（或指定人員）才有權加以消除收銀機上的數字。

⑶如顧客願意回去拿錢來補足時，必須保留與不足部份等值的商品，直至當班結束，而顧客支付的現金等值的商品可以完成結算後讓顧客先行拿回。

⑷如顧客因現金不足，臨時決定不購買時，也不可惡言相向，其作廢結算單的處理程序與上項相同。

2.收銀員本身的結賬差錯

⑴發現結賬錯誤，應先禮貌地向顧客致歉，並立即糾正。

⑵如發生結賬價格多打時，應客氣地詢問顧客是否願意再購買其他的商品，如顧客不願意，應將收銀結算單作廢重新登錄。

⑶如收銀結算單已經打出，應立即將打錯的收銀結算單收回，重新打一張正確的結算單給顧客。

⑷禮貌地請顧客在作廢的結算單上簽名，待顧客離去之後，在作廢結算單記錄本上登錄，並立即請收銀主管或店長簽名作證。

3.結算單作廢的處理

此項作業管理的功能,是控制收銀員不良行為發生的要項,店長應予以高度重視。

⑴每發生一張作廢結算單,必須立即登記在作廢結算記錄本上,作廢結算單上必須有顧客的簽名,記錄本上必須有收銀員和店長兩人的簽名。作廢結算記錄本其格式為一式兩聯,一聯同作廢結算單轉入會計部門,另一聯由收銀部門留存,必須是一個收銀員一本,以考核收銀員的差錯率等情況。

⑵如作廢結算記錄本遺失,就不能辦理結算單作廢,應視為收銀員的收銀短缺,由收銀員自己負責,這樣可以防止收銀員以記錄本遺失為由,徇私舞弊。如遇特殊情況可補辦重領手續,所以作廢結算單記錄本最好是在收銀員下班後交專人保管。

⑶所有作廢結算單按規定的手續辦理,必須在營業總結賬之前辦理,不可在總結賬之後補辦,這是收銀員可能發生不良行為的補漏手法,要予以重視。

⑷如收款結賬有其中一張發生錯誤,應將其餘的結算單一起收回,辦理作廢手續。

表 7-3-1　作廢結算單記錄本

年　　月　　日

作廢單編號	金額	更正結算單編號	顧客簽名及聯絡電話
作廢原因			
備　　註			

收銀機編號:　　　收銀員簽名:　　　店長審核:

4.金錢收付的差錯

金錢收付的錯誤，不管是何人，對收銀員或對顧客，都是不宜發生的。

⑴收銀員在下班之前，必須先核對收銀機內的現金、購物券和當日收入保險箱的大鈔等營業總收入，與收銀機內的累計總賬進行核對，若兩者不一致，其差額(不管是盈餘或短缺)超出一定金額時(可按各商店收銀管理的具體規定)，應由收銀員寫出報告，說明盈餘或短缺的原因。

⑵如發生營業收入短缺，應根據收銀員的工作經驗，收銀機當日營業短缺金額，分析出是人為或是自然因素造成的，決定該短缺金額應由收銀員全部或部份賠償。

⑶如是營業收入盈餘，不管是什麼原因，應由收銀員支付同等的盈餘金額，因為營業收入中出現了盈餘款，說明收銀員多收了顧客的購物款，這是有損於收銀員和商店形象的，可能導致顧客不願再度光臨的後果。

⑷收銀員對於當班收銀的差錯情況必須填寫收銀員結賬作業評估表，以說明原因。

表 7-3-2　收銀員結賬作業評估表

收銀機編號	交班收銀員	接班收銀員	實收營業額	收銀台營業額	差　額	賠償額
盈餘或短缺原因						
備　註						

店長：　　　　　　　　　　　　　年　　月　　日

5.店長對收銀員異常情況的防止

店長發覺收銀員有下列異常時,應立即採取修正措施:

⑴不告而別。是指員工沒辭職就離開,當員工不告而別時,店長應該:

①馬上清場;

②更換所有的鎖,並清點所有鑰匙是否有遺失;

③檢查現金,看是否有短少;

④清點賬面與實際貨品數量。

⑵發現現金。在收銀機上、其他設備、商品處發現額外現金,店長應該:

①檢查排班表,瞭解在此時段內輪班人員是那些人;

②將人員打散,讓其在不同班次作業,避免人員間相互串通;

③要貫徹每天現金清點作業與交接作業,並且當場立即詢問員工該金錢的由來。

⑶行為異常。員工的行為舉止怪異或者工作態度改變時,店長應該:

①主動關心該名員工,並詢問其是否工作上不如意或家中有事,或感情糾紛等;

②調整該員工輪班時間,謹防其違規。

第 *8* 章

店長要對賣場進行規劃

 第一節　賣場佈局與規劃

　　根據賣場的產品結構,可以粗略地將賣場大致分成兩大類:一種類型是店面所銷售的商品都冠用賣場的品牌名稱,典型的代表如麥當勞、肯德基等,這類賣場幾乎不賣其他的品牌,而賣場的形象就代表了產品的品牌形象;另一種類型,主要提供一個買賣的場所,用以銷售他人的品牌,這類賣場幾乎不銷售自有品牌的商品,典型的代表如沃爾瑪、家樂福等。

　　賣場的佈局設置是為賣場的日常經營服務的,所有的規劃都應當遵循結合實際的原則來進行所有的安排。

一、讓顧客覺得賣場是開放的、容易進入的

　　如何讓顧客很容易地進入賣場是展開銷售的第一步。因為一個賣場,雖然物美價廉,服務親切,但如果因為出入通道不明顯,客人不願

進來或不知道如何進來，那一切都等於白費。

為了最大化地利用室內的空間，以前很多商店的門口都比較窄，而且夏季開冷氣時大門經常都是關閉著的。而現在的商店門口開得越來越大，且都是敞開著大門，這都是為了讓顧客容易進入。

二、讓顧客停留更久

顧客購買的商品中，有 70%是屬於衝動性的購買行為，也就是顧客本來不想購買這樣的商品，卻在閒逛中受明亮的空間環境、商品易看易選及良好的冷氣機、音響及親切的服務態度等因素的影響而購買。因此，賣場一般是將購買率最高、最吸引顧客的商品或區域放在賣場的最深處或主要的通道上，以便吸引顧客完全地將自己的賣場光顧一遍。

例如有些賣場是多層的，如家樂福等，這些門店大部份都是上下兩層，進入賣場後先是隨扶梯上二樓，買完商品後才能下一樓交款，不能直接在二樓購物。其目的就在於將顧客在賣場內的逗留時間延長，以便有更多的機會向顧客展示商品。

三、最有效的空間利用

讓顧客享受購物的樂趣，購物之後還想再來，盡量有效地利用賣場空間，可以增加營業額並降低成本。以最佳陳列位置、最大陳列空間、最高清潔度、最優化理貨管理和終端促銷品佈置，展示良好的品牌形象，營造出良好的賣場環境。

例如在超級市場裏，為保證顧客提著購物筐或推著購物車，能與同樣的顧客並肩而行或順利地擦肩而過。不同規模的超市的通道寬度基本設定值如下表：

表 8-1-1　不同規模的超市的通道寬度

單層賣場面積	主通道寬度	副通道寬度
300 平方米	1.8 米	1.3 米
1000 平方米	2.1 米	1.4 米
1500 平方米	2.7 米	1.5 米
3500 平方米	3.0 米	1.6 米
6000 平方米	4.0 米	3.0 米

四、營造最佳的現場銷售氣氛

以多樣化、高實效的促銷活動營造熱烈的銷售氣氛，從賣場的陳列展示、色彩、燈光等著手。賣場的燈光、色彩應列入整體經營 SI 體系內，以取得顧客的認同感，這樣才能創造出自己的獨特風格。

例如節假日的店頭佈置，一般會有專門設計的一些烘托賣場氣氛的熱鬧的商品展示，來渲染顧客的購物情緒，給顧客一個良好的購物印象。

五、讓顧客感覺舒適

大部份商店的貨架，都是整齊劃一的，會給人很枯燥的感覺——像樹林一樣的貨架，沒有任何變化和分割，沒有任何主題性佈局。

1. 設計主題

在面積較大的商店裏可以設計一個兒童用品區，例如兒童內衣褲、童鞋童襪，還有玩具、童車、童床、嬰兒用品，都放在一個區域裏面，形成一個兒童世界。

或者設計專門的「女人屋」，例如家樂福就設計了一個很有特色的「女人屋」——女人通常買內衣、內褲的時候願意比量一下，旁邊如有男顧客，肯定就不太方便。為了保證私密性，家樂福就設計了這樣一個女人

屋，很受女士們的青睞。

2.富有變化

貨架的高度也可以不都是一樣高的——可以是參差錯落的，既有高貨架，也有矮貨架。例如設計家用百貨區，各類商品之間就用高貨架分開，中間用矮貨架，顧客一目了然。貨架方位各區域也有一個變換，並不全都是直的。

六、營業氣氛的生動化

營業氣氛的生動化就是要讓商店成為強大的磁場，牢牢地吸引住顧客和每一位經過的人。要使整個商店都具有一種活力，如視覺衝擊力、聽覺感染力、觸覺激活力、味覺和嗅覺刺激感，可通過色彩、音樂、氣氛和商品陳列、促銷活動留住顧客，促進銷售。

1.氣氛的多樣性

商店裏的氣氛是很重要的，常常是多種氣氛共同存在，共同發揮作用。

(1)銷售的氣氛

如一般的大賣場都極力營造熱烈的銷售氣氛，讓顧客在不知不覺中願意多買東西。

(2)舒服的氣氛

使顧客覺得愉快、放鬆，覺得人與人之間很親切，願意在裏面停留，而不是急匆匆地只是為了完成任務。如很多咖啡店、西餐廳都營造舒服的氣氛，讓顧客感到舒適和放鬆。

(3)活潑的氣氛

可以全力激起顧客的積極性，很多針對兒童的娛樂場所都會營造輕鬆活潑的氣氛。例如有些商店會派一兩名員工在門口穿著卡通服裝進行促銷，會吸引很多兒童的興趣。

2.氣氛的活潑化

要充分運用各種手段和方法，使店面的氣氛活潑化，這樣既可以提高營業人員的工作積極性，又可以充分激起顧客的購物積極性。

活潑氣氛有五種途徑，分別是配製顯眼化、陳列活潑化、商品多樣化、服務親切化、促銷戲劇化。營業人員不僅要知道這五種途徑，更重要的是要充分切實地執行。

第二節　賣場佈局的器具

店長是商店的管理者，其工作也包含對賣場的規劃，而且要先規劃賣場，再將商品加以陳列；而賣場規劃，就必須用到「櫃台」、「貨架」、「通道」。

商店的陳列器具既是陳列商品的實用道具，又是展示商店整體營銷活動的舞台。商店的最基本陳列器具是櫃台和貨架，還要善用「通道」安排，其他形式的器具也多是由此發展起來的，或由於具體各業態模式的不同而有所差異。

1. 櫃台

櫃台通常分為普通櫃台和異形櫃台。普通的櫃台為了方便陳列商品，一般其長為 1.2～1.3 米；寬為 70～90 釐米；高為 90～100 釐米。不管選用何種尺寸，關鍵是要保持商店內的各個櫃台形式統一。

通用櫃台的製作成本較低，互換性較好，實用、方便，但是在用以佈置商品陳列時，總會使人感到單調、呆板以及缺少變化，因此現在各種形狀的櫃台，屢屢出現在很多的百貨商店和專賣店內。這些變形的櫃台是根據商店的實際情況和營業場所的形狀而設計的，主要包括三角形、梯形、半圓形以及多邊形櫃台等。佈置陳列商品時利用異形櫃台組

合，不但可以合理利用營業場所面積，而且可以改變普通櫃台呆板、單調的形象，增添商店賣場活潑的線條變化，使商店營業現場出現和諧的韻律。

目前製作櫃台的主要材料是新型的鋁合金，櫃台裏面通常用玻璃隔成 2～3 個支架，可以陳列更多的商品，使顧客能更直觀地看到商品。採用各種形狀的櫃台時，必須嚴格設計，計算好尺寸，按要求定做，必要時還要考慮到幾類櫃台的互換性。

2.貨架

一般貨架的高度為 180～190 釐米，寬度為 40～70 釐米。而現今貨架形式越來越多，不管選用何種尺寸，各商店應保持基本統一。貨架的基本尺寸除了與人體高度和人體活動幅度密切相關外，同時還需要考慮到人的正常視覺範圍和視覺規律。人的正常視覺有效高度範圍是從地面向上 30～230 釐米，通常地面以上 60～164 釐米為商品的重點陳列空間。

對隔絕式售貨的商店來說，其對應的貨架上面有三至四層，下面大多設幾個拉門，可以儲藏很多商品或一些必要的包裝材料等物品，為現場售貨提供便利。

對於敞開式售貨的商店來說，顧客識別和選取商品的有效範圍為地面以上 60～200 釐米，一般顧客選取商品頻率最高的範圍為地面以上 90～150 釐米。從高度來看，60 釐米以下是難以吸引顧客注視的部份，因而有的商店將其作商品庫存用。

製作貨架的材料較多，可以是木制的、鋁合金製作的、鋼制結構的等，一般商店可根據陳列商品的類型選用不同材料的貨架。如用以陳列衣襪和床上用品的一般選用木制貨架，上下或左右的隔板可選用塑膠或玻璃材料，以體現這類商品的質感和量感。

3.通道安排

商店的統一陳列形象是由總部統一策劃的，以此保證商店都以統一的「面孔」出現。保持貨架形式和賣場佈局的基本統一，是企業形象設

計的重要原則之一。無論顧客走到企業的那個商店，都會很容易地識別出其所屬的企業，進而達到吸引顧客、擴大銷售的目的。

　　為了使顧客容易進行商品的選購，以及方便各個商店管理者對賣場的管理，在進行商店內部通道的安排上，要避免出現死角，而且動線的規劃要靈活應用，使顧客在賣場內能夠自由地瀏覽，進而順利地接觸到賣場內的所有商品。

　　一般來說，賣場上動線可分為顧客動線、銷售人員動線以及管理動線三類。顧客動線是商店為顧客提供的店內活動空間。在設計顧客動線時，除了要考慮顧客往返行走的通道外，還應顧及顧客站立在櫃台或貨架前挑選、購買商品時所需的必要空間。因此，理想的顧客動線要長，而且要保持一定的流暢性。這樣既能方便直接接觸商品，又可刺激顧客「順便購買」的慾望。以此最大限度地提高商店的銷售量。

　　理想的銷售人員動線的設計與顧客動線的設計正相反，應儘量縮短商店內銷售人員移動的距離，這樣可以減少銷售人員疲勞感，便於銷售人員更好地招呼顧客，自始至終地保持較高的工作效率。

　　而管理動線是後勤人員與賣場聯繫時所需移動的路線，如新商品入庫或上櫃等，因此，管理動線也應儘量縮短，管理動線距離越短，工作上的執行和配合就越方便，工作的效率也就越高。

　　不管商店採用何種銷售方式，都必須極力避免顧客動線及銷售人員動線的交叉。賣場上顧客通道的寬度，視企業業態模式的不同，而有所不同，應該根據各商店的類型、銷售商品的性質和種類，以及顧客人流量來確定。賣場上顧客使用的通道可分為主通道和副通道。主通道是方便顧客移動的通道，而副通道是顧客在店內移動的支流。

　　採用適宜的顧客通道寬度，對顧客和商店本身都是十分重要的，如果顧客通道太寬，則會影響到商店本身的效益；如果顧客通道太窄，則容易造成商店賣場內的人流阻塞，給商店的管理帶來麻煩。由於通常副通道的客流量比主通道的客流量要少，因此賣場內副通道通常比主通道

狹窄。商店的通道一定要明顯，而且要保持順暢，尤其是主通道的正面不應有空疏感，必須注重商品的展示陳列，表現商品的魅力，才能對顧客產生強烈的誘導作用。

第三節　善加使用商品配置表

　　賣場佈局主要是為決定商店營業區內、走道、貨架、收銀台和大類商品的區域位置而設定，並在此基礎上具體安排營業設施，而在設定的區域內配置和陳列什麼商品，怎樣配置和陳列商品，則可以通過商品配置表的運用來具體實施。越來越多的商店賣場內的商品陳列，都運用商品配置表來進行管理，它是現代企業標準管理的重要工具，是商店商品陳列的基本標準。在零售業相當發達的國家，商品配置表的運用非常廣泛，幾乎每家企業的每一個商店都有商品配置表，許多企業只導入了國外連鎖店的外觀與硬體，而對商品配置表這類最基礎的管理工具，卻並未徹底實施。

　　商品配置表也就是商品在貨架上適當配置的意思。因此，商品配置表的定義，就是把商品陳列的排面在貨架上作最有效的分配，以書面表格形式畫出來，可以通過電腦來製作和不斷修改。

一、使用商品配置表的好處

　　經營管理比較成功的零售業，都懂得善用商品配置表，主要是因為它具備下列功能：

1. 有效控制商品品項

　　每一個企業的賣場面積都是有限的，所能陳列的商品品項也是有限

的，為此就要有效的控制商品的品項數。使用商品配置表，就能獲得有效控制商品品項的效果，使賣場效率得以正常發揮。

2.商品定位管理

賣場內的商品定位，就是要確定商品在賣場中的陳列方位、在貨架上的陳列位置以及所佔的陳列空間。定位管理是賣場管理非常重要的工作，是為了使陳列面積（即貨架容量）能得到有效利用。如不事先規劃好商品配置表，無規則地進行商品陳列，就無法保證商品持續一致、有序、有效的定位陳列。

3.商品陳列排面管理

商品的陳列排面管理，即提出商品配備和陳列的方案，從而規劃商品陳列的有效貨架空間範圍。在商店所銷售的商品中，有的商品銷售量很大，有的銷售量則很小，因此可用商品配置表來安排商品的排面數。

通常，暢銷商品給予多的排面數，也就是佔的陳列空間大，而銷售量較少的商品則給予較少的排面數，即其所佔的陳列空間較小。對滯銷商品則不給排面，可將其淘汰出去。商品陳列的排面管理，對於企業提高賣場的商品銷售效率，具有相當大的作用。

4.暢銷商品保護管理

在商店中，往往暢銷商品的銷售速度很快，若沒有商品配置表對暢銷商品排面進行保護管理，常常會發生這種現象：「當暢銷商品賣完了，又得不到及時補充時，就易導致不暢銷商品甚至滯銷品佔據暢銷商品的排面，從而逐步形成了滯銷品驅逐暢銷品的狀況。」這種狀況會降低商店對顧客的吸引力，使商店失去售貨的機會，從而降低商店的競爭力。可以說，在沒有商品配置表管理的超市、便利店中，這種狀況是經常會發生的，而有了商品配置表，暢銷商品的排面就會得到保護，滯銷品的現象會得到有效控制。同時，暢銷商品排面的空缺和不足，是企業總部檢查商店商品補貨與商品陳列質量的「重點」，成為企業分析暢銷商品斷檔的原因，同時也是需要加以改進的重要項目。

5.商品利潤的控制管理

商店銷售的商品中，還有高利潤和低利潤商品之分。每一個經營者總是希望把利潤高的商品，放在好的陳列位置進行銷售，因為利潤高的商品銷售量提高了，企業的整體盈利水準就會上升；而把利潤低的商品配置在差一點的位置進行銷售，通過這樣來控制商品銷售品種結構，從而保證商品供應的齊全性和消費者對商品的選擇性。這種商品利潤控制的管理法，就需要利用商品配置表來給予各種商品妥當貼切的配置陳列，保證所有類似商店貨架分配的基本統一，最終達到提高企業整體利潤的目的。

6.經營標準化管理的工具

企業有眾多的商店，達到各商店的商品陳列的基本一致，促進經營工作的高效化，是企業標準化管理的重要內容。有了標準化的商品配置表，就能使整個體系內的陳列管理比較易於開展；同時，商品陳列的調整和新產品的增設，以及滯銷品的淘汰等，就會有計劃、高效率地開展。

二、商品配置表的準備工作

店長在規劃「商品配置表」時，應先進行下列準備工作：

步驟一　商品陳列貨架的標準化

商品配置表主要適用商店標準化陳列貨架。貨架標準視商店的場地和經營者的理念而定，使用標準統一的陳列貨架，在對商品進行配置與陳列管理時，就不需要對所有商店都作配置。

各種業態模式的企業應該使用符合各自業態的標準貨架。傳統食品超市和標準食品超市通常使用的是小型平板式貨架(高度 1.6 米左右)，大型綜合超市使用的是大型平板式貨架(高度 1.8～2.0 米左右)，倉儲式商場使用的則是高達 6～8 米的倉儲式貨架。便利店使用的是高度僅1.3 米的貨架，專賣店使用的貨架視賣場的區域不同而發生相應的變

化。當前，降低高度是企業貨架標準化和世界性趨勢，是為了增加消費者的可視度和伸手可取度。

步驟二　商圈與消費者調查

商圈調查主要是弄清各商店所屬地區的市場容量、潛力和競爭狀況；消費者調查主要是掌握商圈內消費者的收入水準、家庭規模結構、購買習慣、對該企業商品與服務的需求內容等。經過這兩項調查，經營者就可根據這些調查所得的資料，開始構思該店要經營什麼樣的商品。尤其是要在激烈的市場競爭中脫穎而出的企業，注意同業的差異性尤為重要。例如：超級市場就必須確立其商店的優勢商品，這些品種針對最有消費潛力的目標消費者，這對於提高商店的競爭實力是極其重要的。

步驟三　單品項商品資料卡的設立

在企業的資訊系統中，要設立每一個單品項商品的信息資料卡，如該商品的品名、規格、尺寸、重量、包裝材料、進價、售價、供貨量等相關信息。這些信息資料，對製作商品配置表是相當重要，經常會被使用，因而一般這些信息資料都分門別類地建立在電腦檔案內。從這些資料中可以分析確定商品週轉率的高低、商品毛利的高低，以及高單價、高毛利的商品。

步驟四　配備商品配置實驗架

商品配置表的製作必須要有一個實驗階段，即貨架管理人員在製作商品配置表時，應先在實驗架上進行試驗性陳列，從排面上來觀察商品的顏色、高低或某些商品容器的形狀是否協調，是否對消費者具有一定的吸引力，如缺乏吸引力則可立即進行調整，直至協調和滿意為止。

三、商品配置表的規劃工作

商品配置表對賣場的規劃有著相當重要的作用，商品配置表的製作程序，如下所述：

1.每一個中分類商品陳列尺寸的決定

由商店人員討論決定每一個商品大類，在商店賣場中所佔的營業面積及配置位置，並製作出大類商品配置圖。當商品經營的大類配置完成後，人員就要將每一個中分類商品，安置到各自歸屬的大類商品配置表中去。即每一個中分類商品所佔的營業面積和佔據陳列貨架的數量，首先要決定下來，這樣才能進行單品項商品配置。例如：在連鎖超級市場中，食品要配置高 165 釐米，長 90 釐米，寬 35 釐米的單面貨架三座，這樣決定後，才能知道具體可配置多少量的單品項商品。完成了商品大類和中分類的商品配置表之後，才能進入製作商品配置表的實際工作階段，即決定單品項商品如何進入賣場。

2.單品項商品陳列量的確定

單品項商品陳列量與訂貨單位結合考慮。例如：配送中心配貨的超級市場，其賣場和內倉的商品量，是日銷售額的 1.5 倍。對每一個單品項商品來說也是如此，即一個商品的平均日銷售額是 12 個，則商品量為 30 個。

但每一個商品的陳列量還須與該商品的訂貨單位一起進行考慮，其目的是減少內倉的庫存量，加速商品的週轉，每個商品的陳列量最好是 1.5 倍的訂貨單位。例如：一個商品的最低訂貨單位是 12 個，則其陳列量設定在 18 個，該商品第一次進貨為 2 個單位計 24 個，18 個上貨架，6 個進內倉，當全部商品最後只剩下 6 個貨架時，再進一個訂貨單位 12 個，則商品可以全部上貨架，而無須再進入內倉，做到內倉的零庫存。一個超級市場商店的商品需要量與日銷售額的比例關係是該店銷售的安全儲存量，而單品項商品的陳列量與訂貨單位的比例關係，則是在保證每天能及時送貨條件下的一種零庫存配置法。交通發達的國家，城市的交通條件好，企業配送能力強、配送效率高，就可以大大壓縮商店的內倉庫存量，提高商品的週轉率。

3.根據商品的陳列量、陳列面積確定相應的貨架數量

商品的陳列量和陳列面積，是和商圈調查相關聯的，例如：暢銷商品、流行性商品、常用商品、應季商品可適當加大其陳列面積。同時根據每個商品包裝的要求和外形尺寸來具體確定每個貨架層面板之間的間距、陳列商品的貨架位置和商品數量以及其他配件的數量及位置。

4.商品的陳列位置與陳列排面數的安排

決定單品項商店具體陳列位置，和在貨架上排面數，這一工作必須遵循商品陳列的基本原則，如商品配置在貨架的上段、黃金段、中段還是下段等，同時還須考慮到企業的採購能力、配送能力、供應廠商的合作以及企業自我形象的塑造等諸多因素，只有這樣才能將商品配置好。例如：品種目標貨位的確定，就要比較多地考慮到商品消費者的購買習慣。

除了商品位置配置合理外，第一排的商品數目要適當。要根據每種商品銷售個數來確定面朝顧客一排商品的個數。第一排的商品個數不宜過多，如個數過多，一個商品所佔用的陳列面積就會過大，相應的商品陳列品種率就會下降，在客觀上也會使顧客產生商店在極力推銷該商品的心理壓力，造成顧客對該商品的銷售抵抗，但促銷商品除外。

5.特殊商品用特殊陳列工具

對需特殊陳列的商品，不能一味強調貨架的標準化，而忽視了特殊商品特定的展示效果，必須使用特殊的陳列工具，才能展示特殊陳列商品的魅力。例如：在超級市場的經營中發現，消費者對整齊劃一的陳列普遍感到有些乏味，因此，在賣場適當位置，運用特殊的陳列工具配置特殊商品，可以調節賣場的氣氛，從而改變商品配置和陳列的單調感。

有些商品供應商為了促銷，將商品附上贈品包裝在一起，使其產生了尺寸的變化，這些商品應儘量避免陳列在正常的貨架中。如果這些商品屬於暢銷品，可用展示陳列或端架陳列進行銷售；如果並不是很暢銷，則不必進行特殊陳列，可以將原來的陳列面縮小即可，例如原來是兩個

陳列面，現改為一個陳列面。

6.商品配置表的設計

在製作商品配置表時，先作貨架的實驗配置，達到滿意效果後才最後製作商品配置表。商品配置表是以一座貨架為基礎製作的，有一個貨架就應有一張商品配置表。利用商品配置表格式的設計，只要確定貨架的標準，把商品的品名、規格、編碼、排面數、售價表現在表格上即可。

表 8-3-1 是一個商品配置表的實例設計，其貨架的標準是：高 180 釐米，長 90 釐米，寬 45 釐米，五層陳列面。

表 8-3-1　商品配置表

商品分類 No.		洗衣粉（1）	
貨架 No.12		製作人：×××	
高度	商品名	商品名	商品名
180 170 160	白貓無泡洗衣粉 1000 克 12002　6.5	奧妙濃縮洗衣粉 750 克 12005　12.5	奧妙濃縮洗衣粉 500 克 12006　8.5
150 140 130	白貓無泡洗衣粉 500 克 12002　6.5	奧妙濃縮洗衣粉 500 克 12007　12.5	
120 … 60	白貓洗衣粉 450 克 12003　2.5	奧妙洗衣粉 180 克 12007　2.5	
50 40 30	佳美兩用洗衣粉 450 克 12004　2.5	碧浪洗衣粉 200 克 12009　2.8	
30 20 10	地毯去污粉 500 克 12011　12.8	汰漬洗衣粉 450 克 12010　4.9	

表 8-3-2 商品配置的檢核表

商品代碼	品名	規格	售價	單位	位置	排面	最小庫存	最大庫存	供應商
12001		1000	12.2	袋	E1	4	3	8	
12002		500	6.5	袋	D1	2	15	30	
12003		450	2.5	袋	C1	2	20	32	
12004		450	2.5	袋	B1	4	32	50	
12005		750	12.5	袋	E2	4	12	40	
12006		500	8.5	袋	E3	4	8	20	
12007		500	12.5	袋	D2	3	15	45	
12008		180	2.5	袋	C2	3	25	90	
12009		200	2.8	袋	B2	6	35	90	
12010		450	4.9	袋	A2	4	4	40	
12011		500	12.8	袋	A1	4	12	42	

註：1. 貨架位置最下層為 A，二層為 B，三層為 C，四層為 D，最高層為 E。每一層從左到右，為 A1、A2、A3、…，B1、B2、B3…，D1、D2、D3、…，E1、E2、E3、…。

2. 最小庫存以一日的銷售量為安全存量。

3. 最大庫存是庫存貨架放滿的陳列量。

第四節　如何將商品放入配置表

　　商品陳列是營業現場的門面，更是顧客購買商品的引導員。

　　所謂商品陳列，指的是運用一定的技術和方法佈置商品，展示商品，創造理想購物空間的工作。商品陳列的主要目的是展示商品，突出重點，反映特色，提高顧客對商品的瞭解、記憶和信賴的程度，從而誘導顧客做出購買決定。因此，合理的商品陳列可以起到刺激銷售，方便購買，節約人力，利用空間，美化環境等方面的作用。

　　企業如能正確運用好商品的配置管理和陳列技術，其銷售額在原有的基礎上提高 10%不成問題的。因此，商品配置管理與陳列技術可以說是提高企業銷售業績的利器。

　　基本統一的商品陳列模式，是商店確立統一企業形象的一部份。在賣場內進行商品陳列之前，首先必須確定各類商品按什麼樣的結構比例進行配置。每種商品應配置在賣場中什麼位置。即首先應解決賣場中商品配置問題，它直接關係到企業經營的成敗。賣場上商品配置不當，會使顧客感覺到他所需要的商品找不到或根本沒有，而不想要的商品卻太多，這樣，不僅商品白白佔據了陳列貨架，也積壓了資金，導致經營最終失利。要做好商品陳列，應先規劃商品配置表，再落實執行。

　　步驟 1　將商品加以歸類

　　企業首先應對所經營的商品進行歸類，將其劃分為若干個商品群，可考慮把幾種歸類方法結合起來，對賣場的商品配置與陳列進行整體規劃。這是企業對賣場內進行統一商品配置的前提。

　　(1)按商品的最終用途歸類

　　商店要根據商品的特性和一般最終用途進行歸類，加以有效的選擇和組合進行商品陳列，從而顯示出商品的魅力和價值感。男子服飾可以

將商品歸類為：襯衫──領帶──領帶夾；T恤衫──休閒褲──薄型襪子；運動裝──休閒裝，皮鞋──鞋油等。

(2)按細分市場歸類

按細分市場歸類，即按商品的具體目標市場來歸類。

例如：商圈範圍較大的大型女性服飾店，可分為嬰兒部、淑女部、職業女裝部、中老年部、大碼部等部門。

(3)按存放要求歸類

按存放要求歸類，就是根據商品所必需的存放條件進行分類。

例如：經營的西餅屋可分為室溫存放部份、冷藏部份、冷凍部份等。

(4)按消費者的購買習慣和選擇條件歸類

這種歸類方法根據顧客購買頻率和願意花費的購買時間進行分類。

①方便性商品

這類商品大多屬於人們日常必需的功能性商品，如香煙、糖果、化妝品之類的商品，大多數消費者都希望成效快捷方便，而不會花費太長時間進行研究比較。

②選購性商品

這類商品大多屬於能使消費者產生快感或美感的商品，例如服裝、佩件、飾品等商品，通常消費者對於這類商品的選購多屬於衝動性購買，往往比較注重其款式、設計、品質等方面的心理效用，通常把商品的屬性與自身的慾望綜合考慮後，最後做出購買決定。

③特殊性商品

這類商品通常是消費者花費較長時間進行週密考慮或與家人、朋友協商後，才採取購買行動的商品，如彩電、冷氣機、電腦、古董等物品，因此這類商品往往是功能獨特且較貴重之物。

步驟2　將賣場面積加以分配

零售業現代化、規模化最直接的途徑就是經營，在企業的商品規模下，連鎖商店的商品品種多、門類多。例如在超級市場中，食品類就囊

括了傳統的食品店、南北貨店、水果店等商店有關的商品，而工業品則包括百貨、家用電器、各類服裝等商品。超級市場近年來有了突飛猛進的發展，超市將逐步替代原來的菜場、糧油店、雜貨店等，擔負起供應新鮮蔬菜、豆製品以及糧油製品等職能，因此確定各類商品所需的面積勢在必行。

各類商品的面積分配可以有兩種方法。現代企業往往將這兩種方法相結合進行商品的面積分配。

(1)陳列需要法

這是一種傳統的面積分配法，即商店根據某類商品所必需的面積來定，服裝店和鞋店比較適宜採用此法。

(2)利潤率法

利潤率法，就是商店根據消費者的購買比例，及某類商品單位面積的利潤率來定，連鎖超市和書店比較適宜採用此法。例如：超級市場賣場內的商品面積配置就是與消費者支出的商品投向比例相一致的。

商品面積配置是考慮到居民消費支出的大致比例，這個面積配置不是絕對的公式，每一個地區消費水準差異較大，消費習慣也不盡相同，每個店長必須根據自己所處商圈的特點及競爭的狀況，做出商品面積配置的抉擇。

表 8-4-1　超市的商品面積分配

商 品 部 門	面 積 比 例(%)
水果蔬菜	10～15
肉食品	15～20
日配品	15
一般食品	10
糖果餅乾	10
調味品與南北貨	15
小百貨與洗潔用品	15
其他用品	10

步驟 3　將商品配置在適當的位置

設法將商品配置在適當的陳列位置：針對各業態商店內，商品種類繁多的特性，商品位置的配置，應按消費者的購買習慣來確定較好，並且相對地固定下來，方便消費者尋找。針對所有連鎖店則可以保持陳列統一，這樣不僅方便商店的標準化管理，而且能以此加強消費者記憶，增加整個體系在消費者心目中的地位。對於多層建築的店來說，商品位置的配置包括確定各樓面經營內容和進行每一層的佈局，而單層商店僅需考慮後者。

(1)各樓層經營內容的安排

各樓層經營內容的安排，應遵循自下而上客流量依次減少的原則。一般大型百貨商店都是大致按這樣一個原則安排的，這樣的安排，可以依次分散客流量，減少不必要的擁擠。

(2)商店每一樓層商品位置的配置

一般來說，長期的行走習慣使消費者在逛商店時也自動沿著逆時針方向行走，因此在一個有許多支道的商品裏，根據一般日用品和一些男性用品通常擺放在賣場的各個逆時針方向的入口處；而根據某些商品挑選性強和女性購買商品較挑剔、一般花較多時間的特點，這類商品和婦女用品通常應擺放在距離逆時針入口處較遠的地方；而玩具商品一般陳列在兒童易見易動的地方；暢銷或有特色的商品陳列在賣場顯眼的地方。也有些商店把熱門的商品放在一般的貨架上，而把那些一般商品放在顧客最容易看到的地方。試驗證明，銷路差的商品移到與顧客眼睛平等的貨架上，銷量可以增加 20%。

表 8-4-2　大型商店各層的商品配置

層　　數	配 置 原 則	經 營 商 品 類 別
1 樓	宜佈置購買頻率高、選擇商品時間相對短的商品	化妝品、針織品、內衣、燈具、羊毛衫等
2、3 樓	宜佈置商品選擇時間較長、價格稍高一些的商品	服裝、鞋帽、紡織品、眼鏡、鐘錶等
4、5 樓	運用綜合配套陳列方法來佈置多種專業性的櫃台	床上用品、照相器材、家具、食具等
6 樓以上	宜佈置購買頻率相對低、存放面積較大的商品	彩電、組合音響、電腦、運動器材等

　　對於超市商品位置的配置，應該按照消費者每日所需商品的順序做出動線的規劃，也就是說，按照消費者的購買習慣來分配各種商品在賣場中的位置。一般來說，每個人一天的消費總是從「食」開始，所以超市可以考慮以菜籃子為中心設計商品位置的配置。通常消費者到超級市場購物順序是這樣的：

　　蔬菜水果→日配品→畜產、水產類→冷凍食品類→調味品類→飲料→速食品→糖果餅乾→日用雜品。

　　這種去超市購物的習慣，世界各國幾乎都一致，因此，超級市場商品位置的配置如下圖 8-4-1 所示。

　　敞開式銷售方式的商店，在進行商品陳列前，首先應該對商品的排列位置進行科學分配，即如何在有限的營業面積上陳列較多的商品，從而提高貨架的使用率。而這就需要有商品配置表，把商品陳列的排面在貨架上作最有效的分配，並以書面表格形式畫出來。

圖 8-4-1　超級市場商品位置配置

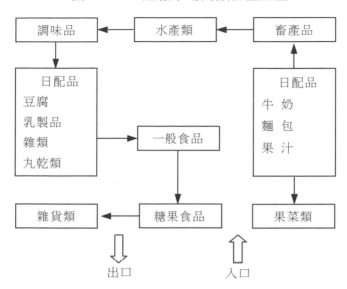

第五節　善用配置表來調整商品

企業一旦制定商品配置表後，就必須嚴格執行，但商品的配置也不是永久不變的，必須根據市場的變化、所銷售商品的變化、企業本身的經營狀況作相應的調整。這種調整就是對原來的商品配置表進行修正。商品配置表的修正一般按固定的時間來進行，可以是一個月、一個季修正一次，也可以一年大變動一次，同時也要考慮企業不同的業態模式，以及不同的季節、時令、促銷等因素，並作為修正商品配置表的依據。商品配置表的修正可按如下程序進行：

　1.統計商品的銷售情況

企業必須對商店每月商品的銷售情況進行統計分析，現代企業都配

備 POS 系統，根據商品的進貨量和庫存量，很快統計出商品的銷售情況，目的是要找出那些商品是暢銷商品、那些商品是滯銷商品。

2.滯銷商品的淘汰

經銷售統計，可確定出那些是滯銷商品。但商品的滯銷原因很多，可能是商品質量問題，也可能是商品的定價不當、商品陳列的位置不理想，或是受銷售淡季的影響，更有可能是某些供應商的促銷配合不好等原因。當商品滯銷的真正原因弄清楚以後，要確定該滯銷的狀況是否可能改善，如無法進行改善就必須堅決淘汰，不讓滯銷品佔住貨架而產生不出效益來。

3.暢銷商品的調整和新商品的導入

對暢銷商品的調整，一是增加其陳列的排面；二是調整其賣場位置及貨架段位。淘汰滯銷商品而空出的貨架排面，應立即將新商品導入，以保證貨架陳列的充實量。

4.商品配置表的最後修正

在確定了滯銷商品的淘汰、暢銷商品的調整、新商品的導入之後，接下來的修正工作必須以新的商品配置表來完成。修改一個品項，有時可能會牽動整個貨架陳列的修改，但為維持企業好的商品結構，即使繁瑣也得做，這是可避免的。有些店經營時間已久，商圈人口、交通、競爭情形都發生了變化，這時必須大幅度地修改商品配置表，甚至連部門配置都要改。

圖 8-5-1　商品配置陳列流程

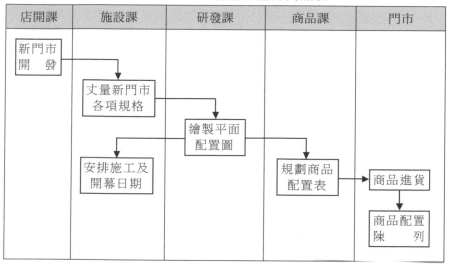

店開課	施設課	研發課	商品課	門市

（流程圖內容）

- 新門市開發
- 丈量新門市各項規格
- 繪製平面配置圖
- 安排施工及開幕日期
- 規劃商品配置表
- 商品進貨
- 商品配置陳列

第六節　如何陳列商品

　　商品陳列的優劣，對於商店賣場銷售有重大的影響。

　　如今的今天的顧客已不再把「逛商場」看作是一種純粹的購買活動，而是把它作為一種集購物、休閒、娛樂及社交為一體的綜合性活動。商店應該怎樣使消費者舒適地購物，並對商店產生信賴感，進而產生重覆購買行為，為企業帶來豐厚的利潤回報呢？

　　日本零售專家就這一問題對一個具有 5 萬名顧客商圈進行了隨機調查，發現顧客對商店有關項目的關心程度為：商品容易拿到佔 15%，開放式容易進入佔 25%，商品豐富佔 15%，購物環境清潔明亮佔 14%，商品標價清楚佔 13%，服務人員的態度佔 8%，商品價格便宜佔 5%。其中「開放式，容易進入」和「購物環境清潔明亮」這兩項，正是商店商品陳列

的重要內容。

　　商品在店裏不是隨意堆設的，不是簡單歸類並堆放整齊就可以的，對商品陳列的管理，主要通過商品配置表和日常督導來實施。通過有計劃、精心安排的商品陳列，實現某種特定的安排，收到一定的效果。例如：一般營業面積在 400 平方米左右的超級市場，其商品的陳列總數在 4500 種左右(按賣場面積每平方陳列商品種數 11～12 個計)，而顧客平均每一次的購物時間大約為 20～30 分鐘,如果在這段時間內將這幾千種商品一個個地看下來的話,每一種商品最多不過看 0.25～0.4 秒左右。可見，顧客並不可能每一種商品都看到，只是重點地找一些預見考慮購買的商品，或者由於某種陳列的商品特點引起了顧客的注意，促使顧客產生了衝動性購買。所以在商品的銷售中，不僅要讓顧客能清楚地瞭解商品在什麼地方，更重要的是要讓商品的陳列，能達到商品自己向顧客展示自己，充分地促銷自己的效果。尤其是採用敞開式銷售方式的商店，它不採取直接向顧客介紹商品和推銷商品的方式，那麼商品的陳列就成了賣場商品銷售主要的經營技術，也可以說，商店中，商品銷售就是從陳列開始的。店長要如何陳列商品呢？可遵循下列七個原則：

1. 適應購買習慣，便於顧客尋找選購

　　目前商品品種越來越多，一般超市經營的商品有幾千種到上萬種之多，而一些大中型超市出售的商品多達上萬種，如何給顧客帶來方便，如何使得顧客很容易地判斷什麼商品在什麼部位，是商品陳列首先要解決的問題。通常，只要經營商店的面積在 500 平方米以上，就應該設置統一規劃的貨位分佈圖。規模較大的商店除了具有貨位分佈圖之外，還應具備各樓面的商品指示牌和賣場區域性商品指示牌。

　　一般來說，商店商品的貨位分佈圖設置在商店主要入口處的顯要位置，而每一樓層的商品指示牌多設在每一樓層的樓梯處和電梯入口處，區域性商品指示牌設置在貨架之間的通道上方。標牌設計不僅要美觀，而且要簡潔、明瞭、易懂。據美國超市對化妝品和藥品部的銷售量變化

所作的調查統計表明，利用了貨位分佈圖和陳列商品指示牌以後，銷售額分別上升了 22.3%和 18%。

現代化設施使某些商店的貨位分佈圖也相應發生了變革，如在商店的牆面或主要入口處裝設了電子顯示屏幕，專門介紹商店各樓層的經營項目，同時增設廣告內容，對顧客來說既方便又實惠，而企業也增加了額外效益。

值得企業經營者注意的是，隨著賣場上商品分佈的變化，商品配置分佈圖和商品指示牌就必須及時修改，而這一點較容易被經營者忽視，要知道你的商店每天都會有第一次光顧的客人，據美國的一項調查資料顯示，平均每天進入超級市場的顧客中約有 2%是初次光臨的，每家超市每天總會有一些顧客是初次光顧的。及時修改貨位分佈圖和商品指示牌，可以讓初次光顧的顧客準確找到商品陳列的位置，也可以讓老顧客及時看到賣場商品配置與陳列的新變化。根據不同顏色對消費者的影響力，指示牌的製作可採取不同的顏色，這將會讓顧客產生強烈的感官印象，久而久之，顧客就完全可以根據不同顏色的標記，來辨別各類商品的陳列位置了。

2.顯而易見

要使顧客一眼能看到商品並且看清商品，必須注意陳列商品的位置、高度、商品與顧客之間的距離，以及商品陳列的方式等。

通常人們無意識地觀望高度為 0.7～1.7 米，上下幅度為 1 米，而且通常與視線大約成 30 度範圍內的物品最易引人注意，因此商店可根據消費者的觀望高度與視角，在有限的空間裏將商品陳列於最佳位置。

顧客看到的商品越多，他們買的東西也會越多。有些商品仰視角度更能吸引人，如工藝禮品、時裝等，應該適當置高一些，更能引人注意。而有些商品俯視角度更能吸引人，如化妝品、金銀首飾等，尤其是兒童玩具，陳列位置過高的話，反而引不起兒童的興趣，只有低一點，沒有遮擋物，使兒童一覽無餘，才能激起兒童擁有它的強烈慾望。

目前，敞開式銷售方式下出售的商品絕大部份是包裝商品，包裝物上都附有商品的品名、成分、分量、價格等說明資料，商品在貨架上的顯而易見，是銷售達成的首要條件。如果商品陳列使顧客稍微看不清楚，就可能不會引起顧客的注意，也就根本無法銷售出去。因此，顧客看不清楚什麼商品在什麼位置，就相當於該商店根本不銷售該商品，這是商品陳列的大忌，賣場上不應有顧客看不到的地方，或出現有商品被其他東西遮擋的情形。

商品陳列顯而易見的原則是要達到兩個目的：一是讓賣場內的所有商品都讓顧客看清楚的同時，還必須讓顧客對所有看清楚的商品做出購買與否的判斷；二是要激發顧客衝動性購物的心理，讓其感到需要購買某些購買計劃之外的商品。

3.滿陳列

陳列架上要放滿商品。在商品陳列中，不管是在櫃台上，還是在貨架上，商品陳列應顯示出豐富性和規則性。貨架上的商品必須要經常充分地放滿陳列，放滿陳列的意義有三個方面：

⑴貨架不是滿陳列，對顧客來說是商品自己的表現力降低了，從顧客心理學規律來看，任何一個顧客買東西都希望從豐富多彩、琳琅滿目的商品中挑選，如看到貨架或櫃台上只剩下為數不多的商品時，大都會心存疑慮，惟恐是別人買剩下來的貨，最終不願購買。在賣場上千種乃至上萬種商品陳列的條件下，不是滿陳列的商品，其銷售效果往往是不佳的，甚至有些商品即使在數量上是放滿的，但由於陳列方法不對，沒有「站起來」，都躺在那兒，其銷售效果也不會理想。

⑵從商店本身的效益來看，如貨架常常空缺，就白白浪費了賣場有效的陳列空間，降低了貨架的銷售與儲存功能，又相應地增加了商店庫存的壓力，從而降低了商品的週轉率。

⑶商品陳列盡可能地將同一類商品中的不同規格、花式、款式的商品品種都豐富而有規則地展示出來，不僅能擴大顧客的選擇性，給顧客

留下一個商品豐富的好印象，而且能使企業提高所有商店商品週轉的物流效益。因此，商店應盡可能縮短商品庫存時間，做到及時上櫃、盡快陳列，以此希望達到最好的銷售效果。

據美國一項調查資料表明，放滿陳列的超市和做不到滿陳列的超市相比較，其銷售量按照不同種類的商品，可分別提高 14%～39%，平均可提高 24%。

要使商品陳列做到豐富、品種多而且數量足，並不是一古腦兒將所有商品毫無章法地擺在賣場上，將櫃台、貨架塞得滿滿的，而是要有秩序、有規律地擺放。陳列架上要放滿商品有兩個規定：

⑴每一個單品在貨架上的最高陳列量可以通過排列面設計數來確定，如果長 1 米的陳列貨架(每一格)，一般至少要陳列 3 個品種。

⑵按各類不同業態模式的企業的具體要求，按一定的面積陳列商品品種數，賣場面積每一平方米商品的品種陳列量平均要達到 11～12 個品種。也就是說，滿陳列是單品陳列數和商品品種數的有機結合。

⑶商品之間可留有不太多的空檔間隔，也可在擺放商品中組合成一定圖形或圖案(如米字線的形式)，同樣可以達到商品豐富的效果。

4.商品有說明

當顧客注意某個商品並有意購買時，那麼他一定還想進一步瞭解有關商品的其他資訊，諸如商品的價格、產地、性能、用途等方面。因此，在陳列商品時應使商品附有說明商品品名、產地、規格、價格等方面內容的價格標簽(敞開式銷售的商品往往還貼有帶價格的粘性標簽紙)。通常，商店使用的價格標簽和商品說明書是統一設計的，以便做到標簽一致，同時也體現商店形象的一致性。價格標簽註明商品的名稱、規格、質量、產地、價格。

當然，並不是所有的商品都需要詳盡的使用說明書，但對那些功能多、結構複雜的商品，必須要有使用說明書，如家用電器、組合音響、家用電腦、運動器材等，附有簡要的性能說明，有利於顧客區別類似商

品的不同性能。還有一些價格貴重的高級商品，如名牌優質皮革製品，附有必要的說明，能顯示出商品的技術水準和質量檔次，也為企業傳播了影響和信譽。除此之外，高檔的藝術品、珠寶玉器的陳列，新產品的推出，換代產品的展示等都需要有一定的文字或圖案說明，以此解除顧客的疑慮，提高顧客對商品的信賴度。

5.顧客伸手可及

一旦顧客對陳列商品產生了良好的視覺效果，就有觸覺的要求，希望對商品作進一步的瞭解，最後做出購買與否的決定。通常採用櫃台式銷售方式的商店，儘量依靠營業人員的耐心服務來滿足顧客的要求。而採用敞開式銷售方式的商店則不同，其商品陳列在做到「顯而易見」的同時，還必須能使顧客能自由方便地拿到手，使顧客摸得到商品，甚至能拿在手上較長時間，這是刺激顧客購買的重要環節。這也是近幾年來敞開式銷售方式，受到廣大消費者普遍歡迎的主要原因。除那些易受損傷、小件易失竊和極其昂貴的商品以外，企業應儘量用敞開式銷售方式，這樣自然會給人一種親切感。

在運用敞開式銷售方式陳列商品時，不能將帶有蓋子的箱子陳列在貨架上(倉儲式銷售貨架除外)，因為顧客只有打開蓋子才能拿到放在箱子裏的商品，這對顧客是十分不方便的。

對一些挑選性強、又易髒手的商品，如分割的鮮肉、鮮魚等，應該有一個簡單的前包裝或配有簡單的拿取工具，方便顧客挑選。要使顧客伸手可取到商品，最重要的是要注意商品陳列的高度。例如：在超級市場商店中，高個子的男工作人員常常將商品陳列到自己的手夠得著的地方，而到超市購物的顧客大多數是女性，因而曾拿不到商品。根據統計資料表明，女性平均身高要比男性矮 $10\sim20$ 釐米。特別是對一些需要進行量感陳列的商品，商品往往被堆得很高，這時就要考慮在近旁再堆放陳列一些該種商品，讓顧客伸手可取。

商品陳列伸手可取的原則還包含商品放回原處也方便的要求，如果

拿一個商品可能會打壞，顧客就不願意去拿，就是拿到手也會影響其挑選觀看的興趣，使商品銷售由於陳列不當而受阻。因此，要特別重視商品伸手可取又能很容易放回原處的陳列要求。

要符合伸手可取原則，還要做到陳列商品要與上隔板保持 3～5 釐米的間距，讓顧客容易取放。貨架上商品的陳列要放滿，不是說不留一點空隙，如不留一點空隙，消費者在挑選商品時就會感到很不方便。

圖 8-6-1　顧客伸手可及原則

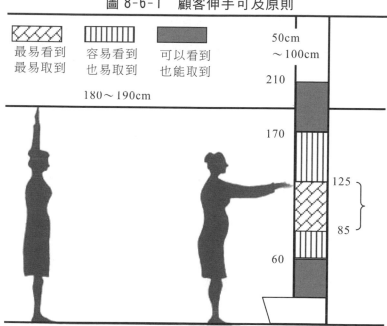

6.先進先出

商品在貨架上陳列的先進先出，是保持商品品質和提高商品週轉率的重要控制手段，對於運用敞開式銷售方式的商店應該尤為重視這個要求。

當商品第一次在貨架上陳列後，隨著商品不斷地被銷售出去，就要進行商品的及時補充陳列，補充陳列的商品就要依照先進先出的原則來

進行。其陳列方法是先把原有的商品取出來，然後放入補充的新商品，再在該商品前面陳列原有的商品，也就是說，商品的補充陳列是從後面開始的，而不是從前面開始的，這種陳列法叫先進先出法。因為顧客總是購買靠近自己的前排商品，如果不是按照先進先出的原則來進行商品的補充陳列，那麼陳列在後排的商品會永遠賣不出去。一般商品尤其是食品期都有保質期限，因此消費者會很重視商品出廠的日期，用先進先出法來進行商品的補充陳列，可以在一定程度上保證顧客買到商品的新鮮性，這是保護消費者利益的一個重要方面。此外，排在後面的商品比較容易積灰塵，所以要特別重視後排商品的清潔，經常用抹布進行清掃。

第七節 櫥窗設計

櫥窗是商店的「眼睛」，店面這張臉是否迷人，這隻「眼睛」具有舉足輕重的作用。

在現代商業活動中，櫥窗既是一種重要的廣告形式，也是裝飾店面的重要手段。一個構思新穎、主題鮮明、風格獨特、手法脫俗、裝飾美觀、色調和諧的商店櫥窗，與整個商店建築結構和內外環境構成的立體畫面，能起到美化商店和市容的作用。櫥窗設計應注意以下方面：

1.櫥窗橫度中心線最好與顧客的視平線高度相等，整個櫥窗內所陳列的商品都在顧客視野內。

2.在櫥窗設計中，必須考慮防塵、防熱、防淋、防曬、防風、防盜等，並採取相關的措施。

3.不能影響店面外觀造型，櫥窗建築設計規模應與商店整體規模相適應。

4.櫥窗陳列的商品須是本商店出售的，而且是最暢銷的商品。

5.櫥窗陳列季節性商品必須在季節到來之前一個月預先陳列出來向顧客介紹，這樣才能起到迎季宣傳的作用。

6.陳列商品時，應先確定主題，無論是多種多類或是同種不同類的商品，均應系統地分種分類依主題陳列，使人一眼就看到所宣傳介紹的商品內容，千萬不可亂堆亂擺，分散消費者視線。

7.櫥窗佈置應儘量少用商品作襯托、裝潢或鋪底，除根據櫥窗面積注意色彩調和、高低疏密均勻外，商品數量不宜過多或過少。要做到使顧客從遠處近處、正面側面都能看到商品全貌。富有經營特色的商品應陳列在最引人注目的櫥窗裏。

8.容易液化變質的商品如食品糖果之類，以及日光照曬下容易損壞的商品，最好用模型代替或加以適當的包裝。

9.櫥窗應經常打掃，保持清潔，特別是食品櫥窗。櫥窗裏面佈滿灰塵，會給顧客不好的印象，引起對商品的懷疑或反感而失去購買的興趣。

10.櫥窗陳列需勤加更換，尤其是有時間性的宣傳以及容易變質的商品應特別注意。每個櫥窗在更換或佈置時，應停止對外宣傳，一般必須在當天內完成。

第八節　注意顧客的移動路線

有些商店的陳列方式就像一片叢林，商品在地面堆積如山，或者天花板上掛得琳琅滿目，走進賣場就如同進入叢林般的壓迫感。這種陳列方式令顧客不能一進門就瞭解店裏到底販賣些什麼，就連店長本身也會感到迷惑，一旦顧客指定要某項商品時，店員勢必要費一番功夫才找得到，而映入顧客眼中的儘是一堆堆的佈滿灰塵的雜物，這種陳列方式已經不受支援了。

　　店長必須注意顧客的移動路線。例如，顧客從入口處開始，其視線所前進的方向和進入的路線順序都應有所瞭解。對於顧客不常到的地區可設定為「磁場陳列」，也就是將一般顧客不願到的角落或場所特別費心佈置，使其就像磁場般吸引眼光。

　　一般所謂一眼看穿的陳列方式，一旦設計缺乏空間感，只是寬敞而單調，依然會失去銷售場所應有的整體活絡氣氛。所以，最好的佈置方法，就是使店內的陳列半遮半隱狀，因此，可張褂一些宣傳海報（POP），再搭配照明器具設備。

　　對於店內的寬廣通道，應該保留悠閒穩重的空間。例如可在店內放置豪華的餐桌椅，佈置一個和諧的、可以聊天的場所，此種巧思充滿趣味和溫馨，而且最好可由店外隱隱約約能看到的程度，也使外面的顧客能感染到坐在裏面愉快聊天的心情。

　　好不容易精心設計佈置出來的銷售場所，千萬不可因大量吊掛商品，以致阻礙了從外面往內看的視線或破壞了店內的整體氣氛。無論如何，最好的方法就是從外面到裏面，配合內部的陳列做整體性的裝潢。

　　商店外的裝潢就如人的外觀，如果採用落伍的臉部化妝術，就會令人感到庸俗不堪。商店若無整體的裝潢，商品也會失去魅力。所以，配合顧客的動線檢討店頭的陳列是店長最重要的工作。

第九節　維護陳列區的銷售績效

　　許多企業的商品陳列，以經驗化管理為主。例如超市開業前，先由發展部初步設計商品的擺放位置，再根據商品銷售的整體情況，最後確定商品的陳列位置及陳列面的多少，接下來的商品管理工作基本上由店長負責，店長往往根據市場的需求及憑個人經驗去管理商品。隨著時間

的變化，商品陳列也隨著店長的替換而變動，逐漸形成企業每一家商店都有自己的陳列「特色」，貨架管理沒有一套規範性、統一性的管理方法。這不僅影響企業的對外形象，更影響了企業內部的管理，給經營帶來很大困難。因此，各個商店應嚴格按照所要求的陳列規範，進行操作，以達到商店商品陳列的維護。

商品一旦陳列妥當，經過一段時間必有若干變化，店長如何維護這些商品陳列的績效呢？店長應設法維護如下幾項：

1. 缺貨的控制

商店應注重缺貨的控制。一些店長往往還沒有認識到商品陳列維護的重要性，或在落實執行商品配置表時忽略了一些細微工作，如要貨不及時，造成商店缺貨現象；沒有嚴格按照商品配置表去陳列商品，擅自變動商品陳列位置，使得原本已有空缺的貨架被其他商品所佔據，造成一段時間內忘記要貨等，較多是人為原因所造成的商品缺貨問題。由此可見，商品陳列的維護工作，在商店進行得是否順利，直接反應了商店員工的工作態度。

商店的商品缺貨會使顧客的要求無法立即得到滿足，而且還要花費更多時間到別處購買，如果一個商店經常出現這種現象，顧客一定會大量流失，並導致營業額大幅下降。因此店長在這方面還要加強對員工的專業培訓，增加對商品陳列維護的認識，讓他們真正瞭解實施商品陳列維護的重要性。

2. 排面量控制

賣場是商品演出的舞台，琳琅滿目的商品是舞台中的演員，而商店的每一個理貨員都是整場演出的導演，他們要通過商品陳列，賦予商品以生命力。貨架上商品的排面量是每種商品在貨架上橫向陳列的數量，此數量是根據商品的銷售情況來確定的，單一商品的銷售佔總銷售的百分比，是與該商品陳列面佔全店貨架面積的百分比相符的。只有這樣才能夠使暢銷品更醒目地呈現在顧客面前，並能保證暢銷品不斷貨，又能

有效控制庫存，充分利用貨架，提高坪效（每平方米貨架創造的利益），為商店創造更高的利潤。

3.陳列道具的控制

商品陳列的優劣，決定著顧客對商店的第一印象，賣場的整體統一、美觀是賣場排列的基本思想。企業所制定的商品配置表，往往能充分地將這些基本思想融入到貨架、端頭、平台等各種陳列用具的商品陳列中去，因而商店對於陳列道具的控制尤為重要。擅自增減陳列器具，同樣會造成銷售損失。

4. POP 的控制

通過視覺提供給顧客的視覺資訊，是非常重要的。顧客主要從陳列的商品上獲得資訊，除了陳列的高度、位置和排列之外，廣告牌、POP等提供的資訊，也非常重要，它往往給予顧客非常直接的感受。例如：這是特價商品；這是新商品；現在是特別的日子；這是我需要的商品等等。因此，商店應及時將設計的 POP 展示出來，迅速將各類資訊傳遞給顧客。

5.銷售時段的控制

銷售時段的控制，即密切注意商品的銷售動態，把握好商品補貨的時間和商品的促銷時間。在盡可能多的銷售時段上，獲得最大銷售額。

例如：美國時蒙瑪公司以「無積壓商品」而聞名，其秘訣之一就是對時裝分時段定價。所謂時段定價，是指從商品面市開始計算，按不同的銷售時段規定出不同的售價，由高到低直到售完為止。它規定新時裝上市 3 天為一輪，一套時裝以定價賣出，每隔一輪按原價削 10%，依次類推，那麼到 10 輪（一個月）之後，蒙瑪公司的時裝價就削到了只剩 35%左右的成本價了。這些剩下的時裝，蒙瑪公司就以成本價售出。因為時裝上市一個月，價格已跌了 2/3，誰還不來買？所以一賣即空。蒙瑪公司最後結算時既獲得了可觀的利潤，又沒有積貨的損失。

又例如：超級市場熟食部門在晚上打烊前，會將各盒裝熟食品數盒

綁成一束，以單一盒價錢加以出售，設法出清庫存，形成每晚的搶購局面，此促銷手法稱為「日落法則」。

表 8-9-1　商品陳列檢查表

店鋪名稱：　　　　　　　　　　　　　日期：

檢查內容與標準	解決方法
商品缺貨時及時調整空檔，增加飽滿度	
商品與貨櫃、道具搭配舒適	
整體陳列每 1～2 週調整 1 次	
杜絕有品質缺陷商品上架	
商品陳列後顧客易取易放	
商品售賣後及時整理、補充陳列	

表 8-9-2　賣場熱銷氣氛檢查表

店鋪名稱：　　　　　　　　　　　　　日期：

檢查內容與標準	解決方法
所有宣傳品配置齊全	
所有宣傳品放置規範	
執照、授權書、榮譽證書等保持清潔	
主形象畫無破損、起泡、脫離	
宣傳資料派發後及時補充	
店鋪靜場時使用宣傳品店外派單	
顧客離店時提醒顧客取閱	
顧客買單時主動將其放置在包裝袋內	
門店內無過期、無失效宣傳品	
促銷海報和告示牌等張貼適當	
使用的促銷品外觀整潔無品質瑕疵	

續表

促銷贈品有專門佈置	
促銷佈置未阻擋顧客視線或顧客行動	
促銷活動結束後立即撤除促銷佈置	
無過期促銷資料留存	
所有助銷品配置齊全	
所有助銷品放置規範	
使用時方便取用	
使用後迅速歸回原位	
及時補充，滿足使用	
店鋪色彩適宜，體現門店風格	
店內光線柔和、適中、吸引顧客	
室溫保持在 26℃，通風	
店內放置空氣清新用品	
店內通風、空氣潔淨、宜人	
背景音樂舒緩、輕柔、明快、音量適中	
節假日、特殊營業時間有專門音樂	
背景音樂及定期更新	
吊旗、橫幅、POP 等氣氛物品佈置得體	
所有的氣氛佈置物品整潔，完好無損	
季節性佈置及時，體現季節特色	
無跨季與過季佈置	

表 8-9-3　陳列展示日常維護檢查表

檢查內容
‧ POP 配置對應於相關貨品陳列
‧ POP 足量且已規範使用
‧ 店內無殘損或過季陳列
‧ POP 櫥窗內無過多零散道具堆砌
‧ 展示面視感均勻且各自設有焦點
‧ 貨架上無過多不合理空檔
‧ 按系列、品種、性別、色系、尺碼依次設定整場貨品展示序列
‧ 市面出樣貨品包裝須全部拆封
‧ 貨架形態完好且容量完整
‧ 產品均已重覆對比出樣
‧ 疊裝鈕位、襟位對齊且邊線對齊
‧ 掛裝鈕、鏈、帶就位且配襯齊整
‧ 同型款服裝不使用不同種衣架
‧ 衣架朝向依據「問號原則」
‧ 整場貨品自外向內，由淺色至深色
‧ 服飾展示體現色彩漸變和對比
‧ 獨立貨架間距不小於 1.2 米，並且無明顯盲區
‧ 同一櫥窗內不使用不同種模特
‧ 由內場向外場貨架依次增高
‧ 店場光度充足且無明顯暗角
‧ 店場無殘損光源/燈箱及音響設備正常運作
‧ 照明無明顯光斑、炫目和高溫
‧ 折價促銷以獨立單元陳列展示且有明確標識
‧ 展示面內的道具、櫥窗、鏡面、POP、燈箱整潔明淨

第 9 章

店長要控制存貨

第一節　店長要控制存貨

　　零售店是最接近「天堂」的地方，是商品流向市場的「守門人」，如果商品購進後沒走出商店的大門，那就成了存貨，如果存貨處理不好，那就很可能要「下地獄」。

一、店長要確實掌握庫存數量

　　店長要確實掌握庫存數量，而庫存量可區分為倉庫數量與賣場數量。如何掌握呢？

　　1. 倉庫內的庫存商品不可以數量不清

　　如果不清楚倉庫裏有什麼商品，存量有多少的話，則無法決定適當的訂貨數量，這是非常簡單的道理。因此，店長務必確實掌握商品庫存，也要清楚裝箱內的商品數量，如此才能對於倉庫的庫存狀況，做到了若指掌的境地。

2.倉庫內的庫存商品不可以整理不良

倉庫整理不良，秩序混亂，盤點起來既雜亂無章，又費時無效率，堪稱採購困難的罪魁禍首。

3.賣場內的商品，未依單品別做好整理

賣場務必使用隔板加以劃分隔離，而且要排列整齊以便盤點。如果既定的商品檔位上夾雜其他商品，或者不按類別整理的話，就無法保證賣場商品的正確存量。

尤其是特價櫃台與平台上所陳列的商品，更要謹慎注意。其次，貨架內側切莫囤積商品，以免造成盤點漏失。

4.賣場內的商品，不可以存量不清

發生缺貨的排面，常有商品藏在店內某處，稍加疏忽就會重覆採購。若能養成隨時檢查缺貨的習慣，即可避免上述弊端。賣場的實際情況，常有各排面未按照原先指定加以陳列商品，故有必要依單品別來掌握賣場的商品存量。

總之，如果無法正確掌握賣場商品存量，就會造成缺貨、或庫存過剩，嚴格做好排面管理，即是掌握商品存量的前提要件。

5.未依指示實施常務品的裁撤處理

常務品(regular assortment)是指自動補貨的常規商品，必須逐項品目彙整訂貨數量。利用電腦或者其他方式進行 ABC 分析，對於銷路遲緩和季節已過的商品，要以新商品替換之，亦即實施常務品的裁撤作業。如果未依日程處理這些已遭剔除的常務品，就會妨礙新商品的引進工作，同時造成舊商品的積壓庫存。平時必須完全掌握應予裁撤的商品項目，並調查其庫存量，進而縮減採購。

二、存貨失調的原因

造成存貨過剩的原因很多，但基本上都屬於人為的因素，因此如果

對存貨過剩的原因有足夠的重視，並針對每一種原因採取適當的預防措施，那麼對改善存貨過剩的狀況會有很大的幫助。下列是存貨過剩的主要原因：

　　1.對市場判斷錯誤，不能獲得顧客認同，造成存貨積壓。

　　2.商品的規劃不能滿足顧客的需求，商品組合、款式、規格不能針對市場的需求。

　　3.商品政策不正確，存貨如果已經產生，最重要的是迅速尋找辦法處理。

　　4.商品品質不能符合顧客要求。有瑕疵的商品，不但不可能賣出去，即使銷售後也可能被顧客退回，成為永遠壓箱底的存貨。

　　5.銷售能力差。不論是店員的銷售能力或者是廣告促銷的能力，如果不及其他競爭者，市場萎縮就會反映到存貨的增加上。

第二節　店長有效控制存貨的方法

　　「不識廬山真面目，只緣身在此山中」，有些店長在商店經營多年，卻不知道有效控制存貨的奧妙，通常商店都會擔心庫存的積壓，喜歡少量多次地進貨，寧可因庫存不足減少一點銷量，也不願意多進貨而積壓庫存。

　　有效控制存貨問題，既可有效控制存貨，商店又可以賣出更多的貨，而不必承擔庫存積壓的風險。

　　1.控制存貨的有效策略

　　⑴確定存貨處理政策。當存貨產生的時候，應有明確的存貨處理政策，告訴店員多久之內，要用什麼方法、通過什麼管道把存貨處理完畢。

　　⑵找出造成存貨增加的原因並加以預防及改善。較常用且簡便的方

法為「魚骨圖」或稱「要因分析圖」，它能幫助我們像抽絲剝繭一樣把造成存貨增加的原因找出來。

⑶加強商品的規劃能力。明確商品定位，對目標市場的需要有充分的認知及數據的支持，才能規劃出滿足市場需要的商品。

⑷提升銷售能力，銷售能力的提升有賴於不斷地學習與訓練。

⑸存貨分類管理。存貨分類管理做得越好，對存貨的出清消化越有幫助。如按品質可分為可售品、瑕疵品、報廢品；按銷售記錄可分為暢銷品、滯銷品、一般商品等。

2.控制存貨的方法

(1)合理的正常庫存控制

假定商店每日正常出庫量為 120 件，即日最低安全庫存量為 160件，如果商店經驗是每 6 天向供應商訂一次貨，而路途運輸時間是 7 天，那麼合理的正常庫存控制數應該是：$120 \times (6+7) + 160 = 1720$ 件。公式是：日銷量平均數×（訂單間隔天數＋運輸途中天數）∣日最低安全庫存量＝合理的正常庫存控制數。

根據這個合理的正常庫存控制數，雙方就能做到心中有底，但是這僅僅是一個標準的參考數，具體情況還應考慮以下幾個變數。如遇春節、國慶日等長假期，必須考慮節假日促銷情況，情況好的話可能是正常日銷量的兩三倍。所以節前要做好充分的庫存準備。

而若在某一時間段廠家有訂貨優惠政策時，一般可考慮多訂一點貨，雖然超出了正常的庫存數，但屬力所能及的範圍，同時要留有餘地，不能貪多，以免因政策或市場有變動而造成積壓。

(2) ABC 分類庫存管理法

在眾多的庫存商品中，不是每一個商品的比重和管理方法都相同，根據「20/80」管理法則，一般規律是：僅佔銷量 20%的商品，卻佔了銷售利潤的 80%，我們把這類商品命名為 A 類商品；佔銷量 40%～60%的商品，銷售利潤佔 15%，我們把這類商品命名為 B 類商品；而佔銷量 30%

～40%的商品，銷售利潤卻只佔 5%，我們把這類商品命名為 C 類商品。

雖然不同的行業、不同的市場情況並不一定像上述的比例，但是我們依然可以參考這種方法將商品進行 ABC 分類庫存管理，在進貨資金的傾斜上，在庫存商品的數量上，在庫存商品的擺放上，A 類商品都應擺放在進出最方便、最顯眼的地方，等等。

🔊 第三節　店長的訂貨作業管理

商品是商店的生命體，商品的進銷存循環，猶如人體的新陳代謝，新陳代謝循環正常，身體就健康。同樣的，商品的進銷存循環順暢，商店的生意自然興旺。而其中進貨與存貨是商店銷售的基礎，這兩項工作將直接影響商店的經營績效。要使商店的進貨與存貨作業完善和效率化，店長就必須採用現代化的管理方式，嚴格按照總部設計的作業程序操作，最終達到降低商店的管理成本，促進經營績效。

店長的進貨作業管理，包括訂貨、進貨、收貨、退換貨、調發貨等。說明如下：

商店的訂貨作業，是指商店在所確定的供應商及商品範圍內，依據訂貨計劃而進行的叫貨、點菜或稱為添貨的活動。

在訂貨作業流程中應注意的事項有：

1.存貨檢查

店長應隨時注意檢查賣場和商店倉庫的存貨，若存貨低於安全存量、或遇到商店有促銷活動、或節假日之前，都應考慮訂貨。同時，在進行存貨檢查時，還可順便檢查該商品的庫存量是否過多，這樣就可以早作應對處理(如商店之間的調撥、降低訂貨量等)。除此之外，在檢查存貨時，還應注意檢查現有存貨的有效期限。

2.適時訂貨

　　商店訂貨必須注意時效性。因為在每天營業銷售時不可能進行隨時訂貨，而且供應商也不可能隨時接受訂單，隨時發貨。一般企業總部都規定了商店每天的訂貨時間範圍，只要過了這一時間範圍，就視為過期，將作次日訂單。商店店長應適時訂貨，不能因為操作失誤，使貨源無法正常供應，而造成商店的缺貨，白白放棄了應有的營業額。

圖 9-3-1　進貨流程圖

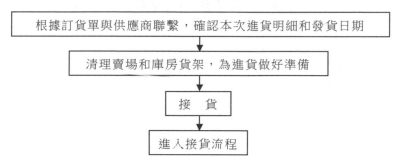

圖 9-3-2　補貨流程圖

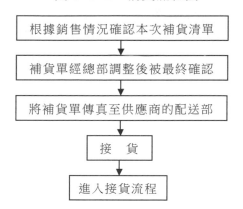

3.適量定貨

　　訂貨量的決定非常複雜，須考慮的因素主要包括：商品每日的銷售

量、訂貨至送達商店的前置時間、商品的最低安全存量、商品規定的訂貨單位等。而在實際操作時，店長還要依靠自己的學識和經驗，根據不同商店的實際情況來訂貨。現在一些企業已嘗試進行了單品的進存銷管理，即每日電腦會自動列出訂貨建議單，店長可參考之後再決定訂貨量。

第四節　店長的收貨作業管理

訂貨而配送的貨品，運到商店來，店長必須進行「收貨作業管理」。

店長如果每天都在忙於點收、驗貨，你就要有警覺性「是不是工作流程出現問題了？」否則為什麼會如此忙呢？

收貨作業按進貨的來源，分為由總部配送中心配送到商店的商品收貨作業，和由供應商直接配送到商店的商品收貨作業兩種形式。無論商品是由企業總部配送中心配送到商店，還是由供應商直接配送到商店，收貨工作都需要安排一定素質的員工來負責，這些員工不僅受過良好的訓練，而且熟悉整個商店的運營。

1. 驗收員的工作

貨品送到，必須檢查數量、質量、核對送貨單等，其驗收人員的工作職責如下：

⑴整理後場環境，並且將相關物品堆放整齊。例如：塑膠箱、推車等。

⑵商品收貨時應依照訂貨單上內容逐一清點，並抽查商品內容看是否一致。

⑶按企業總部規定的商品驗收辦法驗收商品。

⑷商品驗收時發現有拆箱或其他異常狀況時，應予以全部清查。例如：通常超市內的生鮮品都必須逐一過磅檢查。

(5)驗收結束，必須將商品堆放在暫存區或直接放入賣場，再由理貨員確認，不可與其他進貨商品混淆。

(6)向廠商退貨時必須檢查退貨單，確認品名，數量無誤後，方可放行。

(7)供應商帶回的商品空箱，必須由驗收人員檢查確認。

(8)商店員工購物，必須由驗收人員確認。

2.驗收組長的工作

訂貨後，商品交貨必須要驗收。以台北市的西點麵包商店為例，各店每日收取由新竹製造總部所配送的麵包後，應進行下列的收貨、驗貨作業：

每日收貨的驗收：

· 每日早晨的日配收貨

· 檢查外箱

· 檢查保存期

· 檢查是否變軟、結霜、結冰

· 檢查商品包裝

麵包的驗收：

· 每日早晨的麵包收貨

· 麵包必須是當天生產的

· 麵包新鮮、鬆軟、味香

· 包裝良好

· 使用乾淨、衛生的箱子存放

若公司規模龐大，在執行驗收工作時，必須配置「驗收組長」，驗收組長的工作職責如下：

(1)安排驗收人員作業計劃，並適當安排供應商送貨時間。

(2)進貨驗收。

①商品品名、數量、規格等核對。

②拒收不符合商店要求的商品。例如：破損、尺寸錯誤、污染、油漬、生鏽、外包裝變形、有效期已過等。

③有無贈品搭配。

④拒收品質不良商品。例如：生鮮商品有異味、鮮度不好等。

⑤拒收仿冒、違禁商品。

(3)存貨管理。

①交接各部門商品的存量及需求量。

②存貨定位管理使之易取易拿。

③標籤管理。

④空籃、空箱管理。

⑤週圍環境保持清潔。

(4)退回品處理。

(5)驗收人員管理。

①驗收人員的考勤、儀容、服務等管理。

②空閒時安排人員協助其他部門，如協助商品陳列、在收銀臺協助裝袋。

(6)顧客的送貨服務。

(7)傳達並執行總部對商店的相關指令和規定。

表 9-4-1　連鎖賣場階段訂貨、補貨流程

序號	操作內容	完成時間	責任人
1	統計缺、斷貨商品明細，確定本期低價促銷商品的明細及促銷價格和促銷時間（建議促銷時間段每期以 14 天為宜）	每週一 10：00	店長
2	根據缺、斷貨商品明細，查詢歷史銷售記錄，重點參考上週訂貨商品的銷量	每週一 10：30	店長
3	根據缺、斷貨商品明細歷史銷量，合理預估本週訂貨數量，確定本期促銷單品的訂貨量	每週一 11：00	店長
4	根據預估訂貨量和促銷採購訂量制定訂貨明細表，審核訂貨數量和訂貨金額的合理性，原則上避免因訂貨不合理造成商品斷貨或積壓滯銷	每週一 12：00	店長
5	負責將本期確定的商品促銷信息按照規定的格式，按時以電子郵件的形式傳到公司指定的郵箱，進行系統價格調整	每週一 15：00	店長
6	根據訂貨明細表聯繫相應的供應商，通知訂貨明細、訂貨數量，以及送貨時間和送貨地址	每週一 17：00	店長
7	追蹤訂貨商品的送貨情況，確保訂貨商品的及時按量送達，並組織員工收貨入庫及上架陳列（確保促銷商品的突出陳列）	每週二全天	店長
8	審核商品促銷信息，並及時進行商品促銷信息系統的維護，確保商店促銷活動的順利開展	每週二全天	總部
9	根據訂貨明細表和實際的收貨數量，填寫本週訂貨的商品信息，以電子郵件的形式傳到公司指定的郵箱	每週三 10：00	店長
10	進行新品信息維護和老品庫存錄入工作，確保商店新品的正常維護和庫存信息的準確	每週三 17：30	總部

第五節　店長的退換貨作業管理

　　商店的退換貨，可概分為「對供貨廠商的退換貨」、「顧客購買後的客戶退換貨」兩種。

　　商店要將多餘庫存、品質不良、不合規格的貨品，退回廠商時，必須以「退換貨的作業管理」為依據。

　　退換貨作業可與供應商或配送中心進貨作業相配合，利用進貨回程順便將退換貨帶回。退換貨作業一般定期辦理(如每週一次或每 10 天一次)，以提高其作業效率。

表 9-5-1　商品退換貨報告

日期：＿＿＿＿＿＿＿＿　　　　　　商店編號：＿＿＿＿＿＿＿

供應商/商品	到期時間	商品編號	商品成本	總量	發票號	退換貨原因

　　辦理退換貨作業應注意事項：

　　1.供應商確認，即先查明待退換商品所屬供應商或送貨單位。

　　2.退貨商品也要清點整理，妥善保存，一般整齊擺放在商品存放區的一個指定點，而且這些商品應按供應商或送貨單位的不同分別擺放。

　　3.填寫退換貨申請單，註明其數量、品名及退貨原因。

　　4.迅速聯絡供應商或送貨單位辦理退換貨。

　　5.退貨時確認扣款方式、時間及金額。

第六節　店長的調撥貨作業管理

　　為販賣商品，充分促銷起見，商店之間常有互相調撥貨品的行為。尤其是在連鎖店盛行時，調撥作業是商店之間的作業，它是某商店發生臨時缺貨，且供應商或配送中心無法及時供貨，而向其他商店調借商品的作業。商店會調撥的原因是：商店銷售急劇擴大，而存貨不足；供應商送貨量明顯不足；顧客臨時下大量訂單等。調撥作業的流程如圖9-6-1所示：

圖 9-6-1　調撥的作業流程

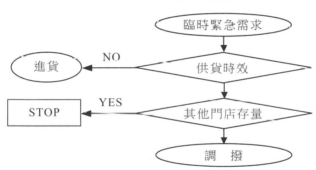

1.調撥前注意事項

　　(1)若是臨時有大量訂單，商店在接單前最好先聯繫一下其他的商店，確認可調撥數量是否足夠，不要任意接單，而影響整個企業的商譽。

　　(2)商店之間的商品調入與調出，必須在雙方店長的同意下才能進行。

　　(3)調撥車輛安排。

　　(4)工作人員與時間安排。

2.調撥時注意事項

　　(1)必須填寫調撥單，撥入、撥出商店均須在其上簽名確認。

⑵撥出或撥入時均須由雙方商店驗收檢查並確認。

⑶調撥單一式兩聯，第一聯由撥出商店保管，第二聯由撥入商店保管。

⑷調撥單須定期匯總送至總部會計部門，以配合賬務處理。

3.調撥後注意事項

⑴撥入、撥出商店均須檢查存貨賬與應付賬是否正確。

⑵撥入商店應注意總結教訓，重新考慮所撥入商品的最低安全存量、每次訂貨量以及貨源的穩定性，儘量避免類似事件重覆發生。

表 9-6-1　商品調撥單

單據編號：

撥出商店	撥出日期					撥入商店	撥入日期
商品代號	品名	撥出數量	規格	撥出(入)單價	金額		撥入數量
撥出商店	店長： 驗收人：			撥入商店		店長： 驗收人：	

第七節　找出滯銷品並加以淘汰

滯銷商品是商店經營的毒瘤，直接侵蝕商店的經營效益。選擇和淘汰滯銷商品，是店長在商品管理上的一項重要內容。

1.滯銷商品的選擇標準

滯銷商品的選擇標準主要有：

⑴銷售額排行榜，根據店內 POS 系統所提供的銷售資料，挑選若干排名最後的商品作為淘汰項目，淘汰商品數大體上與引入新商品數相當。

以銷售排行榜為淘汰標準，在執行時要考慮兩個因素：一是排行靠後的商品是否是為了保證商品的齊全性才採購進場的；二是排行靠後的商品是否是由於季節性因素才銷售欠佳，如果是這兩個因素造成的滯銷，對其淘汰應持慎重態度。

⑵最低銷售量或最低銷售額。對於那些單價低、體積大的商品，可規定一個最低銷售量或最低銷售額，達不到這一標準的，才列入淘汰商品，否則會佔用大量寶貴貨架空間，影響整個賣場銷售。採用這一標準時，應注意這些商品銷售不佳，是否與商品佈局、陳列位置不當有關。

⑶商品質量。對被技術監督部門或衛生部門宣佈為不合格商品的，理所當然應將其淘汰。

對於商店來說，引進新商品容易，而淘汰滯銷商品阻力很大，因為相當一部份滯銷商品當初是作為「人情商品」進入超市的。為了保證超市經營高效率，必須嚴格執行標準，將滯銷商品淘汰出超市賣場。

2.滯銷商品淘汰的作業

店長將滯銷品淘汰出局的具體作業方式如下：

⑴列出淘汰商品清單，交採購部主管確認。

⑵統計出淘汰商品的庫存量及總金額。（包括各個商店的存量、配送中心的庫存量）

①新商品進賣場前三個月列管，凡三個月內未能如期創造業績的商品，應停止採購並急速淘汰或要求廠商換貨或退貨。

②每月應用 POS 提供的滯銷商品一覽表、銷售排行尾端，或佔營業額低比例的商品明細表作為淘汰依據。不過要考慮這些商品是因季節因素影響，或是否屬搭配性商品，並作成期間比較，才決定是否淘汰。

⑶確定商品淘汰日期：超市最好每個月固定某一日為商品淘汰日，所有商店在這一天統一把淘汰商品撤出貨架，等待處理。

(4)淘汰商品的供應商貨款抵扣：到財務部門查詢該淘汰商品的供應商，是否有尚未支付的貨款，如有，則作淘汰商品抵扣貨款的財務處理，並將淘汰商品存貨退給供應商。

(5)選擇淘汰商品的處理方式。

(6)將淘汰商品記錄存檔，以便查詢，避免時間長或人事調動等因素，將淘汰商品再次引入。

3.滯銷商品的退貨處理方式

退貨的處理方式是滯銷商品淘汰的核心問題之一。

傳統退貨處理方式是一種實際的商品退貨方式，其主要缺陷是花費商店和供應商大量的物流成本。

為了降低退貨過程中的無效物流成本，目前商店通常採取的做法是在淘汰商品確定後，立即與供應商進行談判，爭取達成一份退貨處理協定，按以下兩種方式處理存貨：一是將該商品作一次性削價處理；二是將該商品作為特別促銷商品。

這種現代退貨處理方式，為非實際退貨方式，即並沒有實際將貨退還給供應商，它能大幅度降低退貨的物流成本，還為商店促銷活動增添了更豐富的內容。需要說明的是：

(1)選擇非實際退貨方式，還是實際退貨方式的評估標準是，「削價處理或特別促銷的損失」是否小於「實際退貨的物流成本」。

(2)採取非此種退貨方式，要合理確定商店和供應商對價格損失的分攤比例，商店切不可貪圖蠅頭小利，而損害與供應商良好合作的企業形象和信譽。

第 *10* 章

店長對盤點工作的管理

🔊 第一節　店長為何要盤點

　　通過盤點作業，可以計算出商店真實的存貨、費用率、毛利率、貨損率等經營指標，盤點的結果是衡量企業經營狀況好壞的最標準尺度。然而在商店作業中，盤點作業可以說是一項繁重、花時間的作業，不重視管理的商店往往會不重視盤點，或有人為的抗拒感。尤其是某些超級市場、便利店在運用了現代化電腦技術系統管理各個商店之後，就認為所有的進、存、銷資料一目了然，隨時都在掌握之中，所以不必強調盤點工作的重要性。

　　事實上，盤點工作的進行是對現有商品庫存實際狀況的具體清點，而電腦反映的數據與實際數據會有一定的差距。同時盤點工作不僅可對現有商品庫存狀況進行清點，還可以對過去商品管理的狀態進行分析，為將來商品管理的改進提供有價值的參考資料。

　　從表面上看，盤點作業不僅能為商店創造效益，甚至可能會在一定程度上影響到商店業績的創造(因為商店盤點通常是在營業中或者停止

營業後進行）；而員工也往往不喜歡盤點，因為盤點工作不僅枯燥，要延長他們的工作時間，而且在總部公佈盤點結果期間，他們都會心事重重，惟恐出現盤點異常而追究失職責任。然而，就經營而言，盤點作業是一件非常重要的工作，它的基本目的主要有兩個：一是控制存貨，以指導商店日常經營業務；二是掌握損益，以便真實地把握經營績效，並及時採取防漏措施。具體地說，盤點作業可達成以下目的：

　　⑴確認商店在一段經營時間內的銷售損益情況。

　　⑵掌握商店的存貨水準、積壓商品的狀況。

　　⑶瞭解目前商品的存放位置和缺貨狀況。

　　⑷發現並清除已到報警期商品、過期商品、殘次品或滯銷品。

　　⑸對於經營出現異常的商品部門，採用抽查的方式，進一步發現其弊端，杜絕不軌行為。

　　⑹環境整理並清除死角。

第二節　　盤點的方式

　　盤點作業最使人感到頭痛的是商品點數，其工作強度極大，且差錯率也較高。在手工盤點的商店中往往會產生這樣一種通病，在正式盤點的前幾天，商店為了降低盤點的差錯率，就較大幅度地降低向配送中心要的訂貨量，從而直接影響了商店的正常銷售。通常為了改變手工盤點的不利影響，可採用兩種方法：

　　1.可使用現代化技術手段來輔助盤點作業，如利用掌上型終端機可一次完成訂貨與盤點作業，也可利用收銀機和掃描器來完成盤點作業，以提高盤點人員點數的速度和精確性。

　　2.成立專門的總部盤點隊伍進行手工盤點，這種形式較適應於小型

超級市場和便利店。

　　店長應建立商品的盤點制度，包括以下內容：

一、盤點的週期

1.每日交接班盤點

　　每日閉店前對當日店內商品的數量盤點，記入交接班日誌，盤點人簽字確認。

　　第二天接班人員根據交接日誌核實數量，準確無誤後簽字確認，如發現問題及時與交接人聯絡，並報請店長，短少貨品由責任人按現行賣價賠償，責任不清時則由雙方共同賠償。

2.週盤點

　　每週一進行週盤點，確認商品數量、庫存數量，根據存貨情況，做好補貨申請。

3.每月對賬盤點

　　⑴每月結賬後 3 日內，將回款明細表上報公司，與總部對賬，做到賬賬相符，賬貨相符。

　　⑵盤點時間為每月最後一天，同一時間統一盤點。

　　⑶盤點結果由區域主管簽字確認後，於每月一號提交調貨員。

　　⑷盤點表原件、出庫單原件、特種商品管理表原件由區域主管於次月帶回本部存檔。

　　⑸區域主管和店長對盤點數據、結果負責。

　　⑹盤點損失由責任人按現行賣價賠償，責任不清時則由店員全體共同賠償。

　　⑺盤點多出的商品或金額，查不清原因的歸公司所有。

　　⑻每月最後一天結賬的樣板店，回款明細表要與盤點明細表一同於每月 1 日上報。

4.月盤點流程

商店每月進行月盤點，可以及時發現工作流程中的各個環節漏洞及差錯，採取相應的措施加以糾正，以減少商店的損失。總部要不定期抽查盤點的賬貨相符情況。

二、盤點的原則

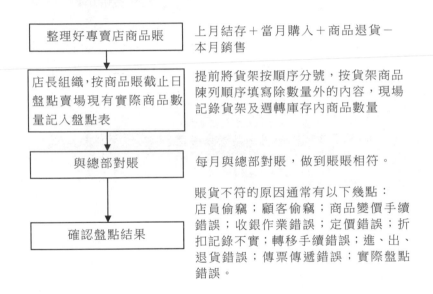

整理好專賣店商品賬 —— 上月結存＋當月購入＋商品退貨－本月銷售

店長組織，按商品賬截止日盤點賣場現有實際商品數量記入盤點表 —— 提前將貨架按順序分號，按貨架商品陳列順序填寫除數量外的內容，現場記錄貨架及週轉庫存內商品數量

與總部對賬 —— 每月與總部對賬，做到賬賬相符。

確認盤點結果 —— 賬貨不符的原因通常有以下幾點：店員偷竊；顧客偷竊；商品變價手續錯誤；收銀作業錯誤；定價錯誤；折扣記錄不實；轉移手續錯誤；進、出、退貨錯誤；傳票傳遞錯誤；實際盤點錯誤。

1.實地盤點原則

實地盤點，即針對商店未銷售的庫存商品，在商店實地進行存貨數量實際清點的方法。只要沒有作業疏忽，就能掌握商店的實際存貨狀況，還可以瞭解商店壞品、滯銷品、存貨積壓或商品缺貨等真實情況。而賬面的盤點可作為實地盤點的對照。

2.售價盤點原則

售價盤點，即以商品的零售價作為盤點的基礎，庫存商品以零售價

金額控制，通過盤點來確定一定時期內的商品損益和零售差錯。

三、盤點的方法

以實地盤點的時間，可劃分為營業前、營業中、停業盤點。

1.營業前盤點

營業前盤點，即在商店開門營業之前或關門之後盤點。這種方法可以不影響商店的正常營業，但是有時會引起員工的消極抵觸，而且企業將額外支付給員工相應的加班費。

2.營業中盤點

營業中盤點，也稱即時盤點原則，即在營業中隨時進行盤點，營業和盤點同時進行。不要認為「停止營業」以及「月末盤點」才是「正確」的盤點，超級市場，尤其是便利店，可以採用「營業中盤點」的方式，在營業的任何時候進行。這樣可以節省時間，節省加班費等，但可能影響顧客的購物。

3.停業盤點

停業盤點，即商店在正常的營業時間內停止營業一段時間進行盤點，這種方法員工較易接受，而對於商店來說，會減少銷售業績，同時也會造成顧客不便。

四、盤點的組織

盤點作業人員組織，通常由各商店自行負責落實，總部人員則在各商店進行盤點時分頭下去指導和監督盤點。一般來說，盤點作業是企業人員投入最多的作業，所以在盤點當日，原則上不允許任何人提出休假，要求商店全員參加盤點，而店長一般在一週前就應安排好出勤計劃。

隨著企業經營規模的擴大，盤點工作也需要專業化，即由專職的盤

點小組來確定。盤點小組的人數根據其商店營業面積的大小來確定。例如：一般來說，500 平方米左右的超市商店，盤點小組至少需要有 6 人，作業時可分三組同時進行。盤點小組均於營業中進行盤點，如採用盤點機(掌上型終端機)進行盤點，6 人小組一天可盤 1～2 家商店。盤點後所獲得的資料立即輸入電腦進行統計分析。確立盤點組織之後，還必須規劃好當年度的盤點日程，以便於事前準備。

五、盤點責任區確定

盤點作業要將所確定的責任區域落實到人，並且告知各有關人員。為使盤點作業有序有效，一般可用盤點配置圖來分配盤點人員的責任區域。每個商店應作盤點配置圖，圖上應標明賣場的通道、陳列架、後場的倉庫編碼，在陳列架和冷藏櫃上標上與盤點配置相同的編碼。其運作辦法是：確定存貨及商品的位置；根據存貨位置編制盤點配置圖；對每一個區位進行編碼；將編碼作成貼紙，粘貼於陳列架的右上角。做好了上述工作之後，就可以詳細地分配責任區域，以便使盤點人員確實瞭解工作範圍，並控制盤點進度。

用盤點配置圖可以週詳地分配盤點人員的責任區域，盤點人員也可以明確自己的盤點範圍。在落實責任區域的盤點人時，最好用互換的辦法，即商品部 A 的作業人員盤點商品部 B 的作業區域，依次互換，以保證盤點的準確性，防止由於「自盤自」而可能造成的情況不實。

圖 10-2-1　盤點配置圖

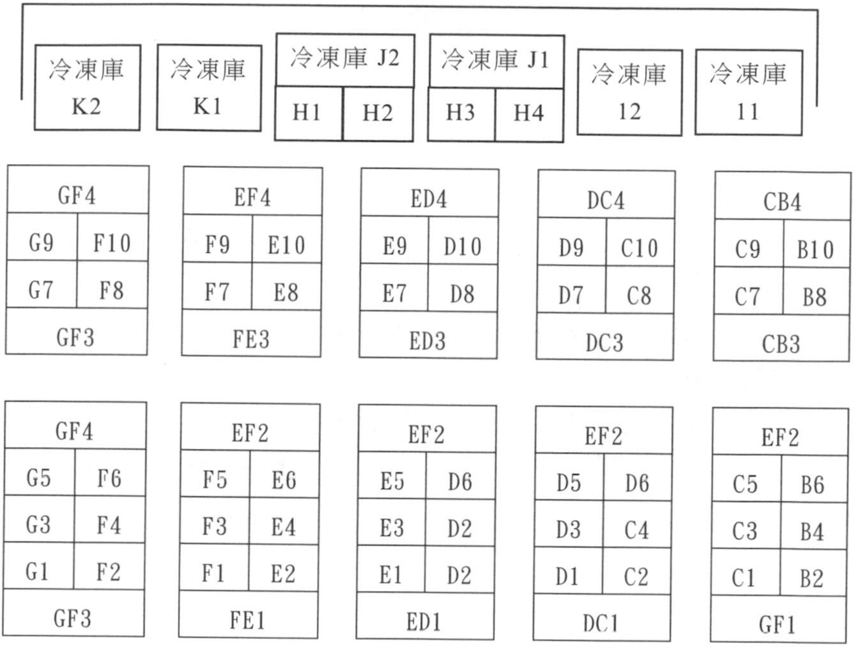

冷凍庫 K2	冷凍庫 K1	冷凍庫 J2		冷凍庫 J1		冷凍庫 12	冷凍庫 11
		H1	H2	H3	H4		

GF4		EF4		ED4		DC4		CB4	
G9	F10	F9	E10	E9	D10	D9	C10	C9	B10
G7	F8	F7	E8	E7	D8	D7	C8	C7	B8
GF3		FE3		ED3		DC3		CB3	

GF4		EF2		EF2		EF2		EF2	
G5	F6	F5	E6	E5	D6	D5	D6	C5	B6
G3	F4	F3	E4	E3	D2	D3	C4	C3	B4
G1	F2	F1	E2	E1	D2	D1	C2	C1	B2
GF3		FE1		ED1		DC1		GF1	

　　按照盤點配置圖作盤點責任區域分配表，就可將盤點作業責任區域落實到每一個人，責任區域分配表的製作如表 10-2-1 所示。

表 10-2-1　盤點責任區域分配表

姓 名	盤點類別	區域編號	盤點單編號			盤點金額
			起	訖	張數	
合計						

第三節　盤點前的準備工作

進行盤點前，店長必須要有計劃地加以準備，對於「商品整理」，要加以整頓，還要事先「告知顧客」、「告知供應商」等。

盤點前商店要告知供應商，以免供應商在盤點時送貨，造成不便。如果採用的是停業盤點，商店還必須貼出安民告示(最好在盤點前 3 日就貼出)，告知顧客，以免顧客在盤點時前來購物而徒勞往返。

1. 環境整理

商店一般應在盤點前一日做好環境整理工作，主要包括：檢查各個區位的商品陳列、倉庫存貨的位置和編碼是否與盤點配置圖一致；清除賣場和作業場的死角；將各項設備用品及工具存放整齊。

2. 準備好盤點工具

將有關的盤點工具與用品加以準備，若使用盤點機盤點，需先檢驗一下盤點機是否可以正常操作，如採用人員填寫的方式，則須準備盤點表及紅、藍圓珠筆。

3. 單據整理

為了儘快獲得盤點結果(虧或盈)，盤點前應整理好如下單據：

⑴進貨單據整理。　　⑵變價單據整理。

⑶淨銷貨收入匯總(分免稅和含稅兩種)。

⑷報廢品匯總。　　⑸贈品匯總。

⑹移倉單整理。　　⑺報廢品單據。

⑻商品調撥單據。　　⑼前期盤點單據等。

4. 商品整理

在實際盤點開始前 2 天，商店應對商品進行整理，這樣會使盤點工作更有序、更有效。例如：在超級市場中，對商品進行整理要抓住以下

幾個重點：

(1)中央陳列架端頭的商品整理

中央陳列架前面(靠出口處)端頭往往陳列的是一些促銷商品，商品整理時要注意該處的商品是組合式的，要分清每一種商品的類別和品名，進行分類整理。

中央陳列架尾部(靠賣場裏面)端頭往往是以整齊陳列的方式陳列一種商品，整理時要注意其間陳列的商品中是否每一箱都是滿的，要把空的箱子拿掉，不足的箱子裏要放滿商品，以免把空箱子和沒放滿商品的箱子都按滿箱計算而出現盤點差錯。

(2)中央陳列架的商品整理

中央陳列架上的商品定位陳列很多，每一種商品陳列的個數都是規定的，但要特別注意每一種商品中是否混雜了其他的商品，以及後面的商品是否被前面的商品遮擋住了，而沒有被計數。

(3)附壁陳列架商品的整理

附壁陳列架一般都處在主通道上的位置，所以商品銷售量大，商品整理的重點是點計數必須按照商品陳列的規則進行。

(4)隨機陳列的商品整理

對隨機陳列的商品要仔細清點放在貨架上的商品數，並做好記號和記錄，在盤點時只要清點上面的商品就可快速盤點出商品的總數。

(5)窄縫和突出陳列的商品整理

採用這兩種陳列方式的商品要由專人進行盤點，最好由設計和陳列這些商品的人來進行盤點。

(6)庫存商品的整理

庫存商品的整理要特別注意兩點：一是要注意容易被大箱子擋住的小箱子，整理時要把小箱子放到大箱子前面；二是要注意避免把一些非滿箱的箱子當作整箱計算，要在箱子上標明內在商品確切的數量。不注意前一點就會造成計算上的實際庫存遺漏，而不注意後一點則會造成計

算上的庫存偏多，使盤點失去準確性。

(7)盤點前商品的最後整理

一般在盤點前兩個小時對商品進行最後的整理，這時特別要注意，陳列在貨架上的商品，其順序是絕對不能改變的，即盤點清單上的商品順序與貨架上的順序是一致的。如果順序不一致，盤點記錄就會對不上號。

5.盤點的作業流程

盤點的作業流程，如圖 10-3-1 所示。

圖 10-3-1　盤點作業流程圖

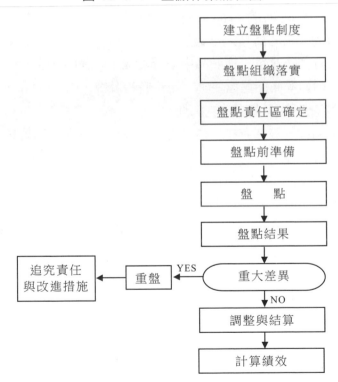

6.店長的抽查作業

在整個盤點作業進行過程中，店長在完成盤點作業過程中，要檢查

商店是否按照盤點的操作規範進行的表格，基本要求如下：

⑴每次盤點時必須由店長實事求地填寫，以保證盤點作業的嚴密性。

⑵該表格在盤點作業賬冊工作結束後，由店長在店長會議上遞交。

⑶商店執行《商店盤點操作規範檢查表》的工作情況，將納入連鎖企業總部營運部考核商店的指標之中。

對各小組和各責任人員的盤點結果，店長要認真加以抽查，抽點作業應注意：

· 檢查每一類商品是否都已盤點出數量和金額，並有簽名。

· 抽點的商品可選擇場內的死角，或不易清點的商品，或單價高、數量多的商品，做到確實無差錯。

· 對初點與複點差異較大的商品要加以實地確認。

· 覆查劣質商品和破損商品的處理情況。

7.恢復盤點前的原貌

在確認盤點記錄無異常情況後，就要進行第二天正常營業的準備和清掃工作。這項善後工作的內容包括補充商品，將陳列的樣子恢復到原來的狀態，清掃通道上的紙屑、垃圾等。善後工作的目的是要達到整個商店第二天能正常營業的效果。

表 10-3-1　盤點單

部門：　　　　　　　　　　　　　　　　貨架編號：

品號	品名	規格	數量	零售價	金額	複點	抽點	差異
小計								

表 10-3-2　盤點檢查表

店長：　　　　　　　　　　　日期：　　年　月　日

項目	內　　容	執行情況	
		是	否
盤點前	是否告知配送商品的供應商、告知顧客		
	區域劃分人員配備是否到位		
	盤點單是否發放		
	是否準備好盤點工具（盤點機、紅藍筆）		
	單據整理：進貨單據是否整理		
	變價單據是否整理		
	銷貨、報廢單據是否整理		
	贈品單據是否整理		
	移倉單是否整理		
	商品整理：貨架商品是否整齊陳列		
	不允許上架、待處理商品是否已處理		
	是否一物一價，價物相符		
	通道死角、內倉商品是否整理		
盤點中	盤點順序是否逐架逐排、由左而右、由上而下		
	商品清點是否初點、複點（初點藍筆，複點紅筆）		
	初點是否更換責任人		
	每一個商品是否都已盤點出數量和金額		
盤點後	盤點單是否全部回收、盤點單上簽名是否齊全		
	檢查盤點單上商品數量單位是否正確		
	營業現金、備用金是否清點登錄		
	盤點結果是否集中輸入電腦		
	是否進行正常營業準備、進行地面的清掃工作		
	店長對盤點損益結果是否有說明		

第四節　盤點後的處理工作

經過耗時、費力的盤點工作後，整個盤點工作終告完成。盤點後，尚有一些待處理的工作，例如資料整理，計算盤點結果，盤點結果往上報，實施獎懲措施，找出問題所在，並提出改善方案。

1.資料整理

將盤點表全部收回，檢查是否都有簽名或是否有遺漏項，並加以匯總。

2.計算盤點結果

在營業中盤點應考慮盤點中所出售的商品金額，並進行盤點作業的賬冊工作。盤點賬冊的工作就是將盤點單的原價和數量相乘，合計出商品的盤點金額。這項工作進行時，要重新覆查一下數量欄，審核一下有無單位上的計量差錯，對出現的一些不正常數字要進行確認，糾正一些字面上看就能明顯發現的差錯。將每一張盤點單上的金額相加就結出了合計的金額。

3.盤點結果上報總部

商店要將盤點結果送至財務部，財務部將所有盤點數據覆審之後，就可以得出該商店的營業成績，結算出的毛利和淨利，就是盤點作業的最後結果。

4.根據盤點結果實施獎懲措施

商品盤點的結果，一般都是盤損，即實際值小於賬面值，但只要盤損在合理範圍內應視為正常。

商品盤損的多寡，可表現出商店內從業人員的管理水準及責任感，所以有必要實施獎懲措施，對表現優異者予以獎勵，對表現差者予以處罰。一般做法是事先確定一個盤損率 [盤損金額÷（期初庫存+本期進

貨）〕，當實際盤損超過標準盤損率時，商店各類人員都要負責賠償；反之，則予以獎勵。

5.責任分攤

物品丟失，例如，藥店特許門店當班次發生藥品丟失，整體責任以損耗品零售價格的 100%予以賠償：

(1)當班責任櫃負責人：75%；

(2)當班鄰櫃負責人：10%；

(3)當班收銀員：10%；

(4)當班店長：5%。

盤點後發現藥品丟失，具體時間不明確，整體責任以損耗品零售價格的 100%予以賠償：

(1)當班責任櫃負責人：70%；

(2)當班鄰櫃責任人：10%；

(3)當班收銀員：10%；

(4)當班駐店藥師：5%；

(5)當班店長：5%。

損耗，門店收貨驗收時，發現有破損商品，由配送承擔成本損失；驗收時意外損壞，由當事人承擔成本損失；商品簽收上櫃後，若由於顧客意外損壞，如顧客對該事件表示主動承擔損失，則由當班責任櫃負責人與顧客協商解決；若損壞後未能及時發現，則由當班責任櫃負責人按零售價格的 100%承擔損失。

6.根據盤點結果找出問題點，並提出改善對策

一般情況下，各個企業都有盤損率的基本限額，如超過此限額，就說明盤點作業結果存在異常情況，要麼是盤點不實，要麼是企業經營管理狀況不佳。採取的對策是，重新盤點或查找經營管理中的缺陷。因而，各個商店店長必須對缺損超過指標的商品查找原因，並說明情況。

表 10-4-1　盤點損益結果情況說明表

品名	品號	原盤點金額	實際數量	差額	複點數量	與實際數量差額
原因						
對策						

第 11 章

店長如何防止損耗

第一節　商店損耗的原因分析

　　所謂「商店損耗」是商店接收進貨時的商品零售值與售出後獲取的零售值之間的差額。例如：如果某一商店收到了價值 10000 元的零售商品，完全售出後，商店只實現了 9000 元的收入，那麼就存在著 10%的「損耗」係數，商品的價值減少了 1000 元，但是，並不是商店中每個員工都完全明白它的涵義。一些人或許認為「損耗」只源於盜竊，也有些人則認為「損耗」是由商品損壞所致。實際上，「損耗」是由盜竊、損壞及其他因素共同引起的。

　　「損耗」是一個在商店經營過程中經常聽到的字眼。全世界零售業每年的商品損耗高達 1600 億美元，商業超市由於其競爭日趨激烈，目前其經營利潤只有 1%左右；而業內人士普遍認為，若能夠將目前國內零售業在 2%以上的商品損耗率降低到 1%話，則其經營利潤就可以增長 100%，這就相當於多開了一倍的商店數所能取得的收益。

　　「損耗」因素會受到一個或多個因素的影響。商店出現其中任何一

個因素，都會減少利潤額，增加「損耗」。有統計資料顯示，在各類損耗中，88%是由員工作業錯誤、員工偷竊和意外損失所導致的，7%是顧客偷竊，5%是屬廠商偷竊，其中尤以員工偷竊所遭受的損失為最大。以美國為例，全美全年由員工偷竊造成的損失高達 4000 萬美元，比顧客偷竊額高出 5～6 倍；在台灣，員工偷竊的比率也達損耗率 60%之高。資料表明，防止損耗應以加強內部員工管理及作業管理為主。因而，瞭解商店商品損耗發生的原因，並嚴格加以控制，是提高企業經營績效的重要保證。

商店商品損耗的原因主要包括收銀員行為不當、作業手續不當、商品驗收不當、商品管理不當、供應商不當等方面。

1. 由於收銀員行為的不當所造成的損耗

⑴打錯商品的金額。

⑵收銀員與顧客借著熟悉的關係，故意漏掉部份商品或私自鍵入較低價格抵充。

⑶收銀員因同事熟悉的關係而發生漏打、少算的情形。

⑷由於價格無法確定而打錯金額。

⑸對收銀工作不熟練，按錯部門別。

⑹對於未貼標籤、未標價的商品，收銀員打上猜臆的價格。

⑺誤打後的更正手續不當。

⑻收銀員虛構退貨而私吞現金。

⑼商品特價時期已過，但收銀員仍以特價銷售。

2. 由於員工偷竊所造成的損耗

⑴隨身夾帶。　⑵皮包夾帶。

⑶購物袋夾帶。　⑷廢物箱(袋)夾帶。

⑸偷吃或使用商品。　⑹將用於顧客兌換的獎品、贈品佔為己有。

⑺與親友串通，購物未結賬或金額少打。

⑻利用顧客未取的賬單，作為廢賬單退貨而私吞貨款。

⑼將商品高價低標，賣給親朋好友。

3.由於作業手續上的不當所造成的損耗

⑴商品調撥的漏記。

⑵商品領用未登記或使用無節制。

⑶商品進貨的重覆登記。

⑷漏記進貨的賬款。

⑸壞品未及時辦理退貨。

⑹退貨的重覆登記。

⑺銷售退回商品未辦理進貨退回。

⑻商品有效期檢查不及時。

⑼商品條碼標籤貼錯。

⑽新舊條碼標籤同時存在。

⑾POP、價格卡與標籤的價格不一致。

⑿商品促銷結束後未恢復原價。

⒀商品加工技術不當產生損耗。

4.由於驗收不當所造成的損耗

⑴商品驗收時點錯數量。

⑵商店員工搬入的商品未經點數，造成短缺。

⑶僅僅驗收數量，未作品質檢查所產生的錯誤。

⑷進貨的發票金額與驗收金額不符。

⑸進貨商品未入庫。

5.由於商品管理不當所造成的損耗

⑴未妥善保管進貨商品的附贈品。

⑵進貨過剩導致商品變質。

⑶銷售退回商品未妥善保管。

⑷賣剩商品未及時處理，以致過期。

⑸因保存商品的場所不當，而使商品價值減損。

⑹因商品知識不足而造成商品價值的減損。

(7)姑息扒竊。

6. 因顧客不當的行為所造成的損耗

(1)隨身夾帶商品。　(2)皮包夾帶。

(3)購物袋夾帶。　(4)將扒竊來的商品退回，而取得現金。

(5)顧客不當的退貨。　(6)顧客將商品污損。

(7)將包裝盒留下，拿起裏面的商品。　(8)調換標籤。

(9)高價商品混雜於類似低價商品中，使收銀員受騙。

7. 因供應商不當所引起的損耗

(1)誤記交貨單位(數量)。

(2)供應商套號，以低價商品冒充高價商品。

(3)混淆品質等級不同的商品。

(4)擅自夾帶商品。

(5)隨同退貨商品夾帶商品。

(6)換取商品時，調換不確實。

(7)暫時交一部份訂購的貨，而造成混亂。

(8)與員工勾結實施偷竊。

8. 因意外事件引起的損耗

(1)自然意外事件：水災、火災、颱風和停電等。

(2)人為意外事件：搶劫、夜間偷竊和詐騙等。

9. 因盤點不當所造成的損耗

(1)計數錯誤。

(2)看錯或記錯售價、貨號、單位等。

(3)盤點表上的計算錯誤。

(4)盤點時遺漏品項。

(5)將贈品記入盤點表。

(6)將已填妥退貨表的商品計入。

(7)因不明負責區域而作了重覆盤點。

第二節　商店防止損耗的方法

　　損耗管理並不容易，它牽涉了太多人為的疏忽，而商品損耗的發生會對企業的經營產生不良影響，各個商店必須根據損耗發生的原因，有針對性地採取措施，加強管理，堵塞漏洞，儘量使各類損失減少到最小。而降低損失的目標，必須明確標出才利於目標的達成。

　　例如「員工偷竊」情況的防止，員工偷竊是美國企業面臨的一個主要問題。由於多達 3/4 的員工至少參與了一次偷竊，預計僱主每年的損失超過 400 億美元。用匿名坦白的方法發現，現有 43%的雜貨員工承認他們曾偷了現金或實物。員工偷竊與顧客偷竊有區別，顧客偷竊往往是直接拿取商品而不結賬。而員工偷竊則有多種表現形態，如內外勾結、監守自盜、直接拿取貨款、利用上下班或夜間工作直接拿取商品等等，因此企業總部制定嚴格的內部管理措施是重中之重。

　　⑴檢查現金報表，主要有：現金日報表、現金損失報告表、現金投庫表、營業狀況統計表、換班報告表、營業銷售日報表、營業銷售月報表等等。

　　⑵檢查商品管理報表，主要有：商品訂貨簿、商品進貨統計表、商品進貨登記單、壞品及自用統計表、商品調撥單、商品退貨單、盤點統計表等。

　　⑶須對員工監守自盜制定處罰辦法，並公佈週知，嚴格執行。

　　⑷員工購物應嚴格規定時間、方式及商品出入手續。嚴格要求員工上下班時從規定的出入口出入，並自覺接受檢查。

　　⑸夜間作業時，應由店長指定相關人員，負責看守商店財產及商品。

　　⑹裝置電子監視系統。

　　店內的防止損耗措施具體如下：

1.供應商出入管理

⑴供應商進入商店須先向後場登記，或領取出入證方能進入。

⑵離開時經檢查，交回出入證方可放行。

⑶供應商在賣場或後場更換壞品時，須有退貨單或先在後場取得提貨單，且經部門主管批准後，方可退換。

⑷供應商送貨後的空箱必須打開，紙袋要折平，以免偷帶商品出店。

⑸廠商的車輛離開時，需經商店工作人員檢查後，方可離開。

2.員工出入管理

⑴員工上下班時，必須由規定的出入口出入。

⑵員工所攜帶的皮包，不得帶入賣場或作業現場，應暫時存入員工休息室內的儲物櫃內。

3.員工購物管理

⑴嚴禁員工在工作時間購物或預留商品。

⑵員工購物必須在規定的專門收銀台進行結賬。

⑶員工在休息時間或下班後所購物品不能帶入賣場或作業現場，只能暫存於員工休息區的衣物櫃內。

⑷員工所購商品應有發票或收銀票據，以備警衛或驗收人員檢查。

4.收銀機管理

⑴避免收銀員使用退貨鍵或更正鍵，來消除已登錄商品記錄。

⑵收銀主管須注意各收銀台的金額進度，如果發現異常情況要先停止該機台，進行檢查。

⑶新進收銀員上機時務必要由資深收銀員陪同，防止由於緊張而發生錯誤。

5.外賣外送商品的管理

⑴每日定時外送作業。

⑵由專人列印外送單，並清點好商品。

⑶由送貨人員接手將商品推至準備區。

⑷送至顧客處所時，當面清點給顧客並請顧客簽收回執。

⑸顧客臨時性要求送貨，一定要先結賬付款後，將送貨單由店長或保安核准後，方可外送。

6.新鮮商品管理

⑴生鮮商品有些須當日售完，如魚片、絞肉、活蝦等，因此，對於此類商品在每日的銷售高峰期之後，就要逐漸打折降價出售，以免成為壞品。

⑵生鮮商品管理人員應徹底執行翻堆工作，防止新舊生鮮商品混淆，鮮度下降。

⑶生鮮商品作業人員應儘量避免作業時間太長或作業現場濕度過高，使商品的鮮度下降。

⑷冷藏冷凍設備應定期檢查，一般每月 3 次為宜。

⑸生鮮商品須嚴格控制庫存量。

7.顧客的出入管理

顧客入店購買，爾後付款結賬，携貨出店，應有一套路線流程。尤其是單價金額小的路線流程，必須加以管理。

作者在憲業企管顧問公司曾擔任某連鎖超市總顧問，鑑於公司損耗比率大，而成立「公司停損員」1 人，他的工作是專門負責公司損耗的工作，短期目標是「損耗率由 7%降到 2%」。

第三節　防止顧客偷竊的措施

1.商店易發生偷竊的場所

⑴賣場的死角或看不見的場所。　⑵易混雜的場所。

⑶照明較暗的場所。　⑷通道狹小的場所。

⑸商品陳列雜亂的場所。　⑹價值較高的陳列貨架旁。

2.利用賣場佈局加以防盜

統計資料表明，不論是百貨商店還是超級市場，敞開式銷售店中最容易丟失的商品種類主要集中在化妝品、洗髮用品、香煙、膠捲、電池、巧克力、服裝/服飾(如羊絨衫、裘皮大衣、皮衣等)、CD/VCD 這類價格較高、方便攜帶的商品。這類商品的丟失約佔商店損失的 50%～70%。如果把他們有效保護起來，對減少損失有很大的幫助。因此，在商店的賣場佈局與商品設計中，考慮商品防盜的需要，是商店整體設計中值得重視的一個問題。在敞開式銷售方式的商店中，防盜性的賣場佈局與商品陳列的主要技巧有：

⑴把最容易失竊的商品，陳列在售貨員視線最常光顧的地方，即使售貨員很忙的時候，也能兼顧照看這些商品，增加小偷作案的困難，有利於商品的防盜。

⑵最容易失竊的商品不可放置在靠近出口處，因為人員流動大，售貨員不易發現或區分偷竊者。

⑶可以採取集中的方式，例如在大賣場當中把一些較易丟失、高價格的商品集中到一個相對較小的區域、形成類似「精品間」的購物空間，也是一種很好的「安全」的商品陳列方式，非常有利於商品的防盜。

3.不同商店採用不同的防盜措施

不同類型的商店，在賣場設計中，考慮防盜措施時也不盡相同：

⑴超級市場。對於小型的超市，安裝電子防盜系統的必要性不大，可以採取防盜鏡保護，防盜鏡一般安裝在超市的各個角落，能讓售貨員方便地監視整個超市內的情況，再配合安全的商品陳列，售貨員的巡視，一般可以滿足其對防盜的需要。

⑵百貨商店。對於大型的百貨商場，服裝類佔到商品陳列的大部份。在賣場的設計中一般均採用敞開式陳列。針對各個地區的失竊情況，建議在失竊率較高的地區，對最易丟失的裘皮大衣、女性內衣、高檔西

服等商品採用局部封閉的保護方式,以便於安裝電子監控防盜系統,確保最佳的防盜效果。

(3)音像專賣店。音像專賣店是失竊案件高發地區,對開架銷售的音像店如果不安裝電子防盜系統,其防盜效果將會大打折扣。由於音像店一般面積都不大,而且只有一個出入口,所以在賣場設計時需要考慮給電子防盜系統留有位置,這樣,不至於貨架的放置太靠近防盜系統而造成出入口的狹小。在開設新店時如果預先考慮防盜的要求,那麼同樣的防盜效果,同樣的營業面積,需要防盜系統的套數將大大減少,在防盜系統上的投資也會大大減少。

4.顧客偷竊事件的防範

儘管偷竊是全球性的管理難題,但商店採取一些必要的防範措施,還是有一定成效的。

⑴禁止顧客攜帶大型背包或手提袋入內,請其存放於服務台或自動存包櫃。

⑵顧客攜帶小型背包袋入內購物時,應留意其購買行為。

⑶定期對員工進行防盜教育和訓練。

⑷加強賣場巡視,尤其要留意死角和多人聚集之處。

⑸注意由入口處出去的顧客。

⑹顧客邊走邊吃東西時,應委婉口頭提醒,請其到收銀台結賬。

⑺有團體客人結伴入店時,店員應隨時注意,有可疑情況時可主動上前服務。

⑻存包櫃條碼紙要妥善保管,以免給人有可乘之機。

⑼安裝視頻監控設備,派專人監控,發現可疑行為隨時通知現場人員多加留意。

5.顧客偷竊事件的處理方法

目前,一些企業私下實行「偷一罰十」處罰偷竊的顧客,這是不具備法律效力的。只有國家機關才能進行處罰,任何商店都沒有處罰權。

即使是顧客錯了，商店也絕不能以非法手段對待「小偷」，擅自進行處罰。商店可以實施這樣的處理方法：

(1)在認定偷竊之前，仍要給予顧客有表示「購買」的機會

具體的辦法是對隱藏商品的顧客說：「您要××商品嗎」、「讓我替您包裝商品」等。若在收銀台時則要說：「您是否忘了付款」等，再一次提醒顧客「購買」。

(2)進一步提醒

如果提醒之後顧客仍無購買的意思，則要以平靜的聲音說「對不起，有些事情想請教您，請給我一點時間」，將其帶入一個獨立的房間作適當的處理。

(3)處理態度

在處理偷竊事件時，不要把顧客當作「竊賊」來盤問，講話要冷靜、自然，盡可能往顧客「弄錯」的角度去引導其「購買」，不要以「調查」的態度來對待顧客，不要讓店內的其他顧客有不愉快的感覺。

(4)誤會的處理

如果誤會了顧客，應向顧客鄭重地表示道歉，並詳細說明錯誤發生經過，希望能獲得顧客的理解，必要時應親自到顧客家中致歉。

(5)對真正「小偷」的處理

若可私下處理，省時省力，但要注意技巧與適法性。另一種方法是循法處置。例如將偷拿者送到警察機關接受處理，或是向法院提起民事訴訟，要求偷拿者賠償。儘管這樣做很「麻煩」，但只有走合法程序才能完成企業對自身權益的合法保護。

第 *12* 章

店長要確保商店的安全與衛生

🔊 第一節　確保商店作業安全的對策

一、發生安全事故的原因

　　一家良好的商店除了滿足消費者的購物需求之外，還必須給消費者提供一個安全舒適的購物環境。現在越來越多的商店(如連鎖超級市場、便利店)，由於需要長時間營業和現金交易，而且主要採用敞開式銷售方式，因而安全管理絕對不能放鬆。有效維護顧客在賣場的購物安全，是商店不可推卸的責任。

　　根據一些統計資料顯示，商店發生的安全事故中，較多的意外突發事件，往往並不是意外，而是由於人為的疏忽。概括起來，商店發生安全事故的主要原因如下：

1. 員工警覺性的缺乏

　　員工的許多意外事態演變成重大傷害，往往是由於商店員工缺乏高度的警覺性，從而導致最終一發不可收拾的局面。例如：對火災隱患掉

以輕心，而演變成一場大火災；使用各項器材設施，發現不良或故障時不引起注意；對於購物過程中顧客的特殊異常的行為或要求不予理會，而導致顧客受傷或店內遭受財物損失等等。因此，商店員工良好的警覺性是減少意外事件發生的有力保證。

2.商店設備的老化

許多商店經營時間較久，設備老化，且未做定期保養和檢查，存在較大的安全隱患。例如：商店的各項消防設施、工作器械(補貨梯、卸貨車、鏟車)等等，一旦使用，往往會導致安全事故。這樣不僅可能危害到消費者的利益，商店內部員工的工作安全也無法得到保障。一家超市就在超市入口處，貼著這樣的字樣：「為了您孩子的安全，請不要帶 1.2 米以下的孩子進入商場。」其理由是該超市有很多卸貨用的鏟車，一般都很大，如果小孩子在裏面會很危險。這樣的商店非但不尋找自身安全管理作業的不足，反而以「為保證孩子安全」為由，採取這種限制孩子入內的做法，等於是商店推卸安全的責任，這不僅給消費者造成了不便，對自身的營業績效也無幫助，同時也損害了企業自身的形象。

3.員工基本常識的不足

商店的員工對於有關安全方面的常識往往不足，有時甚至在觀念上也有偏差。例如：在用電方面，出現超負荷用電或電源使用不當；在工作方面，存在不良的作業習慣；在遇到意外傷害時，出現不當醫療護理和時效上的延遲；在消防設施、設備和器材方面，員工不知如何操作或根本不重視消防設施的維護等等，這些都是造成商店安全事故的主要誘因。

二、商店安全作業的重點

商店安全管理涉及各店建築物、人員、錢財、商品、設備，故不得不慎重。為了有效預防各項安全管理上的疏忽，安全管理作業應著重於

做好事前預防、事中處理、事後檢討改善三個階段的工作。每個階段的作業原則如下：

1.事前預防

事前預防通常要做到：妥善規劃，即根據各項安全管理項目，做好事故預防、處理及善後作業的詳細步驟和注意事項；定期檢查，即定期檢查商店的各項安全設施及使用器械，對於老化、損壞或過期的，應立即修復或更換；定期教育，即定期舉辦商店員工安全管理培訓，以充實員工的安全常識，加強災害意識，以及及時糾正錯誤的觀念；定期舉辦各種演習，以測驗員工的安全管理能力，以及臨場的應變經驗；培養員工的警覺心，即養成員工及時發現問題，並能立即反映情況的習慣。

2.事中處理

事中處理應做到：沉著冷靜，不管什麼情況，都必須保持沈著冷靜的態度；迅速而適當地處理，根據事先所做的各項安全作業安排，各就各位，執行自己的作業任務。

3.事後檢討改善

事後檢討改善應做到：要仔細分析發生的真正原因；要追查相關的責任人和責任單位；要做好善後工作；要建立各項補救措施，以免日後發生類似的事件，或作為日後發生類似事件如何進行作業的參考。

三、設立安全管理小組

商店安全管理所包含的項目相當廣泛。以地點而言，除了賣場購物區域外，還包括購物區域以外的公共場地以及員工的工作場所；在對象上，除了人（如顧客、員工、供應商、鄰居、行人）之外，還有財物的安全；在事件上，除了突發的意外事件之外，還有日常的例行作業；至於時間，更是隨時都可能發生。因而，商店必須經常性的進行安全作業管理。

　　店長要確保商店的安全作業，除了要注意防搶、防盜、防騙、消防……等，首先要建立一個安全管理小組。

　　在商店安全管理的主要項目中，絕大多數都屬於臨時發生的狀況。即使平時已有相當完善的防範措施，仍然會有一些無法控制的因素發生。因此，為了盡力避免和降低任何財物上的損失以及人員的傷亡，連鎖企業各商店的安全管理應注重做好事前防範，除安全設施和措施外，最重要的是要有組織保證。通常是在商店內成立安全管理小組，事先明確各類人員的任務分工及處理辦法，一旦發生突發事件，能夠迅速做出應變處理，針對重點進行有效的處理，而不至於發生混亂。

　　安全管理小組由以下人員組成：

1. 總指揮

　　總指揮一人，一般由商店店長擔任。其負責指揮、協調現場的救災作業，掌握全店員工的動態，並隨時將災害的發展狀況及應變處理作業向企業總部主管部門報告。

2. 副總指揮

　　副總指揮一人，由副店長或值班長擔任。負責截斷商店的所有電源，並協助總指揮執行各項任務。

3. 救災組

　　救災組主要負責各種救災設施和器材的檢查、維護與使用，水源的疏導，障礙物的拆除，以及災害搶救等任務。各項救災設施及器材應予以編號，並指定專人負責。

4. 人員疏散組

　　災情一旦發生，應立即通過廣播傳達店內的危險狀態，並迅速打開商店的各安全門和收銀通道，協助顧客疏散到安全地帶。同時要警戒災區四週，以防止不法分子乘機偷竊。

5. 財物搶救組

　　該組應立即關上收銀機，將錢款、重要文件以及財物等鎖入商店的

保險箱，或帶離現場另行保管。

6.通訊報案組

報案人員指定專人負責，主要負責對外報案以及內外通報聯絡等任務。

7.醫療組

醫療組主要負責傷員的搶救及緊急醫護等任務。

以上各小組應各設組長一名，負責各組人員的任務指派。店長則應將安全管理小組列成名冊，並特別註明總指揮、通訊報案人以及重要工作的代理人姓名。同時將「防災器材位置圖」和「人員疏散圖」張貼在店內指定位置。在事故發生時，每位人員都有自己的任務，迅速應變處理，進行有效的安全管理作業。

第二節　各種安全作業的具體作法

一、賣場安全的處理流程

1.事前預防

⑴商店內外凡有打破玻璃碎片及破碎物，應立即清掃乾淨。

⑵受損或有裂痕的玻璃，應先用膠布暫時貼住，或暫停使用。

⑶員工登高必須使用牢固的梯子。

⑷員工不可站到紙箱、木箱或較軟而易下陷、傾倒的物品上。

⑸員工擡重物時，應先蹲下，擡起物品后，再將腿伸直。

⑹員工不可用背部力量擡物。

⑺玻璃櫃上不置放過重物品，不將雙手或上半身壓在其上。

⑻只要發現走道上有任何障礙物，就應立即清除，以免顧客或員工

撞到或跌倒。

(9)陳列商品的陳列架，或 POP 展示架，有突出的尖銳物時，應調整改善，以免傷害到人。

(10)員工在商店內盡量避免奔跑，應小心慢走。

2.事中處理

(1)若受傷害者是本店員工，察看情況後送醫院治療，並向企業總部有關主管部門彙報，嚴重者還應通知其家人。

(2)若受傷者是顧客，若屬輕微，則先為顧客做簡單處理，並由店長贈送小禮物致歉；若須送醫院治療者，則須通報企業總部有關主管部門，由上級出面及贈送禮物致歉，並負擔醫藥費；嚴重者應立即通知其家人。

(3)以搶救、送醫院治療為第一優先，不要在現場爭吵或追究責任是非。

(4)現場迅速清理，以免影響商店繼續營業或再度發生意外。

3.事後檢討改善

(1)檢討事情發生原因及實際處理的結果。

(2)作成個案，通報總部，並將處理的程序與結果傳達給商店所有員工。

二、防偷盜管理

1.事前預防

(1)商店賣場佈局避免出現死角。

(2)保持商店光線的充足。

(3)可裝置監視器(電眼、監視鏡)。

(4)隨時注意可疑之人，人員刻意不斷巡視賣場以整理物品。

(5)以良好的服務態度來接近可疑人士，以示警告。

(6)商店外張貼警示 POP，例如「與警察單位連線中」等字樣。

⑺金錢管理依收銀錢財管理原則，每日存入指定銀行。

⑻非營業時間，以保安系統設定，其中開關時間設定及鑰匙保管，緊急聯絡人均要通知保安，若有人員變動，也得儘快更新資料（未裝設保安系統時，大門鑰匙應分開保管）。

⑼店長應注意員工的生活是否正常，言行舉止是否有怪異現象。

⑽鑰匙備三把，由店長及開關門者各持一把負責開、關門，備用鑰匙則集中在企業總部營運部（如是加盟店則由店老闆保管）。

2.事中處理

⑴若在營業中，則須於顧客離開賣場前，由該店人員 2 名（店長、男性員工為宜）予以禮貌攔阻，並邀至辦公室內處理。

⑵處理結果以收回被偷的物品、金錢即可，但事態嚴重時，例如對方有暴力行為，則一律送警方處理。

3.事後檢討改善

⑴事前預防的要項是否有漏洞出現，並予改善。

⑵將個案作成報告，以便加強商店員工的訓練。

三、防騙管理

騙人花樣，不斷翻新，騙子的騙術可謂千奇百怪，因而商店員工應隨時提高警惕，防止歹徒的詐騙。常見的案例有：要求兌換零錢、送貨、以物抵物、房東來收租金，或是聲稱存放在寄物櫃內的貴重物品失竊等等。

1.事前預防

⑴店員應避免與顧客過於接近，保持安全距離，以免發生意外。

⑵不要背對或離開已打開的錢財放置處或保險箱。

⑶視線不要離開已打開的錢財放置處或保險箱。

⑷收到顧客所付錢財，應等確定顧客給付金額符合後，才可將錢放

入錢財放置處。

(5)收到顧客大鈔時，應仔細辨識真偽，並注意鈔票上有無特別記號。

(6)注意顧客以「零錢掉落法」及「聲東擊西法」騙取你已打開的錢財放置或保險箱。

(7)收款一定要按既定程序進行，且必須唱收唱付。

(8)在便利店中，若商店店員只有一位，且進倉庫搬貨無法照顧到收銀機，那麼除了固定熟客外，儘量不要離開賣場，並婉拒顧客。

(9)對各種騙術手法，應實施在職訓練，以熟練防範技巧。

2.事中處理

切記不可因人手不足，顧客擁入等原因，而自亂陣腳，疏忽了上述防範措施。

3.事後檢討改善

做成示範個案，通報商店注意，避免再中圈套。

四、防搶管理

商店的防搶，重點在於要有事先的預防措施，備妥遭搶的標準反應模式；在「防搶」行動上，首先要保護自身員工的安全。

1.容易遭歹徒搶劫的商店特徵

(1)商品堆放、陳列零亂，這等於告訴歹徒「這是一家疏於管理的商店」，所以遭搶的可能性就大。

(2)燈光暗淡，賣場內一片昏暗，這是歹徒最喜歡的作案環境。

(3)櫥窗亂貼海報，遮住了視野，使歹徒在作案時不太顯眼。

(4)顧客稀少，服務員站在櫃台內，這是最容易遭搶的時候。

(5)太多錢財外露，因為商店未設保險櫃，現金(尤其是大鈔)直接存放於收銀機內，很容易引起歹徒的搶劫意圖。

(6)店外馬路岔路多，有容易逃走的路線。

2.事前預防

⑴應隨時避免以上歹徒最容易下手的六種狀況的出現。

⑵可裝置監視器或安全報警系統。

⑶建立投庫制度，規定收銀機內的現金不得超過一定金額；超過則須投庫，收到大鈔則應立即投入保險櫃內。

⑷儘量保持店內的明亮度以及店內外的整潔有序。

⑸大門、玻璃上不得張貼太多海報、POP，不得堆置太高的物品，以免阻礙櫃台內店員的視線，降低櫃台區的能見度。

⑹提高警覺，發覺可疑人物時，應儘快通知全體營業人員。

⑺與警務機構或保安公司建立緊密合作關係，並張貼告示。

⑻平時要不間斷地對店員進行安全教育與訓練。

3.事中處理

不發生傷害肢體為當前重點，遇搶時應保持冷靜沈著，具體要注意以下七點：

⑴不作任意的驚叫以及無謂的抵抗，以確保顧客、店員的人身安全為主要原則。

⑵雙手動作應讓歹徒看得清楚，以免歹徒誤解而遭到傷害。

⑶不必試圖說服歹徒。

⑷為避免節外生枝、意外傷害，店員應告訴歹徒，倉庫、廁所或其他房間是否還有同伴。

⑸為保證人身安全，應盡可能拖延時間，假裝合作。

⑹可乘歹徒不備時，迅速按下報警器。

⑺盡力記住歹徒的特徵，留心搶匪出門口時的身高等。

4.事後檢討改善

⑴歹徒離開後應立即報警，並儘快通知企業總部有關人員。

⑵小心保持犯罪現場的完整性，不要破壞歹徒雙手觸摸過的物品及設備。

(3)立即填好歹徒特徵表(見表 12-2-1)，協助警方詢問調查工作。

(4)將遇搶過程寫成報告，並呈送上級相關主管單位。

(5)被搶之店往往很容易再度成為歹徒目標，故更須針對事前防範的各項重點，改進原有的缺陷。

表 12-2-1　歹徒特徵表

店名＿＿＿＿　　電話＿＿＿＿　　負責人＿＿＿＿　　　地址＿＿＿＿		
歹徒外形特徵	1.身高	□150 釐米以下　　□150～160 釐米 □160～170 釐米　　□180 釐米以上
	2.臉型	□圓型　　□方型　　□瘦長型　　□瓜子型　　□其他
	3.身材	□矮胖　　□瘦小　　□中等　　　□瘦長型　　□高壯
	4.口音	□普通話　　　□本地話　　　□方言　　　□其他
	5.搶劫工具	□刀　　□槍　　□瓦斯槍　　□繩索　　　□其他
	6.髮型	男：□西裝頭　　□平頭　　　□光頭　　□燙髮　　□其他 女：□長髮　　　□短髮　　　□燙髮　　□戴帽　　□其他
	7.服裝型式	□西裝　　□休閒裝　　□運動裝　　□套裝　　□洋裝 □夾克　　□背心　　　□牛仔裝　　□其他
	8.服裝顏色	上半身＿＿＿＿＿色　　　　下半身＿＿＿＿＿色
	9.鞋子	□拖鞋　□皮鞋　□其他　鞋子顏色＿＿色　鞋子＿＿牌
	10.面貌特徵	□戴眼鏡　□戴口罩　□有痣　　□鑲牙　□蓄鬚　□其他
	11.身體特徵	

店名＿＿＿＿　　電話＿＿＿＿　　　負責人＿＿＿＿　　　地址＿＿＿＿				
被搶物品及其它	12.交談內容			
	13.搶劫裝備	□手提袋　　□麻袋　　　□其他		
	14.搶劫時駕駛的車輛	□計程車　　□摩托車　　□自行車　　□貨車 □徒步　　　□其他		
		車輛顏色＿＿＿＿　廠牌＿＿＿＿　車號＿＿＿＿		
	15.逃逸方向			
	16.損失財物	錢＿＿＿元　　首飾＿＿＿　商品＿＿＿　其他		

五、消防安全管理

1. 事前預防

⑴設立緊急出口及安全門，緊急出口標識清晰，並隨時保持通暢，若該店無其他出口時，則大門口應保持暢通。

⑵設置足夠的滅火器，依消防規定設於商店的明顯處，並定期保養及檢查各項消防設備。

⑶定期召集商店全體員工，講解滅火設備的功能、使用方法，以及防火注意事項。

⑷定期(如每半年一次)實施消防演習(含滅火器使用)。

⑸商店除樓道內一般禁止抽煙。

⑹隨時檢驗插座、插頭的絕緣體是否脫落、損壞。

⑺打掃衛生、清理垃圾時，應注意其中有無火種等易燃物。

⑻電器、插座、馬達附近應經常清掃，不留雜物。

⑼商店全體人員都應知道總電源開關的位置及使用方法。

⑽店內勿放易燃物。

⑾店內裝飾應選用耐火、防火材料。

2. 事中處理

⑴開啟應急燈，關掉所有電器設備。

⑵立刻打火警電話，並報告店長。

⑶告知全店員工立即根據「安全管理小組」的編制執行任務。

⑷以疏散所有人員為第一優先，立即疏散商店內顧客並迅速離開現場。

⑸聽從總指揮或消防人員的指揮，保持鎮定，按平時消防演習搶救金錢、財物和重要資料等，並迅速將現金及貴重財物轉移到安全位置。

⑹人身安全第一重要，不要因收集現金或救火而危及自身安全。

⑺將受傷的顧客及員工立即送醫院。

⑻搶救的金錢、財物、重要資料要有專人負責看管，以防歹徒趁火打劫。

⑼如有濃煙出現時，應匍匐在地上爬行，迅速離開現場；儘量避免開電器設備，不要用手或身體觸摸。

⑽不要使用電梯，儘量由樓梯疏散。

3.事後檢討改善

⑴離開賣場後，到附近指定地點集合，並迅速清點人數。

⑵未獲得消防人員許可，不可重新進入火災現場。

⑶店長應及時向上級主管提出報告。

⑷清點財物的損失，並編列清單。

⑸配合公安、消防單位，調查火災發生的原因、責任分析及應變處理過程。

⑹事件損失評估、檢討並提出整改措施。

六、停電管理

1.事前預防

⑴商店內應備有緊急照明燈、手電筒等應急照明工具，有條件的商店可裝置自動發電機。

⑵提前掌握電力公司的停電資訊，並做好各項準備。

2.事中處理

⑴應迅速查明停電原因，以便做出相應的對策。

⑵若長時間停電，應起用自動發電機，並立即與企業總部主管部門聯繫。

⑶若停電是在晚上，且時間很長，可考慮停止營業。

⑷停電時收銀機無法打出發票，此時可利用空白紙張填上購買金

額，並蓋上發票章，請消費者下次來店時憑單兌換發票。

⑸店長應立即將商店的保險箱和店長室鎖好。

⑹收銀人員迅速將收銀機抽屜關好。

⑺店長應迅速將人員分配至收銀台附近及賣場內，以保證現金及商品的安全。

⑻客氣地安撫顧客，並請顧客諒解因停電所帶來的不便。

⑼指派副店長或其他幹部兩人以上，在後門把關，以防止員工在此時發生不良行為。

3.事後處理

⑴檢查商店內外是否有異常的狀況。

⑵清查商店內的財物和商品。

⑶待一切恢復正常之後再開始營業。

表 12-2-2　商店安全管理項目檢查表

項目	檢 查 內 容	情況評價	負責人簽字
緊急出口	1.所有緊急出口是否暢通？ 2.緊急出口是否上鎖？遇狀況時可否立即打開？ 3.緊急出口燈是否明亮？ 4.警報器是否性能良好？ 5.緊急照明燈插頭是否插入電源？性能是否良好？		
滅火器	1.數量是否正確？ 2.滅火器是否放置定位？ 3.滅火器指示牌有無掛好？ 4.外表是否乾淨？ 5.滅火器性能是否良好？ 6.滅火器有無過期？		

項目	檢 查 內 容	情況評價	負責人簽字
消防栓	1. 是否容易接近？ 2. 水源開關是否良好？ 3. 是否立即可以操作？		
急救箱	1. 有無急救箱的設置？ 2. 箱內的藥物是否安全？		
電器設備檢查	1. 機房是否通風良好？裏面有無堆放雜物？ 2. 電器插座是否牢固？有無損壞？ 3. 電線是否規定裝置？ 4. 電器物品性能良好否、能正確操作？ 5. 冷凍庫溫度是否正確？有無雜亂現象？		
消防安全注意事項	1. 有無應變處理小組編制？ 2. 是否張貼防火器材位置圖及防火疏散圖？ 3. 員工是否知道如何正確使用滅火器材？ 4. 火警電話是否附在電話機上？ 5. 是否定期舉辦防火演習？		
一般安全	1. 新員工有無實施安全教育？ 2. 貨品堆放是否合乎規定？ 3. 鐵捲門操作是否正常？ 4. 員工工作習慣是否良好？		
保安	1. 各項記錄簿是否確實填寫？ 2. 辦公室及櫃子是否依據規定管理？ 3. 商品驗收員驗收作業是否合乎規定？ 4. 是否抽查員工儲物櫃及擅自取用商店物品？有無不良狀況？ 5. 員工及顧客偷竊行為是否妥善處理？ 6. 顧客滋事案件是否妥善處理？ 7. 其他有關安全事項處理是否完善？		

第三節　安裝商品的防盜設施

(1)電子防盜系統的運用

門店裏各類人員進進出出，僅僅依靠店員的警惕性來保衛安全顯然不夠。深夜無人值守時，商店的貨款、設備更是岌岌可危。所以，對大中型商店以及客流量大的商店來說，絕不能缺失防盜設備的運用。

在防盜設備中，費用最低的要數設立在拐角處或者天花板週邊的廣角反射鏡。但是這種設備不利於店員觀察到所有細節，也不具有能提供證據的重覆播放功能。因此，紅外線報警器、攝像頭和電子檢測器等電子防盜設備大有後來居上之勢。

(2)紅外線報警裝置

夜間最常用的電子防盜系統當屬紅外線報警裝置。紅外線報警裝置一旦啟動，只要店內有人晃過隱蔽的探頭前，報警器就會鈴聲大作。某門店的經歷證明這種設備非常實用。

紅外線報警器一般只能用於深夜，而商店在白天失竊的概率遠遠大於夜晚。因此，紅外線報警裝置通常需要與其他電子防盜裝置配合使用，譬如攝像頭或者無線電射頻系統。

(3)攝像頭

能以最快速度發現小偷的電子防盜設備是攝像頭。與閉路電視相連接的攝像頭，便於監控人員全面觀察店內的每個角落，而且能將監控到的畫面完全錄製下來。安裝攝像頭後，門店只需要派遣一名員工全天守候在閉路電視前，而其他店員可以專心於行銷工作。一旦發現形跡可疑之人，監控員就走進經營區，用預定的暗號通知其他員工注意防範，使小偷無機可乘。

(4)無線電射頻系統

　　這系統可靠性最高、使用範圍較廣。該系統由標籤、消磁裝置以及探測裝置組成。形似條碼的標籤被貼在商品上後就如同為商品穿上了一件「防盜衣」。顧客只有在付款處讓收銀員把商品消磁後，才能把商品帶出門店，否則在透過門店出口處的檢測裝置時，檢測裝置將發出刺耳的警報。安裝該種設備後，安保人員的任務變得極為輕鬆。

　　防盜檢測裝置兼具防盜和將顧客分流的作用。精明的商家還在底部不影響探測效果的地方張貼宣傳海報，使「無情」的檢測裝置看起來更「親民」。

　　營業時間開始，收銀員必須把結賬後的商品全部消磁。必須督促收銀員進行流程化消磁作業。

　　拿到商品後，收銀員先鑑別感應標籤的形式。如果是特殊標籤，收銀員拿起消磁板邊的特製開鎖器，將其中心凹槽與標籤正面的凸起部位相貼。此時，用拿起標籤的右手輕按標籤，並用其他手指將商品朝反方向輕拽，就能將商品與標籤分離。把商品交給顧客後，收銀員將標籤妥善存放，以便重覆使用。

　　假如商品被貼上狀如條碼的普通標籤，收銀員的第一要務是確定標籤被貼在商品的那個部位，再把商品貼有標籤的那一面從消磁板表面劃過，標籤與解碼器的距離最好在 10～15 釐米。

　　有時，已經經過消磁程序的商品仍會引發警報。這可能是由於收銀員的消磁手法有誤，也可能是因為消磁裝置失靈。面臨這種情況，店鋪經營者必須謹慎鑑別原因，然後對症下藥。

　　在營業時間結束後，店鋪經營者還需要督促收銀員關閉消磁設備的電源，以免縮短設備的使用壽命。久而久之，及時斷電就成為收銀員的共同習慣。

第四節　店長要確保商店的衛生

一、賣場衛生

　　店鋪是一個公共場所，每日店鋪顧客很多，如果環境衛生不好，地面佈滿灰塵、紙屑，對顧客就沒有吸引力。店鋪的清潔衛生來自於日常工作中的定期清理和打掃，店長作為店鋪的最高管理者，一定要制定出合理的衛生執行標準和清潔操作規範，並對員工進行培訓，指導他們以正確的方式去工作。

　　1.賣場衛生工作要先劃分責任區，並確定專人負責。各專櫃的員工必須保持自己櫃台所轄區域的整潔。

　　2.不得在賣場內或禁煙區域內吸煙。不得隨地吐痰、亂扔雜物等。

　　3.賣場的地面須以不透水的建材鋪設，應有適當的斜度以利於排水，藉以防止地面積水孳生細菌或造成濕滑以影響營業。

　　4.賣場的地面在每天營業前、後必須清掃，在營業中也應視情況隨時清掃，清掃時須採用有效措施減少塵土的飛揚。

　　5.各專櫃應將廢舊包裝物及時清理收回，不得堆積能產生臭氣或有礙衛生的汙物、碎屑、廢棄物等，垃圾應及時清入垃圾箱，或在晚上清場時放到通道上以便於清理。

　　6.每天產生的垃圾要在非食品銷售區域內定點暫放，並及時進行清理。在賣場內或附近存放垃圾時，應在垃圾桶內套垃圾袋，並加蓋密閉，防止招引飛蟲和污染其他食品和器具。

　　7.賣場的牆面、天花板、頂棚、柱面、吊掛的燈具和玻璃面上不能有破損、蜘蛛網、積水和積塵積灰。

　　8.賣場裏的各種設備器具，如島櫃、立櫃、電子秤、平板車、手推

車、購物籃等要經常洗刷，保持潔淨。對生鮮加工設備應每天洗刷清潔。

9.賣場應有良好的照明。燈管、燈泡應有護罩。光線須有適宜的分佈，要防止光線的炫目及閃動。

10.賣場應安裝空氣調節設施，各工作場所應使空氣充分流通。

11.為防止病媒侵入（一般指蚊、蠅、蟑螂、跳蚤、鼠等），應設置紗門、空氣簾、黑走道、水封式水溝等。也可以視情況設置滅蚊燈、貼蠅紙等。

12.所有員工都有義務遵守衛生管理規定，配合專門的保潔人員工作，服從衛生負責人的監督管理。

二、電梯（自動扶梯）

電梯（自動扶梯）的清潔要求是：鏡面光亮無手印、汙跡；地毯乾淨無汙跡；不銹鋼表面無灰塵；燈具無灰塵；門軌無灰塵；轎箱四壁乾淨無灰塵。根據這些要求，電梯（自動扶梯）清潔必須做到以下幾點。

1.保持地面清潔。

2.每日早晨更換電梯間地毯，必要時增加更換次數。

3.對電梯門、轎箱的不銹鋼、鏡面等裝飾物進行循環保潔。

4.每日夜間要打開電梯控制箱，使電梯停止運行，把「暫停使用」告示牌公示，然後清除角邊、門軌的沙和灰塵。

三、樓層通道（樓梯）

樓層通道（樓梯）清潔的要求是：大理石地面目視乾淨、無污漬、有光澤；水磨石地面和水泥地面目視乾淨、無雜物、無污漬。根據這些要求，樓層通道（樓梯）清潔必須做到以下幾點。

1.每天清掃一次各樓層通道和樓梯台階並拖洗乾淨。用乾淨的毛巾

擦抹各層和通道的防火門、電梯門、消防栓櫃、燈具、扶手、護欄、牆面等。

2.每月用長柄手刷沾去污粉對污漬較重的地面徹底清刷一次。

3.每月用擰乾的濕毛巾抹淨牆根部份踢腳線。

4.大理石地面每週拋光一次，每月打蠟一次。

四、公共衛生間

公共衛生間清潔的要求是：地面無煙頭、污漬、積水、紙屑、果皮；天花、牆角、燈具目視無灰塵、蜘蛛網；目視牆壁乾淨；便器潔淨無黃漬；室內無異味、臭味。

公共衛生間的衛生水準反映著店鋪總的衛生水準。公共衛生間清潔必須做到以下諸方面：

1.每天上、下午上班前分兩次重點清理，並不斷巡視，保持清潔。

2.如條件許可，清潔時，關閉衛生間，暫不讓公眾使用，但必須放置告示牌，打開窗戶通風。

3.用水沖洗大小便器，並用夾子夾出小便器內煙頭等雜物。

4.用廁所刷沾潔廁精洗刷大小便器，然後用清水沖淨。

5.用濕毛巾和洗潔精擦洗面盆、大理石台面、牆面、門窗。

6.先將濕毛巾一次。

在進行衛生間保潔時，要注意：禁止使用強酸、強鹼清潔劑，以免損傷瓷面；下水道如有堵塞現象，應及時疏通。

五、店鋪外道路

店鋪外道路的清潔要求是：目視地面無雜物、積水，無明顯污漬、泥沙；道路、人行道無污漬；行人路面乾淨無浮塵、無雜物、垃圾和痰

漬；路面垃圾滯留時間不能超過 1 小時。根據這些要求，店鋪外道路的
清潔必須做到以下幾點。

1.每天對店鋪外的道路、兩側行人道路定時清掃三遍。

2.對主幹路段除定時清掃外，應安排固定人員巡廻保潔，巡廻保潔
的路線不要太長。

3.下雨天應及時清掃路面，確保路面無積水。

4.旱季時每月沖洗一次路面，雨季每週沖洗一次。

5.發現路面有油污即時用清潔劑清潔。

6.用鏟刀刮清地面上的口香糖殘渣等。

六、玻璃門窗、幕牆

玻璃門窗、幕牆的清潔要求是：玻璃面上無污漬、水漬；清潔後用
紙巾擦拭 50cm 無灰塵。要達到這個標準，必須有計劃進行清潔，以防止
塵埃堆積，保持清潔。

1.先用刀片刮掉玻璃上的污漬。

2.把浸有玻璃清潔溶液的毛巾裹在玻璃上，然後用適當的力量按在
玻璃頂端從上往下垂直洗抹，污漬較重的地方重點抹。

3.用玻璃刮刮去玻璃表面的水分，一洗一刮連續進行，當玻璃接近
地面時，可以把玻璃刮作橫向移動，作業時，注意防止玻璃刮的金屬部
份刮花玻璃。

4.用無絨毛巾抹去玻璃框上的水珠。

5.最後用地拖拖乾地面上的污水。

6.高空作業時，應兩人作業並繫好安全帶，戴好安全帽。

表 12-3-1　化妝品店檢查表

檢查項目		檢查標準
店外	天花板	無灰塵、膠印、蜘蛛網，無雜物懸掛
	包柱、燈箱片、橫幅	張貼平整，無灰塵、變形、變色，無亮膠印和小廣告
	櫥窗	清潔明亮，不得張貼任何廣告(如公司的招聘類廣告應統一貼在右下角)
	門口燈具	無灰塵、蜘蛛網，無脫落且均能正常使用
	燈箱、招牌	無透明膠、明顯水痕、汙跡。無灰塵、蜘蛛網，無雜物遮擋
	玻璃門	清潔明亮，門框無灰塵、污漬、蜘蛛網、亮膠，玻璃門上應貼有防撞條且無殘缺
	冷氣機外機、外置音箱	無灰塵、蜘蛛網、污漬、小廣告，不放置拖布、水盆、抹布及其他遮蓋物
	門口地面	乾淨無小廣告、紙屑、口香糖及其他污漬；台階定時清潔，縱切面無污漬；必須保持乾爽無安全隱患(小石子、積水等)
店內	風幕機	外部及扇頁無灰塵、污漬、雜物
	天花板	無灰塵、膠印、蜘蛛網、未使用的圖釘、亮膠、釣魚線等
	地板及其夾縫	無膠印、污漬、垃圾、頭髮，必須保持乾爽無安全隱患，未使用的地插應絕緣封閉
	宣傳及裝飾品	無過期變色破損捲翹，無蔫氣球，且粘掛整齊
	頂燈、燈罩、貨櫃燈	無脫落，無蚊蟲屍體、蜘蛛網、灰塵，每個燈均能正常使用，線頭不外露
	冷氣機(含露出管道)	外部無灰塵、污漬，扇葉、過濾網無灰塵
	店內音樂	按公司要求播放，店內音樂停止時間不得超過 5 分鐘(12：00～14：00 停止播放，節假日、活動期間除外)
	POS 機及其配件	無污漬、紙屑、灰塵，設備完好
	電話機、刷卡器	無污漬、灰塵，設備完好
	收銀台	台面擺放整齊，無灰塵、廢舊收銀條等雜物(信譽標誌放在顧客不能拿到的地方)

續表

店內	飲水機	無污漬、水垢，接水盤無污水，飲水機上不放置任何物品，廢紙杯及時清理，出水口、水桶座乾淨、無污漬
	播放音樂系列設備	無灰塵、膠印、蜘蛛網，能正常使用
	垃圾筒	外殼乾淨，套有垃圾袋(不外露)，無異味、溢出、隔夜垃圾
	吧凳、桌椅	安全無隱患，乾淨無破損，休閒桌備煙灰缸並保持乾淨，未使用時吧凳保持最低高度
	儀容鏡、化妝鏡	鏡面乾淨、明亮，無汙跡、膠印，邊緣無灰塵
	鈦金	乾淨明亮、無印痕，無捲翹
	滅火器	無灰塵、污漬，氣壓正常；每個人會正確使用滅火器
	開關、插座	無灰塵、汙跡，無破損，能正常使用
	植物	無枯黃植物，無煙頭紙屑等，花盆及底盤乾淨、無雜物
	燈箱片	乾淨、無變色、脫落，無下線品牌燈箱片
	降溫杯	無水垢、蚊蟲、青苔、破損，水位不低於杯子的1/2
	鋁合金接線口	清潔明亮、無玻膠，夾縫處無灰塵及雜物
陳列區	背櫃、開架及櫃門	無灰塵、蚊蟲屍體、膠印，無空櫃、空架現象，櫃門乾淨明亮、無破損，貨架底部夾縫處清潔、無雜物
	玻櫃	櫃內外無污漬、乾淨明亮、無蚊蟲屍體，台面整齊無雜物
	彩妝盒	無灰塵、水痕汙印、蚊蟲屍體
	試用裝	展台乾淨整齊、無雜物，備有消毒用品；無過期、變質試用裝
	彩妝工具	乾淨，無彩妝殘留物，擺放合理整齊
	商品標籤及標籤套	無膠印、灰塵、汙跡、字跡褪色、標籤套發黃、破損
	存貨櫃	擺放整齊、合理、乾淨，試用裝及未用標籤與商品分開存放，無異味、黴變，不得放置食物
	陳列	過季產品不陳列在顯眼位置，當季產品陳列飽滿且在顯眼位置；要求整齊、合理
	掛鉤	商品掛鉤上應有掛鉤帽
活動區域	庫房	商品、贈品分類整齊存放，且要考慮安全隱患
	水槽	無積水、污漬，乾淨
	毛巾	擦拭商品的毛巾清洗乾淨後要求與其他毛巾分開掛晾

續表

活動區域	清潔用具	掃帚和撮箕用後、拖布清洗後歸放在指定位置
	蹲便器	乾淨，無污漬和異味；旁邊的垃圾桶有蓋子
	微波爐、電磁爐	無灰塵、油漬、殘渣，用後斷電
	沙袋	店內有下水管道的必備完好沙袋（大小各一）
	地漏	排水通暢
儀容儀表	妝容	要求底妝遮蓋住面部黃氣、瑕疵，眉毛、眼影、眼線、睫毛膏、腮紅、唇彩（分季節隨時補塗）一樣都不能少
	工裝	合體且全店統一，無破損、褶皺，無污漬，袖口、領口、袋口無發黃、發黑現象，佩戴的絲巾結頭或領花方向一致
	紐扣	無殘缺且統一，所有縫補線顏色與制服顏色一致
	制服	長短合適，長不拖地，短不露踝
	鞋襪	黑色皮鞋或涼鞋要求乾淨，統一肉色或黑色襪子
	名牌	女員工佩戴於左胸肩部往下15釐米處，男員工佩戴於左袋口邊緣處，與袋口平行；要求端正、清潔，不得做任何修飾
	頭髮	整齊乾淨，無頭屑、油膩現象，劉海不能遮住眉毛，短髮及捲髮必須用啫喱水造型，男員工禁止剃光頭、留鬍鬚，頭髮不能遮耳
	指甲	修剪整齊，指甲內無污垢，指甲油無殘缺
	裝飾物	不誇張，只允許佩戴項鏈、戒指、耳釘各一，手錶除外
	口氣清新	飯後漱口，保持口腔清潔與清爽

續表

服務態度	禮貌用語	歡迎光臨,請,謝謝,對不起,請慢走,對不起!讓您久等了!等等
	微笑、微笑服務	是否面帶微笑;是否有端水、送凳、送報等服務
	收銀台服務	是否有使用禮貌用語,是否唱收唱付
日常事務	晨會	要求每天必須進行晨歌、晨舞,專人進行儀容儀表檢查
	數據知曉情況	當月當店總任務、當次任務及完成情況
		當月個人任務及完成情況以及當月有獎銷售項目完成情況
	書面文件	是否專人統一存放以及組織學習,「××之窗」是否每期保存一份
	收銀對帳本	要求每日數據清晰準確,有雙方交接人簽字,長短款須註明
	暢銷商品	要求店內有專用的暢銷商品分配及銷售記錄,並對危險商品做到每個員工都知曉
	「劉氏清潔法」	要求每月一次並備案(照片、書面記錄日期)
	健康證	每人一證,保證在有效期內,必須放於店內統一管理
安全必備	工具箱	必備電筒、錘子,要求有專用的箱子
	醫藥箱	必備醫用酒精、創可貼,不能有過期藥品
	清潔用具	必備乾拖布、乾毛巾、牙膏、牙刷
	電話	本店員工必須知道設防電話及本店主管電話(大號、小號)
檢查匯總		
確認		主管簽字:

第 13 章

店長應對顧客投訴的技巧

第一節　顧客投訴的類型分析

就商店而言，商店的銷售現場就等於企業的全部，商店服務不好將使整個企業的形象受損，所以商店對於顧客投訴意見的處理是非常重要的。

企業的服務方式，以傳統的零售業來說，更瞭解顧客購物的自主性。如何處理好顧客投訴意見，是商店作業管理中的重要一環，處理得好，矛盾得到化解，企業信譽和顧客利益得到維護；反之，往往會成為商店經營的危機。

商店如果遇到顧客的投訴，必須馬上處理，否則就可能會失去顧客對企業的信任。在日本，超市採用意見卡制度，總經理每天直接查閱來自下屬各個商店 300 張以上的意見卡，他的做法是：「如果意見卡中有特別好的就公佈在連鎖企業內部的刊物上，有助於提升全體員工士氣。若有訴怨的，就將之影印拿給相關部門人員，並在朝會上隱瞞名字公開此事，以督促全體員工反省。」

　　並非所有的顧客有了抱怨都會前往商店進行投訴，而是以「拒絕再次光臨」的方式來表達其不滿的情緒，甚至會影響其所有的親朋好友，採取一致的對抗行動。反過來說，如果顧客是以投訴來表達其不滿的話，至少可以給商店有改進的機會，顧客還有再光顧的可能，因此一定要重視顧客的投訴。顧客的投訴意見，主要包括商品、服務、安全、環境等方面。

表 13-1-1　超市顧客不滿的主要表現

1. 等候收銀時間過長；	9. 補貨商品在貨架頂上堆得太高；
2. 生鮮部門店員未穿整潔制服；	10. 商品品名標示不夠；
3. 店內管理太差；	11. 手推車壞了或是推不動；
4. 缺貨；	12. 對顧客的詢問拒而不答；
5. 收銀員缺乏基本的上崗培訓；	13. 對新引進超市的食品沒有提供食用資料；
6. 在使用電子掃描的超市內，商品沒有標示價格；	14. 購物高峰時間補貨；
7. 貨架上沒有價格標識；	15. 沒有附設的衛生設備，例如洗手間等。
8. 通道上堆了太多的商品；	

一、對商品的投訴

　　顧客對商品的投訴意見，主要集中在以下幾個方面：

1. 價格過高

　　例如：超市或便利店中銷售的商品，大部份為非獨家經營的食品或日用品，顧客對各家商店的價格易於作出比較，因此顧客對超市或便利店中銷售的商品價格敏感度高，顧客往往會因為商品的定價較商圈內其他競爭店的定價高，而向商店提出意見，要求改進。

2. 商品質量差

　　商品質量問題往往成為顧客投訴意見最集中的反映，主要集中在以

下幾個方面：

⑴壞品。如商品買回去之後，發現零配件不齊全或是商品有瑕疵。

⑵超過有效期。顧客發現所購買的商品，或是貨架上的待售商品有超過有效日期的情況。

⑶品質差。尤其是在超級市場、便利店出售的商品大都是包裝商品，商品品質如何，要打開包裝使用時才能判別或作出鑑定，例如包裝生鮮品不打開外包裝紙很難察覺其味道、顏色及質感；乾貨類的商品打開包裝袋才能發現內部是否發生變質、出現異物、長蟲，甚至有些在使用後才發生身體不適或食物中毒的現象。因此，打開包裝或使用時發現商品品質不好，是顧客意見較集中的一方面。

⑷商品重(數)量不足、包裝破損等。

3.標識不符

在企業開架式銷售方式下，商品包裝標示不符往往成為顧客購物的障礙，因此也成為顧客意見投訴的對象。通常顧客對商品包裝標示的主要意見有以下幾個方面：

⑴商品沒有對應的價格標籤。

⑵商品上的價格標簽模糊看不清楚。

⑶商品上同時出現幾個不同的價格標簽。

⑷商品上的價格標示與促銷廣告上所列示的價格不一致。

⑸商品外包裝上的說明不清楚，例如：無廠名、無製造日期、無具體用途說明或其他違反商標法、廣告法的情況。

⑹進口商品上無中文說明等。

⑺商品外包裝上中文標識的製造日期與商品上列印的製造日期不符。

4.商品缺貨

顧客對商店缺貨的投訴，一般集中在熱銷商品和特價商品上，或是商店內沒有銷售而顧客想要購買的商品，這往往導致顧客空手而歸。更

有甚者，有些商店時常因為熱銷商品和特價商品賣完而來不及補貨，從而造成經常性的商品缺貨，致使顧客心懷疑惑，感覺有被欺騙感，造成顧客對該店失去信心。這樣不僅流失了老顧客，而且損害了整個企業的形象。

二、對服務的投訴

開架式售貨方式雖以顧客自助服務為主，但顧客還是有要求服務和協助的時候，顧客對服務的投訴意見往往集中在這些方面：

1.商店工作人員態度不佳
商店工作人員不理會顧客的詢問，或對顧客的詢問表現出不清楚、不耐煩、敷衍、出言不遜等。

2.收銀作業不當
如收銀員的結算錯誤、多收錢款、少找錢；包裝作業失當，導致商品損壞；入袋不完全，遺留顧客的商品；結算速度慢、收銀台開機少，造成顧客等候時間過久等。

3.現有服務作業不當
如顧客存放物品遺失，寄放物品存取發生錯誤；自動存包機收費；抽獎或贈品發放等促銷活動的不公平；顧客填寫商店發出的顧客意見表未得到任何回應；顧客的投訴意見未能得到及時妥善的解決等。

4.服務項目不足
如商店購物籃(車)少；不提供送貨、提貨、換零錢的服務；營業時間短；缺少某些便民的免費服務；沒有洗手間或洗手間條件太差等。

5.原有服務項目的取消
例如：取消兒童托管站；取消 DM 廣告中特價商品的銷售；取消免費接送巴士等。

三、對安全和環境的投訴

1.意外事件的發生
顧客在賣場購物時，因為商店在安全管理上的不當，造成顧客受到意外傷害而引起顧客投訴。

2.環境的影響
例如：賣場走道內的包裝箱和垃圾沒有及時整理，影響商品品質衛生，商品卸貨時影響行人的交通，商店內音響聲音太大、商店內溫度不適宜、商店外的公共衛生狀態不佳、商店建築及設施影響週圍住戶的正常生活等。

第二節 店長處理顧客投訴的對策

有關研究資料指出，顧客就好比是免費的廣告，關鍵是這免費廣告所帶來的是正面效應還是負面效應。

當顧客有好的體驗時會告訴週圍 5 位其他的顧客，但是一個不好的體驗則可能會告訴 20 位其他的顧客。因此，如何讓顧客成為商店有利的免費宣傳媒介，達到永續經營的目標，有賴於商店的營業人員能否謹慎處理好顧客的每一個投訴意見。

商店中的任何人員，不論是基層服務人員、管理人員，或是負責顧客服務的專職人員，不管他在商店中有無處理顧客投訴的權力，在接受顧客投訴意見時，其處理原則都是一致的，都應認真對待顧客的投訴意見。顧客投訴意見處理的基本原則是：妥善處理每一位顧客的不滿與投訴，並且在情緒上使之覺得受到尊重。

在處理顧客投訴時，應遵循下列程序：

步驟 1　保持心情平靜

當顧客在商店的購物行為無法得到滿足時，很自然地就會產生抱怨，甚至投訴。當顧客對著商店工作人員發洩其不滿時，往往在言語與態度上帶有激動的情緒，甚至有非理性的行為發生。面對這種不滿的發洩或是毫不尊重的責罵，很容易使接待或處理該顧客投訴意見的工作人員覺得顧客就是指責他本人，在顧客情緒的感染之下，也很容易被激怒，從而產生對抗性的態度與行為，甚至不再願意處理顧客的投訴。事實上這是一種最不好的處理方式，這樣只會導致彼此更多的情緒反抗，形成更加緊張的氣氛。

其實顧客的投訴意見，只是針對商店本身或所購買的商品，並不一定針對個別的服務人員。由於正面的態度往往可以讓顧客產生正面的反應，很多事情並不需要用衝突的方式來解決。因此，為了減緩顧客氣憤的情緒，讓彼此可以客觀地面對問題，一開始最好的處理方式，是心平氣和地保持沉默，用和善的態度請顧客說明事情的原委。

步驟 2　有效傾聽

有效傾聽就是為了讓顧客心平氣和。一般顧客對商店有意見前來投訴，其情緒都是比較激動的，甚至是非常激動的，接待人員應保持平靜的心情，善意接待。所謂有效傾聽，就是誠懇地傾聽顧客的訴說，並表示你完全相信顧客所說的一切，要讓顧客先發洩完不滿的情緒，使顧客心情得到平靜，然後再與顧客分析造成其不滿的細節，確認問題的所在。

不論是什麼樣的訴怨，都不要馬上為自己辯解，應讓顧客盡情地說完，顧客情緒會因得到了充分發洩而覺得安慰。最不好的情況就是試圖做一些言語上的辯解，這樣做只會刺激顧客的情緒，引起顧客的反感。同時，在傾聽過程中，也千萬不能讓顧客有被質問的感覺，遇到不明白的地方，應以婉轉的方式請顧客說明情況，例如：「很抱歉，剛才有個地方我還不是很明白，是不是再向您請問有關……的問題。」並且在顧客

說明時投以專注的眼神，隨時以間歇的點頭或「我懂了」來表示對問題的瞭解情況。

如果無處理權限的員工遇到顧客訴怨時，也必須在不打斷顧客說話的前提下，可以委婉地向顧客解釋說：「很抱歉我們給您帶來了麻煩，但是我無權給您一個滿意的答覆，萬一答錯的話反而再給您添麻煩，所以還是讓我馬上去請我們的負責人來，請您稍等。」，然後立即去找相應的負責人。

每一位處理顧客投訴意見的工作人員，都身負著商店代表和顧客代表的雙重身份。商店要依靠工作人員來處理各種顧客投訴意見，最終滿足顧客的需求，為商店帶來營業上和形象上的雙重利益；同時顧客也必須通過工作人員，來表達自己的意見和消費權益。因此，工作人員必須以自信的態度，來認知自己的角色，讓商店和顧客都得到最大的利益，而不是以逃避的態度來忽略自己的重要性。

步驟 3　運用同情心

在有效傾聽顧客投訴的事情原委後，應以同情心來回應其投訴意見，要不帶任何偏見地站在顧客的立場來回應顧客的問題，即扮演顧客的支持者角色，讓顧客知道接待人員對問題的態度。

例如：當顧客投訴買的褲子在穿到工作單位時，才發現褲腳一個長一個短，此時可以回應顧客：「我知道那種感覺一定非常尷尬。」而對於顧客不合理的訴怨，切不可擅發議論與對方發生爭辯。即使顧客的訴怨的確不合理，也不可說出：「你是錯的！」有時溫柔地稱許顧客的說法且富有感情，可能就因這樣而意外解決了顧客的投訴。

步驟 4　表示歉意

不論顧客提出的意見，其責任是否屬於本店，如果店方能夠誠心地向顧客表示道歉，並感謝顧客提出的問題，顧客會覺得店方非常尊重自己而對商店產生好感。就商店而言，如果沒有顧客提出投訴或意見，就往往不知道自己商店中存在的不足和需要改進的地方，應把顧客的投訴

意見視作對本商店的關心和愛護。對絕大多數顧客而言，他們對商店的投訴意見，是希望所提的問題能得到改善和解決，使他們能繼續光臨商店，並得到良好的服務。因此，顧客投訴從表面上看似乎是商店經營上的危機，但若能將其處理得當，使這些投訴化為顧客對商店忠誠度的建立，將使顧客再度光臨，同時也促進商店因顧客的投訴而更加進步，帶來的是更多有形和無形上的利益。所以，商店應向任何一個投訴的顧客道歉並表示感謝。

步驟 5　分析顧客投訴的原因

(1)抓住顧客的投訴重點

掌握顧客投訴問題的重心，仔細分析該投訴事件的嚴重性，要判斷問題嚴重到何種程度。同時要有意識地充分試探和瞭解顧客的期望，這些都是處理人員在提出解決方案前必須先評估的部份，這一點對於商店也是至關重要的。因為多數消費者的要求往往低於商店的預期。例如：某位顧客在超市買了一塊並未過保質期的蛋糕，回家後未食用就發現蛋糕上有黴點，經商店處理此事的負責人瞭解到該顧客前來投訴只是希望退款時，在店方誠懇的道歉並附上全額退款後，顧客滿意而歸。店方應在瞭解事實的基礎上，掌握顧客對商店有何預期，若希望店方賠償，其希望的方式是什麼，賠償的金額是多少等，這樣就能解決顧客的投訴了。

(2)確定責任歸屬

顧客投訴意見的責任不一定是店方，可能是供應商或是顧客本人所造成的，因而商店應確認責任歸屬。如責任在於商店，商店應負責解決（例如：銷售了已過保質期的商品）；如責任在於顧客，店方則要心平氣和地做出令顧客信服的解釋，並盡可能給顧客提供其他建議等補救措施（例如：顧客投訴特價商品缺貨，而此項缺貨在 DM 廣告上明確註明售完為止的商品，但顧客並未加以注意。）責任歸屬不同，商店提出的解決方案就要不同。

步驟 6　提出解決方案

對所有的顧客投訴意見，都應有處理意見，都必須向對方提出解決問題的方案。在提出解決方案時，以下幾點必須加以考慮：

(1)企業既定的顧客投訴意見處理規定

一般企業對於顧客的投訴意見都有一定的處理政策，商店在提出解決顧客投訴的方案時，應事先考慮到企業的方針以及顧客投訴意見的有關處理規定，既要迅速，又不能輕率地承擔責任。考慮到企業的既定方針，主要是為了研究能否立刻回覆顧客，有些問題只要援引既定的辦法，即可立即解決。例如：商店商品的退、換貨的處理等，至於無法處理的問題，就必須考慮企業的原則作出彈性的處理，以便提出雙方都滿意的解決辦法。

(2)處理許可權的規定

處理負責人還必須考慮到每一個處理人員的許可權規定，或是否能在權限內處理。有些可以讓服務人員或部門管理人員立即處理，有些必須由店長或副店長來處理，有些則必須移交連鎖企業總部所屬部門。在服務人員無法為顧客解決問題時，就必須儘快找到相應具有處理決定權的人員來解決。如果讓顧客久等之後還得不到回應，將會使顧客又回到氣憤的情緒上，致使前面為平息顧客情緒所做的各項努力都會前功盡棄。按處理權限確定處理責任人，可以使顧客的意見迅速得到解決。

(3)利用先例

處理顧客投訴最重要的事情之一，就是要讓每一個投訴事件的處理質量具有一致性。如果同一類型的顧客投訴意見，因為處理人員的不同而有不同的態度與做法，勢必讓顧客喪失對這家企業的信賴與信心。因此，處理責任人在處理顧客投訴時要注意適當地利用先例，和以前類似顧客投訴事件相比，瞭解是否有共通點，參照該投訴事件的解決方案，即處理同類抱怨問題的方式基本保持一致。如果同一類型的顧客投訴意見，因為處理責任人員的不同而有不同的態度和處理方案，勢必讓顧客

喪失對這家商店的信心。而對於商店來說，能堅持以公平一致性的態度對待所有顧客的投訴，也能提高商店對顧客投訴意見處理的效率。

(4)讓顧客同意該解決方案

要做到這一點，往往不是很容易，所以處理人員要對顧客作耐心的溝通，直到對方同意。處理人員所提出的任何解決方案，都必須親切誠懇地與顧客溝通，以期獲得顧客的同意，否則顧客的情緒還是無法恢復。若是顧客對解決的方案仍然不滿意，必須進一步瞭解對方的需求，以便作新的修正。有一點是相當重要的，即對顧客提出解決方案的同時，接待和處理人員必須盡力讓顧客瞭解，他們對解決這個問題所付出的誠心與努力。

步驟 7　執行解決方案

(1)親切地讓顧客接受

如果是權限內可以處理的，應迅速利落、圓滿解決。此時，應向顧客陳述解決的具體方法，以促使顧客愉快地接受。當雙方都同意解決的方案之後，商店就應立即執行該解決方案。

(2)不能當場解決的投訴

若由於種種原因(如不在負責人的權限範圍內，必須與廠商聯繫後方能答覆等)，商店不能當場處理該顧客的投訴，應告訴顧客原因，特別要詳細說明處理的過程和手續，雙方約定其他時間再作出處理。此時應將經辦人的姓名、電話等告知顧客，並留下顧客的姓名與地址等聯繫方式，以便事後追蹤處理，也是為了消除顧客有被店方打發或踢皮球的想法。在顧客等候期間，處理人員應隨時瞭解該投訴意見的處理過程，有變動時立即通知對方，直到事情全部處理結束為止。

至於移轉總部或其他單位處理的投訴意見，也必須瞭解事情的發展情況，進行定時的追蹤。如果顧客有所詢問時，能迅速且清楚地回應對方。

表 13-2-1　顧客投訴意見處理記錄表

顧客姓名		受理日期	
地　　址		發生日期	
聯繫電話		最後聯繫日期	
投訴項目		結束日期	
發生地點		投訴方式	
投訴內容：			
處理原則：			
處理經過：			
處理結果：			
處理接待人員：			
意見備註：			

步驟 8　檢討

(1)檢討處理得失

　　在解決顧客投訴的整個過程中，投訴的負責人必須設計統一的顧客投訴意見處理記錄表，進行書面記錄，深入瞭解顧客的想法。而每一次顧客投訴意見記錄，商店都將存檔，以便日後查詢，並應定期檢討產生投訴意見的原因，從而加以修正。在檢討時有兩點需要注意：一是許多投訴都是可以事先預防的，商店若一旦發現某些投訴意見是經常性發生的，具有普遍意義的，就必須進行深度調查，追查問題的根源，訂明此類事件的處理辦法，並及時作出改進管理和作業的規定，以儘量杜絕今

後此類事件再次發生；二是若屬偶然發生或特殊情況的顧客投訴意見，商店也應訂出明確的規定，作為再遇到此類事件的處理依據。

(2)通報

對所有顧客的投訴意見，其產生的原因、處理結果、處理後顧客的滿意情況以及商店今後的改進方法，應及時用各種固定的方式，如例會、動員會、晨會或者是企業的內部刊物等，告知商店的所有員工，使全體員工能迅速改進造成顧客投訴意見的種種因素，並充分瞭解處理投訴事件時應避免的不良影響，以防止今後類似事件再次發生。

◀)) 第三節　要讓顧客有投訴的管道

一、顧客可以當面投訴

為了讓企業的工作人員能以公正且一致性的態度對待所有顧客的投訴，也為了提高顧客投訴意見的處理效率，企業經營者必須根據本身的企業規模、營業性質、顧客投訴的方式與類型，歸納出處理投訴時的基本原則與基本方式，並據以編制成手冊，還可以作為日後企業教育培訓的教材。

通常顧客投訴的方式不外乎電話投訴、信函投訴，或者是直接到商店內或企業總部，進行當面投訴這三種方式。根據顧客投訴方式的不同，可以分別採取相應的行動。

對於顧客當面投訴，應注意以下幾個方面：

(1)將投訴的顧客請至會客室或商店賣場的辦公室，以免影響其他顧客的購物。

(2)千萬不可以在處理投訴過程中中途離席，讓顧客獨自在會客室等

候。

(3)嚴格按總部規定「投訴意見處理步驟」妥善處理顧客的各項投訴。

(4)各種投訴都需填寫「顧客抱怨記錄表」。對於表內的各項記載，尤其是顧客的姓名、住址、聯繫電話以及投訴的主要內容必須覆述一次，並請對方確認。

(5)如有必要，應親赴顧客住處訪問道歉、解決問題，體現出商店解決問題的誠意。

二、顧客可以用電話投訴

1.有效傾聽

仔細傾聽顧客的抱怨，站在顧客的立場分析問題所在，同時利用溫柔的聲音及耐心的話語來表示對顧客不滿情緒的支援。

2.掌握情況

儘量從電話中瞭解顧客所投訴事件的基本資訊。其內容應主要包括4W1H 原則——Who、When、Where、What、How，即什麼人來電投訴、該投訴事件發生在什麼時候、在什麼地方、投訴的主要內容是什麼、其結果如何。

3.存檔

如果可能，可把顧客投訴電話的內容予以錄音存檔，尤其是顧客投訴情況特殊或涉及糾紛的投訴事件。存檔的錄音帶一方面可以作為日後有必要確認時的證明，另一方面可成為日後商店教育培訓的生動教材。

三、顧客可以用書信投訴

1.轉送店長

商店收到顧客的投訴信時，由店長決定該投訴今後的處理事宜。

2.告知顧客

商店應立即聯絡顧客，通知其已經收到信函，以表示出商店對於該投訴意見極其誠懇的態度和認真解決該問題的意願，同時與顧客保持日後的溝通和聯繫。

第四節　建立投訴處理系統

建立顧客投訴處理系統是非常必要的，企業應把顧客投訴處理系統納入整個企業的服務系統中，既要有統一的處理規範，又要培訓服務人員及有關主管人員的處理技巧。

1.顧客投訴處理系統的規劃

企業對顧客投訴處理系統進行系統地規劃，主要應做好以下幾個方面的工作：

⑴建立受理顧客投訴意見的通道。如投訴電話、投訴櫃、意見箱等等。

⑵制定顧客各類投訴的處理準則。

⑶明確各類人員處理顧客投訴意見的權限及變通範圍。

⑷必須將投訴事件進行檔案化管理，並由專人負責整理、歸納、分析和評估。

⑸經常通過教育與培訓，不斷提高商店服務人員處理顧客投訴意見的能力。

⑹對所有顧客投訴事件要及時通報，並對有關責任人員作出相應的處理。

顧客投訴意見處理系統具有兩大功能：一是投訴意見的執行功能；二是投訴意見的管理功能。（如表 13-4-1）

表 13-4-1　顧客投訴意見處理系統的兩大功能

執 行 功 能	管 理 功 能
*受理顧客的投訴意見	*流程控制
*時間的記錄與分類	· 商店立即處理的事件
*處理	· 由總部處理的事件追蹤
· 瞭解事實	*記錄存檔
· 解決問題	*資料存檔
· 處理事件的過程	*資料統計與分析
· 顧客回應	*評估
· 善後追蹤	*建議
*呈報	*責任規劃
· 店長	*獎懲
· 總部的相關部門	*政策的制定及執行
· 記錄的傳送	*公佈

2.顧客投訴處理系統的權責處理層次

企業對顧客投訴意見處理系統進行系統地規劃後，就必須根據該系統的每一項功能來劃分投訴意見處理的權責層次，以及每一層次所擁有的處理許可權。就一般企業的組織形式而言，顧客投訴意見處理系統的權責處理一般分為三個層次。

(1)第一層次的投訴處理：商店服務人員或管理人員

在企業的每一位服務人員都有可能接觸到顧客的投訴，尤其是服務台的工作人員，其本身就負有受理顧客投訴意見的功能。因此，企業在事前都會明確基層服務人員或部門管理人員的任務，並授予其處理顧客投訴意見的具體權限，讓商店現場直接發揮顧客投訴意見處理系統的執行功能。如果所有的小事都要逐一與店長彙報同意後才能夠處理的話，必定會進一步引發顧客的不滿情緒，就是從處理事情本身的時間成本來看，也是非常不經濟的。

因此，對商店的商品缺貨、通道不暢、價格標簽錯誤、單純的收銀錯誤等，可以立即處理的事件，或者是顧客附帶的小型建設性意見，則可由基層服務人員或該層級部門管理人員根據企業總部的既定政策，以及個人的經驗與判斷後，當場作出處理，給予消費者比較滿意的答覆，並做好相應的記錄，事後及時向店長彙報。

(2)第二層次的投訴處理：商店的店長

商店店長在顧客投訴意見處理的權責上，除了負有執行功能外，還有管理的功能。

就執行而言，對一些並非只涉及到單純的商品賠償的事件，基層服務人員與部門管理人員在權限上往往無法處理，必須立即轉給店長，由店長親自來處理，以免因處理不當再次發生顧客投訴。店長不在時，則由副店長代為負責處埋顧客訴怨。例如：顧客購買到品質不佳或過期商品、因食用商店內的食品而造成食物中毒等各種服務上和安全上的投訴等。

商店店長除了具有一定處理權限外，對顧客的投訴意見處理還有管理功能。店長要負責將投訴意見及時匯總上報，並參與投訴事件責任確定、作業與管理具體改進措施的建議等投訴管理處理工作。

(3)第三層次的投訴處理：企業的經理或總經理

在顧客意見處理系統中，屬於決策性質的管理，例如：投訴事件中的整理分析、評估、建議、重大事件的追蹤，處理政策擬訂和具體獎懲條例的公佈等，都應由企業總部的部門經理負責處理，對於一些具有較大社會影響的投訴事件，甚至需要由企業總經理親自來處理。例如：商店的重大意外事故、食物中毒及由消費者協會轉來的投訴事件等。

企業在規劃顧客投訴意見處理系統的權責層次時，應儘量將層級縮減，避免因商店的層層彙報而降低處理的效率，或增加處理成本。各層級在處理顧客投訴意見時，都必須依照總部所制定的投訴處理原則操作，對於無法處理的投訴事件，必須在事態擴大之前，迅速將事件移交

至上一層的權責單位處理。

3.對內部員工的培訓

店長要提升員工的服務質量，必須不斷對新員工及在職員工進行顧客抱怨處理培訓。

實施員工培訓時，除了講師或業務部門的指導員負責培訓之外，還可聘請有實務經驗者來為新人做經驗的傳授。

配合公司編制的手冊、視聽資料以及電話錄音帶做教材，並利用座談會、討論會與角色扮演等方式，灌輸新員工正確的服務觀念，幫助他們建立應有的心理準備。

新員工在顧客抱怨處理的培訓內容應包括：

⑴面對顧客抱怨的基本理念、處理的原則。

⑵公司的抱怨處理辦法、相關的顧客服務原則。

⑶熟悉各種投訴方式的處理要領。

⑷熟悉各種應對用語。

對於已經在店內的現有員工、各部門主管，應定期實施在職培訓。其培訓的方式以討論及座談為主，內容則應著重於現有抱怨處理方法的交流與研討，或是特殊抱怨事件的認識與處理原則，讓彼此能夠互相討論，達成相同的處理方式，以備將來類似事件的應用。

各部門都能做好抱怨的處理工作，掌握處理技巧，其目的不僅在於減少顧客抱怨的發生，更重要的是每一次抱怨的處理，更容易與消費者建立起長遠的關係，這才是根本目的所在。

第五節 如何處理顧客的商品退換

一、商品退換的原則

商品退換是普遍發生的現象，是售後服務的重要內容。

商店應根據不同商品、不同條件，事先制訂具體的商品退換處理辦法。

商品的退換不是消費者口中的「絕對的」，它是建立在公平、合乎法律原則之上的，以最大限度地滿足消費者的需要為前提，合理解決顧客的消費難題，保護消費者權益。

商品退換的原則是：

1.只要「商品退換符合公司利益」，已購商品都可以退換。例如為企業形象，企業公關宣傳的目的。

2.一般商品只要不殘、不髒、不走樣，沒有使用過、不影響出售的，都可以退換。

3.有些商品，如服裝，雖然顧客試穿過，但商品質量確實有問題，應予以退換。

4.過期失效，殘損變質、稱量不足的商品未經檢查而賣出去的，一律予以退換。

5.精度較高的商品，如能鑑別出確屬質量不佳，可以根據具體情況，靈活掌握。

6.凡食品、藥品、已剪開或撕斷的大量商品、買後超過有效期的商品、不易鑑別內部零件的精密商品、出售後不再經營的商品、不易鑑別質量的貴重商品，以及已經污損不能再出售的商品，一般不予退換。

工作人員對待商品退換問題應當有正確的認識，既要認真做好商品

進銷過程的各項工作，保證出售商品數量準確、質量完好，並實事求是地宣傳介紹，使消費者買到適合的商品。

對於不能退換的商品，在出售時應先向顧客說明。既要儘量避免和減少商品退換情況，又要妥善處理要求退換商品的情況，聽取消費者對商品和服務工作的意見，及時向有關部門反饋，並改進企業的服務工作，促進產品適銷對路和提高質量，退換商品時應按規定辦理手續，加強退貨管理。

二、退貨商品流程說明

1.受理顧客的商品、憑證：

接待顧客、審核顧客是否有企業的收銀票據，購買時間，所購商品是否屬於不可退換商品。

2.聽取顧客的陳述：

細心平靜地聽取顧客陳述有關的抱怨和要求，判斷是否屬於商品的質量問題。

3.判斷是否符合退換貨標準：

以服務顧客的準則，靈活處理，說服顧客達成一致的看法，如不能滿足顧客的要求而顧客仍然堅持的話，請上一級主管處理。

4.同顧客商量處理方案：

提出解決方法，儘量讓顧客選擇換貨。

5.決定退貨：

雙方同意退貨。

6.判斷許可權：

退貨的金額是否在處理的許可權範圍內。

7.填《退貨單》，複印票證：

填寫《退貨單》，複印顧客的收銀票據。

8.現場退現金：

在收銀機現場進行現金退還流程，並將交易號碼填寫在《退貨單》上，其中一聯與收銀票據釘在一起備查。

9.退貨商品的處理：

將退貨商品放置倉庫內，並將《退貨單》的一聯貼在商品上。

《退貨單》共二聯，一聯退換處留底，營業結束後經收銀經理/保安檢查後上繳現金室，另一聯附在商品上，營業結束後隨商品返回樓面。

圖 13-6-1　商品退貨工作流程

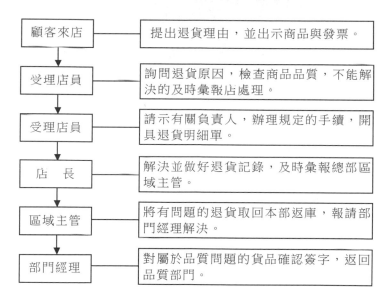

第 *14* 章

店長提升業績的方法

一、活用各種 POP 廣告

POP 廣告(Point of Purchase Advertising)是指商店賣場中能促進銷售的廣告也稱做售點廣告，凡是在店內提供商品與服務資訊的廣告、指示牌、引導等標誌，都可以稱為是 POP 廣告。

POP 廣告的任務是簡潔地介紹商品，如商品的特色、價格、用途與價值等。POP 功能界定為商品與顧客之間的對話，無論是店頭促銷，還是現場促銷、展示促銷，商店都少不了 POP 廣告的大力相助。

1.傳達商品資訊

主要體現在：吸引路人進入商店；告知顧客該商店內正在銷售什麼；告知商品的位置配置；簡潔告知商品的特性；告知顧客最新的商品供應資訊；告知商品的價格；告知特價商品；刺激顧客的購買慾望；商店賣場的氣氛；促進商品的銷售。

2.創造購物氣氛

隨著消費者收入水準的提高，不僅其購買行為的隨意性增強，而且消費需求的層次也在不斷提高。消費者在購物過程中，不僅要求能購買到稱心如意的商品，同時也要求購物環境的舒適。POP 廣告既能為購物現場的消費者提供資訊、介紹商品、又能美化環境、營造購物氣氛，在滿足消費者精神需要、刺激其採取購買行動方面具有獨特的功效。

3.促進商品與供應商之間的互惠互利

通過促銷活動，可以擴大商店及經營商品的供應商的知名度，增強其影響力，從而促過連鎖企業與供應商之間的互惠互利。

4.突出商店的形象，吸引更多的消費者來店購買

消費者的購買階段分為：注目、興趣、聯想、確認、行動。所以，如何從眾多的廣告中，吸引顧客的眼光，達到使其購買的目的，POP 廣告功不可沒。（其效果如表 14-1-1 所示）

表 14-1-1　超級市場運用 POP 廣告促銷效果調查

商品	沒有用廣告標語的一週銷售個數	利用廣告標語的一週銷售個數	增加率（%）	陳列位置高度	POP 廣告短語
麥芽啤酒	51	75 個	47.1	脖子	味道豐實的麥芽啤酒創造了味道豐實的晚餐
飯前水果	2	8 個	300	脖子	代替水果色拉的飯前水果，簡單的水果冷盤。
濃縮桔汁	7	15 個	114.3	眼睛	濃縮桔汁是有益於健康的冬天飲料。
番茄湯	37	63 個	70.3	眼睛	想把湯做得更好吃嗎？
洗衣粉	8	21 個	162.5	腰	到浴室洗短褲時可以帶去的粉量。
芥末	23	42 個	82.5	膝	芥末是每戶的必需品。
清潔劑	123	222 個	80.5	最下層	你總是該把清潔劑用完嗎？

　　各種不同的 POP 廣告，功能各有所不同，例如「外置式 POP、店內 POP、陳列式 POP」、「銷售型 POP、裝飾型 POP」等，店長必須瞭解其功能，並隨時檢查它的功效。各種 POP 如下所述：

　　⑴招牌 POP。主要包括店面、布簾、旗子、橫（直）幅、電動字幕，其功能是向顧客傳達企業的識別標誌，傳達企業銷售活動的資訊，並渲染這種活動的氣氛。

　　⑵貨架 POP。是展示商品廣告或立體展示售貨，這是一種直接推銷商品的廣告。

　　⑶招貼 POP。類似於傳遞商品資訊的海報，招貼 POP 要注意區別主次資訊，嚴格控制資訊量，建立起視覺上的秩序。

　　⑷懸掛 POP。主要包括懸掛在商店賣場中的氣球、吊牌、吊旗、包裝空盒、裝飾物，其主要功能是創造賣場活潑、熱烈的氣氛。

　　⑸標誌 POP。即商店內的商品位置指示牌，它的主要功能是向顧客傳達購物方向的流程和位置的資訊。

　　⑹包裝 POP。指商品的包裝具有促銷和企業形象宣傳的功能，例如：附贈品包裝，禮品包裝，若干小單元的整體包裝。

　　⑺燈箱 POP。商店中的燈箱 POP 大多穩定在陳列架的端側，或壁式陳列架的上面，它主要起到指定商品的陳列位置和品牌專賣櫃的作用。

二、要確認 POP 是否發揮效果

　　店長在運用各種 POP 廣告時，及時地檢查 POP 廣告在商店中的使用情況，發揮其廣告效應：

　　⑴POP 廣告的高度是否恰當。

　　⑵是否依照商品的陳列來決定 POP 廣告的大小尺寸。

　　⑶廣告上是否有商品使用方法的說明。

　　⑷有沒有髒亂和過期的 POP 廣告。

⑸廣告中關於商品內容是否介紹清楚(如品名、價格、期限)。

⑹顧客是否看得清、看得懂 POP 廣告的字體,是否有錯別字。

⑺是否由於 POP 廣告過多而使通道視線不明。

⑻POP 廣告是否有水濕而引起的捲邊或破損。

⑼特價商品 POP 廣告是否強調了與原價的跌幅和銷售時限。

表 14-1-2　商店促銷活動檢核表

類別	檢　核　項　目	是	否
促銷前	1.宣傳單、海報、紅布條、POP 是否準備妥當?		
	2.賣場人員是否知道促銷活動即將實施?		
	3.促銷商品是否已經訂貨或進貨?		
	4.促銷商品是否已經通知電腦部門進行變價手續?		
促銷中	5.促銷商品是否齊全?數量是否足夠?		
	6.促銷商品是否變價?		
	7.促銷商品陳列表現是否吸引人?		
	8.促銷商品是否張貼 POP?		
	9.促銷商品品質是否良好?		
	10.賣場人員是否均瞭解促銷期間及做法?		
	11.賣場氣氛佈置是否活潑?		
	12.服務台人員是否定時廣播促銷做法?		
促銷後	13.過期海報、POP、紅布條、宣傳單是否拆下?		
	14.商品是否恢復原價?		
	15.商品陳列是否調整恢復原狀?		

表 14-1-3　商店促銷各階段工作重點

工作階段	工作內容	側重點
策劃籌備階段	制定詳細的促銷方案，組織策劃小組。	促銷方案應完整，包括促銷目的、準備、實施、成本、評估效果預測等內容。
前期準備階段	準備開展促銷工作	· 選擇合適的促銷時間與地點，如特別日期(節假日)、時段、持續多少天、設幾個促銷點、主會場設置等。 · 準備促銷用品。包括現場用到的展台、條幅、拱門、氣球、易拉寶、張貼的海報、宣傳單(彩印或黑白)、音響設備、樣品、贈品等。 · 選擇促銷人員。如要組織節目、遊戲、活動，則考慮請嘉賓、主持人(稍有名氣，費用要低)，請促銷人員視情況決定數量(建議請大學生，可靠且廉價)。 · 宣傳造勢。前期的大規模、全方位造勢宣傳是必不可少的。如想節省，可以去人口密集的市中心散發傳單。此外，還可以通過市內影響力大的媒體投放廣告。要關注媒介的選擇、報導的頻次、成本預算等，以期達到廣泛告知的宣傳效果。 · 協調各方關係，確保促銷活動合法合規。跟市容、城管、工商等部門提前打好招呼，避免到時出現不必要的麻煩。戶外活動必須經過有關部門的批准，廣告宣傳也必須要有合法的批文。 · 總成本預算。
執行實施階段	實施促銷活動	· 活動現場的佈置。要有足夠的空間，便於消費者關注、購買，佈置要新穎、整潔，有衝擊力；現場的宣傳海報、條幅等要醒目。 · 現場氣氛的調節與掌控。綜合利用視聽感　官刺激，盡可能多地吸引人氣。 · 現場活動。節目、遊戲、宣傳等要有極強的互動性與參與性，能帶動氣氛。所請嘉賓、主持人要確保以產品為主，一切活動需圍繞產品並以產品為出發點進行，切忌喧賓奪主。 · 現場的秩序。工作人員要維護好現場秩序，要做到贈品的發放公正有序，工作人員的數量有保證、佈局合理、活動空間寬敞等。 · 善後工作的進行。一切事後工作的處理，如費用結算等。

效果評估 階段	如是持續型的促 銷,就在最終一期 促銷結束後進行 總體評估;如促銷 是短期的,就立即 進行總體的評估。	主要評估促銷目的是否實現。銷量是否達到預期水準, 同時進行媒體效果的評定。對收支情況進行準確地核算 與分析。

三、如何製造出熱鬧的販賣氣氛

1.將銷售標語連接張貼於櫥窗

將正在銷售的商品廣告宣傳標語,連接張貼於店面櫥窗或其他醒目之處,可製造店頭上熱鬧的銷售氣氛。

2.將商品海報連接張貼!

將商品海報連接張貼於店面櫥窗或其他醒目的地方,也可以製造出店頭上熱鬧的販賣氣氛。

3.製造神秘的銷售氣氛

用木板將店面的正面圍釘起來,保留一個可讓顧客出入的門,在板子上貼滿標語或海報,可製造出神秘的販賣氣氛,誘發顧客探險掘寶的好奇心理,達到銷售的目的。

4.懸掛橫、直招旗,製造氣氛

為了讓遠處的人也能看見,橫招旗應以店面寬度為準,直招旗長度至少要超過2層樓的高度,才能引起顧客的好奇心理。

5.以氣球或其他小道具來製造店頭販賣氣氛

利用設計過的廣告氣球或其他廣告小道具來佈置店頭,並利用音樂或錄音來增加店頭販賣氣氛。

6.海報張貼豎立於附近人行道

可將大廉價的海報張貼在商店前及附近的人行道旁，一方面可從事宣傳，另一方面可指引顧客上門，達成販賣的目的。

第二節　打造屬於自己店面的銷售秘笈

走掉一位優秀店員，就等於業績損失了「半壁江山」；好不容易招來一位新員工，他卻在漫長的自我摸索學習中「丟失信心，自生自滅」，到底該怎樣解決這一困惑呢？

一位傢俱商反映，店裏有一位店員非常優秀，她個人業績能佔到整個店面業績的一半，所以，這位老闆就想盡辦法地留了她 4 年多。可是，這位員工辭職自己創業了，結果，店面業績一下子「倒掉了半壁江山」，下滑非常厲害。面對這種情況，老闆既為眼前的業績著急，更為以後類似事情的發生而擔心。

這個問題是不是也同樣在困擾著你呢？對於優秀員工我們是要費大力氣，花大價錢把他們留住，可是，畢竟人家只是你的員工，不管是自己創業還是另謀高就，遲早還是要走的。所以，遇到這種情況，一方面要盡快提升現有員工的技能，抓緊招聘優秀人才加盟；另一方面，更應該考慮以後該怎樣避免人才流失帶來的損失，或者把這種損失降到最小。

其實，這個問題的根源在於這位員工的業績佔的比率太高，而之所以太高，是因為其他導購員的能力和她相比實在懸殊，這才是根源的根源。所以，要從根源上解決這個問題，就要把她的技能在平日和大家分享，讓大家的技能至少不能相差太多。

案例中之所以會出現「倒掉半壁江山」的局面，一是因為辭職的員工能力太強，所佔業績比率太高，另一個方面是即便可以快速招到新員

工，可一時半會也很難彌補業績的空缺，因為新員工要對店面的很多方面進行熟悉和瞭解，尤其要掌握產品的特點和相應銷售技巧。這些對於他們來說往往要從頭開始學習，要一點一滴地靠自己去積累，因為現在的店面基本上沒有積累下相關的資料，更談不上有能夠立即使用的銷售技巧。

打造一套屬於自己店面的導購手冊，是目前店面必須啟動的一項工作。因為這樣的一套資料和秘笈，既可以大大提高現有員工的導購水準，又可以讓新員工快速掌握屬於自己店面的銷售技能，彌補業績空缺。那麼，該怎樣打造這套導購秘笈呢？我認為大家應該打造以下三本手冊：

1.《產品優點話術手冊》

店長不是生產廠長，店員也不是生產工人，一線的行銷人員，應該用商人的眼光去看待產品，用商人的眼光去發現每一款產品的優點和賣點，這樣才能對產品充滿信心，才能將產品賣得更好。那麼，該怎樣尋找產品的優點呢？我認為應該注意以下幾點：

找出專門時間，利用專門的場地（會議室或者店面）通過腦力激盪的方式尋找每一款產品的優點。優點可以分為原材料的、技術的、款式的、風格的、品位與檔次的、價格的、使用便利的等方面。

一次不能針對太多產品，最好 5 款左右為宜。每一款產品至少要保證 30 分鐘的討論時間。活動進行的時候，大家只能提產品的優點，不許提缺點，不管別人提的優點多麼離譜，其他人員都不得反駁或者提出異議，這樣可以最大限度地把大家的思維激發起來。

每一款產品都要有專人記錄，記錄的時候不要怕亂，也不要整理，要如實記錄。待活動結束後，再對這些優點進行歸納和整理，剔除那些不符合實際的優點，並最終形成正式的書面文字。

針對每一款產品的優點，根據大家的表達習慣，編纂成產品介紹的標準話術，然後裝訂成冊，這就是屬於你自己店面產品優點的話術手冊，更是學習產品的實戰教材。

2.《顧客異議應對話術手冊》

很多新店員剛上班的時候是信心百倍，可是，過了不久，信心就慢慢地丟失了，造成這一普遍現象的主要原因是什麼呢？我認為這一方面是因為導購技能缺失，另一方面則是每天失敗得太多，遭受的挫折太多。

而造成失敗與挫折的主要原因則是來自於顧客的異議，面對顧客的這些問題，如果導購員能夠有效回應，顧客就可以多停留幾分鐘，信任就增加了幾分，導購員也會因此受到鼓勵，對自己的品牌也就多了幾分信心；可是，如果導購員沒能有效回答，顧客不但會快速走掉，還會抱以質疑的態度，導購員就會多一分失敗感，對自己的品牌也就少了一分信心。

所以，顧客異議已經成了很多終端人員跨不過去的一道坎，而能否跨越這道坎，就在於我們平日對顧客異議有多少準備，有多少備案和答案。

其實，不管什麼行業，顧客的常見異議往往也就幾十個，如果能夠對這些問題準備好相應的答案，就可以大大提高化解顧客異議的能力。大家可以參考表，針對每一個顧客異議找出最有效的應對話術，並形成正式的《顧客異議應對話術手冊》。然後要求所有導購人員把這些話術都熟背下來，最後再形成每個人自己的表達方式。

3.《導購與服務技巧手冊》

骨幹員工辭職之所以會給店面帶來那麼大的損失，主要是因為他的導購技巧只屬於他一個人，是一個人的專利，而其他的員工雖然想得到厄的「真傳」，可卻缺少有效的途徑。所以，通過一定的方法讓每一個員工都能夠分享到其他人的成功方法，才是解決這個問題的核心之所在，而這個方法就是打造屬於自己店面的《導購與服務技巧手冊》。

建議大家從以下幾個方面來完成《導購與服務技巧手冊》：

要求每位導購員每週必須總結出三個自己認為比較成功的銷售服務技巧，要講出這每個技巧是在什麼情況下使用的，思路和步驟是什麼，

操作時需要注意那些方面的問題，表達的話術又是怎樣的。

對於每一個技巧的每一項內容，千萬不要隨便地「口頭表達一下」就了事，一定要把每個人的技巧寫下來，如果有人不善於表達，就委派專人代為整理，然後做成正式的書面資料，這樣既可以實現有效的記錄，又可以成為大家隨時查閱和參考的學習工具。

只是書面總結還不夠，還要要求大家針對自己的技巧給大家進行現場培訓，而且培訓的形式一定要正式，要告訴大家技巧的背景是什麼，自己的思路和策略是什麼，話又該怎麼說，等等。這樣既可以讓培訓者通過備課和授課的過程進一步提升思路和技巧，又可以讓其他學員獲得更大的收穫。

這種總結方法開始時大家不太怎麼配合，尤其優秀的員工會擔心因為自己的技巧「洩密」而影響自己的業績。所以，要先做好優秀員工的工作，表達對他的期望，同時要對積極配合者或者貢獻較大的進行一定的獎勵，以鼓勵人家相互促進。

第三節　商店的展示促銷

商場名言：「樣品展示是產品銷售的開始。」

展示促銷的表演，有試用、試吃、試飲、示範表演等，五花八門。展示促銷並非僅僅是宣揚新產品，更要發掘新產品的預期顧客，促其購買。通過商品展示，使消費者直接、充分地瞭解新產品特性和優點，這種推廣活動就是展示促銷。

通常展示促銷只針對新產品，是人員促銷的一部份，通過陳列新產品樣品，促銷新產品，使新產品資訊廣泛傳播，大量招徠商品買主，具有兼具促銷與廣告的作用。例如：一般用於食品類商品的展示促銷，可

以舉辦食品烹調、炊具使用示範告示活動。

很多新產品剛上市時，不為消費者所瞭解，商店及時、適當地開展展示促銷活動，可以迅速地把新產品介紹給顧客，激發消費者需求，促進消費者購買和消費。展示促銷還可以加強商店與顧客間的資訊溝通和感情交流，瞭解顧客對新商品的反應和消費需求的變化。展示促銷的特點，例如：

1.可以促使消費者更好地接受新產品

中國有句俗話：「眼見為實」。對於消費者來說，瞭解一種新產品最好的方法就是令其對該產品產生實際的感受。展示促銷就可以讓消費者做到親眼目睹，從而對新產品產生濃厚的興趣。

2.可以節省促銷的費用開支

展示促銷的成本費用主要是用於展示的商品費用、輔助品費用以及促銷人員的勞務費用，與其他一些促銷方式相比，費用較低，但是效果卻很好，是商店值得採用的一種較好的促銷方式。

一、推動展示促銷活動的階段工作

展示促銷一般分為兩個階段：準備階段和實施階段。

1.準備階段

⑴企業要瞭解開展現場促銷活動所針對的目標顧客的風俗人情和特點。

⑵企業的營銷人員應與供應商進行若干次懇談，按照企業對目標區域總的促銷方針，協商好促銷的商品品種、規格、數量、價格等。

⑶根據消費者的需要，和促銷活動目標區域的市場特定情況，來決定市場聯繫樞紐的橋樑──促銷品，包括促銷品的品種、規格、數量以及促銷品配比率等，其中，促銷品配比率是指促銷品與產品的數量比例。

⑷制定企業的貨源調度。其中貨源可以考慮三種情況：從供應商處

直接進貨；從企業的配貨中心調配；兩者相結合。

(5)現場促銷人員的選用、培訓和安排。這是現場促銷活動成功與否的一個重要因素。應該做好兩方面的工作：首先，商店促銷人員應具有豐富的促銷經驗，有強烈的衝勁和持續的原動力，具備熟練的推銷技能、良好的口頭表達能力、敏銳的洞察力以及市場反映的良好感應決斷力。其次，營銷人員和供應商應該仔細研究、分析在促銷活動實施過程中可能遇到的各種困難，決定應對措施。通常可以採取人員討論和情景演習兩種方式進行培訓。

2.實施階段

(1)商店促銷人員應抓住有利時機，講好開場白，抓緊時間促銷商品，試用商品，贈送促銷商品，張貼廣告等。

(2)商店促銷人員應該根據現場實際情況，調整好心理狀態，恰當改變口頭表達的內容和方式，調整說話聲音、速度和節奏，協調動作，注意外表形象等，總結出一套高速、高效的促銷通用語，並加以推廣和調整。

(3)商店促銷人員應該注意現場促銷中以下兩種方式的靈活運用：

①觀念灌輸，促銷人員應該善於把純粹的推銷商品觀念，上升到企業經營理念的提高；

②感情溝通，例如，通過親近顧客的小孩而引起顧客注意，以達到溝通情感和促銷的目的。

二、「展示促銷」的方式

1.確定銷售目標

查詢所促銷商品在促銷活動前四週的銷售數量，然後用這個數量去除以 28（即四週天數），得出日均銷售數量，則 8 小時示範的銷售目標日均數量×3，4 小時展示的銷售目標為日均數量×2。這些必須在促銷員

的每日報告中顯示。例如：一項商品在促銷活動前 4 週的銷售數量為 336 個，則每日平均銷售量為 12 個，8 小時促銷的目標則為 36 個(12×3)，4 小時促銷的目標應為 24 個(12×2)。

2.樣品展示

樣品展示應注意事項：

⑴樣品來源。供應商提供免費樣品，或者供應商從商店以零售價格購買。

⑵保留樣品記錄。保留樣品包裝標簽，用於收款及核對。

⑶樣品數量和尺寸。應該根據促銷商品的特點和要求，結合商店內的規則，安排促銷商品的數量和尺寸。

⑷補充商品。在促銷商品用完之後必須立刻補充，但是必須遵守促銷員離開促銷台的各項安全守則。

三、展示促銷的工作守則

1.對於供應商方面

商店要讓他們相信，商店會以熱情、令人興奮的方式促銷他們的商品，並且會百分之百地只促銷他們的商品。

對於顧客方面，商店要做到：永遠不要出現商店的促銷活動令顧客不開心的現象發生；確保顧客在促銷活動中的安全；讓顧客能從中得到商品的詳細資訊和優點，商店服務人員將永遠保持良好的態度。

2.商店展示人員的工作

商店展示人員的職責是：增加示範商品的銷量，熱情問候每一位顧客，講解商品知識；請顧客品嘗產品，並逐步產生購買這種產品的慾望。具體而言，就是：

⑴問候。向顧客致意，要像與很久不見的老朋友那樣與顧客打招呼，讓他們感到受歡迎，並表達「這是我們應該做的。」

⑵講解。向顧客敍述、介紹、報告，告訴顧客一些他們不知道的有關產品的資訊，解釋產品使用的其他方法。

⑶促進銷售。促進展示產品的銷售，讓顧客明白，如果不購買你促銷的產品，他們將會錯過大好機會。

3.對供應商的要求

⑴經過批准的供應商，才能在商店內展示商品。

⑵所有供應商必須提前一個月與總部(或採購部、促銷部)聯繫，安排展示。

⑶所有供應商代表須佩戴附有姓名的工牌，並且自備展示用品、樣品等。

⑷供應商代表進出商店必須登記其包裹、樣品和用品等。

⑸促銷過程中，供應商代表禁止吃東西或呆坐著閒聊。

⑹如果供應商代表不遵循規則，商店人員應加以糾正或嚴肅處理。

4.所展示商品的要求

⑴即使離開促銷台一分鐘，也要把熱的食品和食用油拿開，以免發生意外。

⑵不要給沒有大人帶領的小孩食物；當天烹製好的促銷食品，如果沒有用完應倒掉，不能留著第二天使用，以免食物變質。

⑶拿取食物時要帶塑膠手套。

⑷任何食物都不能放在地上，所有備用食物必須蓋好或用保鮮紙包好。

⑸需要烹飪或再加熱的食品，溫度要加熱到 65 度；需冷藏保存的食品，促銷樣品保存溫度在 2〜7 度。

⑹烹製的食品要在切開後 10 分鐘內給顧客品嘗(冷或熱)。

⑺要讓顧客拿好其樣品，以免污染其他樣品。

⑻促銷員的頭髮要束好，還需要戴髮網或帽子，以免碰到食物和設備，嚴格按照商店衛生要求標準執行。

⑼鮮肉製品的銷售點：在鮮肉銷售區域後、商品展示點旁邊進行促銷，以便於幫助顧客立即購買。

⑽不要等顧客來問你，主動推銷你的商品，鼓勵顧客大膽嘗試。

⑾運用銷售技巧，避免說出競爭對手的名稱。

店長在使用「展示促銷」時，應注意到關鍵問題，例如「週詳的計劃」、「所展示的商品」、「現場所介紹的人員」、「適當的展示地點」等。

⑴週詳的計劃是成功的關鍵。首先必須明確商品展示促銷的重點。要求在廣告，尤其是在 POP 廣告、電台廣播和電視廣告中，引用與訴求點相關的詞句，從品味、簡便性、加工、品牌、調理便捷性、利用範圍、新鮮程度、贈品魅力等等，選擇出與新商品特性相符合的一點或幾點作訴求，以期發揮最大的促銷效果。

⑵精心選擇展示商品。展示商品應具有以下特徵：有新型的使用功效，能使新商品的使用效果立即顯現，新產品的技術含量低，為大眾化的產品。

⑶認真地選擇展示人員。展示人員水準的高低對於展示效果的影響很大，所以在選擇展示人員時應充分考慮到展示人員對展示商品的性能、質量、使用方法等的瞭解程度，以及展示人員的展示技巧和把握現場氣氛的能力。

⑷設置合適的區域來進行新產品展示活動。該區域在商店的佈局中應該顯眼醒目，以便吸引更多的消費者前來觀看；要注意展示區域與商品銷售位置的配合，應在商品銷售位置附近開展；要考慮保持賣場內部通道的順暢，使對展示活動無興趣的消費者能夠順利通過和選購其他商品。

第四節　一定要舉辦促銷活動

一、年度促銷計劃

一般而言，商店為營造熱烈的銷售氣氛，應以年度為計劃基準，規劃年度促銷計劃與每季促銷計劃，並且以下列為重點：

1.與當年度的行銷策略結合

商店每年推出不同主題的行銷策略，可以建立顧客對商店形象的認知，因此年度促銷計劃結合行銷策略，可以增加顧客對商店的好感，同時也使得資源運用更為集中。

例如某超市年度行銷溝通策略主題為「社區生活夥伴」舉辦的促銷活動以社區為主要目標群體，表現出對社區的關懷及共同生活的信念，舉辦「社區媽媽烹飪大賽」等促銷活動，增加社區顧客對商店的好感。

2.考慮淡旺季業績差距

幾乎任何行業都有季節變化，不同季節的業績會有不同的變化。促銷活動的規劃必須考慮淡旺季的影響，淡季的促銷活動主要以形象類促銷活動為主，除了會延緩業績下降外，還能增加商店的認知度，旺季的促銷活動因競爭較為激烈，通常以業績的完成為主要目標。

3.節令特性的融合

節令包括法定假日與非法定假日，法定假日如春節、國慶日等，非法定假日如情人節、母親節等，另外中國傳統習俗節令也不能忽視，如中秋節、中元節、元宵節等。這些節令在消費行為上有不同的特徵，因此結合節令的習俗特性與商品搭配，甚至開發出與節令聯想的商品與促銷話題，都可在年度行銷計劃裏規劃。

例如，2004 年是猴年，春節時，鱷魚服裝「買贈」促銷都在「猴」

身上做文章，買男裝送打火機——猴頭；買女裝送猴型飾物——點綴；買童裝的送卡通猴。贈品雖小，但其設計新穎、人性化，因此能真正得到顧客的喜歡。

二、主題式促銷計劃

主題式促銷計劃是指具有特定目的或專案性促銷計劃，最常使用在專賣店開幕、週年慶、社會特定事件以及商圈活動中。

1.商店開幕

通常商店開幕期間都會舉辦促銷活動，以吸引顧客，刺激其購買慾望。商店經營有賴顧客的維繫，因而顧客資料相當重要，所以可以利用開幕促銷留下顧客資料，作為未來顧客維護的基礎。

李先生昨天早上路過一家服裝店門口時，促銷員給李先生送上一個紅包，心情愉悅的李先生順便到店裏逛了逛，發現店裏的衣服品質還不錯，價位也能讓人接受，於是給老婆買了一件外衣。

據這家服裝店的老闆馮女士介紹，她的服裝店昨天開業，為了給客人留下良好印象，他們特意封了 200 多個紅包，隨機送給開業第一天到店裏閒逛和購物的客人。運氣最好的客人可以拿到 580 元，最少也有 29 元。

由於促銷手段很有人情味，服裝店開業當天生意紅火，營業額大大提高。

2.週年慶典

商店週年慶典的促銷活動，雖然年年都有，但若創意新穎，仍然可以走出刻板的模式，創造出新鮮感的話題。例如，創業十週年，「忠誠顧客評選」活動。

3.社會特定事件

商店除了售賣商品外，對於社會上發生的重大事件，需時時保持一

定的敏感度，遇某一事件發生時，也可以舉辦促銷活動，既表示企業關心社會，也可以刺激購買以提高業績。

如，2003 年「非典」過後，各行業百廢待興，為減輕原有庫存的負擔，某大型商場進行促銷優惠活動，凡在七月份到商場購物達到 1000 元以上，商場贈送抗病毒口服液 2 盒。

三、彌補業績缺口的促銷計劃

銷售業績是商店維持利潤的最主要來源。營業人員每日的工作就是要確保業績的完成，因此以月為單位、以週為單位或以日為單位，都應設立預警點，若發現到達預警點立即以促銷活動來彌補業績缺口，為了能有效而準確地達到目的，應建立「促銷題庫」以備隨時之需。

每個商店的銷售，都應設立預警點，提早知悉，趕快彌補不足。至於預警點的設立標準，則因各行業及商店的特性而有所不同，一般以過去正常業績為參考值，如某商店在當日下午 6 點累積業績通常為該日業績的 60%，建立預警點的參考值，對業績的完成有相當大的幫助。

四、對抗性促銷計劃

經營本身是動態的，在激烈的競爭中，顧客長期籠罩在促銷的誘惑下。競爭對手的促銷活動很可能使我們的顧客流失，造成業績的減少。因此，必要的對抗性促銷活動因此而產生，由於對抗性的促銷活動通常較為緊急，可運用的時間較短，若能平日建立「促銷題庫」，在面對應變時，可以立即運用。

例如，A、B 兩家相鄰的超市，原來同品牌的食用油都賣 65 元/桶，如果 A 超市改為 62 元/桶，那麼 B 超市獲知後應馬上要將同品牌的食用油改為 60 元/桶或 61 元/桶（並且買 2 桶贈送大米一斤）。

表 14-4-1　全年度促銷主題

促銷的時間	促銷主題
一月份	1.元旦迎新活動。　　　　　　新春大優惠。 3.春節禮品展。　　　　　　　除舊迎新活動。 5.結婚用品、禮品展。　　　　年終獎金優惠購物計劃。 7.旅遊商品展銷。
二月份	1.年貨展銷。　　　　　　　　情人節活動。 3.元宵節活動。　　　　　　　歡樂寒假。 5.寒假電腦產品展銷。　　　　開學用品展銷。 7.玩具商品展銷。　　　　　　家電產品展銷。
三月份	1.春季服裝展。　　　　　　　春遊燒烤商品展。 3.春遊用品展。　　　　　　　換季商品清倉特價週。 5.「三八婦女節」婦女商品展銷。
四月份	1.清明節學生郊遊食品節。　　2.化妝品展銷會。
五月份	1.勞動節活動。　　　　　　　2.夏裝上市。 3.清涼夏季家電產品節。　　　4.母親節商品展銷及活動。 5.端午節商品展銷及活動。
六月份	1.兒童節服裝、玩具、食品展銷及活動。 2.考前補品、用品展銷。　　　3.飲料類商品展銷。 4.夏季服裝節。　　　　　　　5.護膚防曬用品聯展。
七月份	1.歡樂暑假趣味競賽，商品展銷。　2.暑假自助旅遊用品展。 3.Cool 在七月冰淇淋聯合促銷。　4.父親節禮品展銷。 5.暑假電腦促銷活動。
八月份	1.夏末服飾清貨降價。　　　　2.升學用品展銷。
九月份	1.中秋節禮品展銷。　　　　　2.敬老禮品展銷。 3.秋裝上市。　　　　　　　　4.夏裝清貨。 5.教師節卡片、禮品展。
十月份	1.運動服裝、用品聯合熱賣。　2.秋季美食街。 3.大閘蟹促銷活動。　　　　　4.金秋水果禮品展。 5.國慶日旅遊產品展。　　　　6.重陽節登山商品展。 7.入冬家庭用品展。　　　　　8.羊絨製品展。
十一月份	1.冬季服裝展。　　　　　　　2.火鍋節。 3.護膚品促銷活動。　　　　　4.烤肉節。
十二月份	1.保暖禦寒用品展銷。　　　　2.冬令進補火鍋節。 3.耶誕節禮品飾品展銷。　　　4.歲末迎春商品展。

第五節　商店常見的促銷推廣方法

1.有獎促銷

有獎促銷是指店家設立獎品，顧客達到一定購買量後可獲得獎券，然後按期公佈中獎號碼，中獎者持券兌獎。這種獎勵一般為現金或有誘惑力的獎品，對消費者刺激力度較大。要注意有些地區法律有明確規定，最高中獎獎勵不得超過規定值。

2.贈品促銷

贈品促銷即顧客在消費後可以得到一份禮品的促銷方式，企業可以設計一些帶有企業形象標誌的小禮品，例如鑰匙鏈、卡通玩具等，在新店開業時免費贈送。贈品促銷的常見策略有：

⑴同類商品贈送策略。顧客購買某商品後，贈予該商品同品類或相關聯的商品。如買一箱餅乾另送一個小盒裝。

⑵禮品的贈送策略。顧客購買某商品或購物達到一定要求後，贈予顧客指定的禮品。如一次性購物滿 280 元送食用調和油 1 瓶等。贈品促銷的常見方式有低值買贈促銷、階段買贈促銷、指定買贈促銷、特定買贈促銷、買一贈一促銷等。

3.折扣促銷

折扣促銷指商店透過對部份商品降價銷售，達到刺激、吸引顧客消費的促銷手段。購買越多可以獲得越多的折扣優惠，以刺激大量購買，日常生活用品常採用這種方法。例如，購買 3 袋洗衣粉可贈送 1 袋，也就是說以 3 袋洗衣粉的價格可以買到 4 袋洗衣粉。

4.打折優惠

打折優惠是指在不同的季節、節假日（例如每月 15 日）等時間內，以低於商品正常售價出售的商品，使消費者獲得實惠，特別是在購買旺

季,或換季時使用較多。透過一種或數種商品的讓利甚至賠本銷售,吸引大量顧客,刺激連帶購買,追求總體銷售額的增加。這方式規則簡單、易於操作,應用較為廣泛。

5.返還貨款

返還貨款是指每日或節假日選擇一名幸運顧客,將其購物的貨款全部返還,刺激顧客踴躍購買;在幸運顧客的選擇過程中要保證公平、機會均等。

6.優惠卡

優惠卡是持有者在購買特定商品時可憑優惠卡享受特別折扣。優惠卡的發送對象可以是由店方選擇的知名人士,也可以是到店鋪購物次數或數量較多的熟客。

7.抵用券

向消費者提供抵用券,客戶可以在下次購買時作現金抵價。

設定固定面值,按公司要求依據情形發放給顧客,以鼓勵顧客消費的促銷活動。如現在辦理會員卡,贈送 12 元抵用券一份等。

8.現場展示

對於顧客不太熟悉的新產品,除了廣告宣傳外,商店可以設置專櫃現場展示,演示商品的功能、使用方法,解答顧客提出的詢問,製造活躍的購物氣氛,激發顧客對新產品的興趣。

9.現場製作表演

現場製作表演是指專門訓練的人員在現場表演其製作方法,現做現賣,使顧客瞭解產品的結構和流程,產生信任感,激發購買的興趣和慾望。這種表演應有一定的技巧性、示範性和教學性,如果能讓顧客從中學到一定的技術竅門,那麼效果會更好。

10.免費品嘗和試用

免費品嘗和試用,即在商店設專人對進店的顧客免費贈送樣品、紀念品、試銷品及各種小物品,讓顧客現場品嘗和試用。在顧客的購買達

到一定數量後，贈送其一定的贈品，如購買額滿 100 元後，贈送一個新品試用裝。這種促銷方式通常在連鎖店統一推出新產品或老產品改變包裝、品位、性能時使用。其目的是迅速向顧客介紹推廣商品，爭取顧客的認同，打開銷路。

11.以舊換新

商店與廠家聯合，對本店出售的某商品以舊換新，新舊商品差價較大的，可由顧客補交一定數額的價款。這種方式不僅刺激了消費，加速了商品的更新換代，而且提高了連鎖店和該品牌的市場佔有率。但這種方法的應用有一定的局限性，只有那些與廠家關係密切的商店可以使用，如高壓鍋可對購買高壓鍋的顧客進行以舊換新的促銷活動。

12.交易印花

連鎖店統一印製一批印花，在銷售過程中贈送給顧客，當購買者手中印花積到一定數量時，可以向任何一家分店領取一定數額的現金或實物，這種方法可吸引顧客長期購買本店的商品。

13.特價包裝

特價包裝是常用的一種銷售折讓方式。例如購買 10 升的食物油，在油桶上標明 2 升免費字樣，向顧客贈送了 2 升，收的只是 8 升食物油的價錢。又如包裝有 20 隻彩筆的商品袋，註明 10 隻免費。包裝有 12 個刮鬍刀架的商品袋，註明 6 個免費。還有一種組合型包裝，把兩件相關的產品合包在一起，如牙膏和牙刷，刮鬍刀架和刀片，鉛筆和捲筆刀等，並標明免費內容。

14.積分活動

積分活動即顧客在消費後得到積分，並憑該積分獲得一定獎勵的促銷活動。積分促銷折算方式要簡單可行，一目了然，活動時間設置合理，操作時要一切以方便顧客為原則，方便顧客獲得積分並享受獎勵。積分促銷容易建立起顧客多次購買的行為，以培養顧客忠誠度，但是整個活動時間長，需要持續吸引顧客參與，對新顧客的影響力較小，對宣傳效

果的要求較高。

15.遊戲促銷

遊戲促銷即利用顧客喜歡新鮮、刺激的遊戲方式鼓勵顧客參與的促銷活動。或者透過精心設計與產品有關的智力測驗題，透過現場或媒體徵求正確答案，並對獲獎者給予一定獎勵。

舉辦遊戲性的活動，對於參與者根據活動的表現或成績給予一定獎勵或優惠。如飛鏢定折扣、你想幾折就幾折等。

16.會員促銷

會員促銷即設立會員制度，對新老顧客給予「會員」特別待遇。企業可在多種方式上開展各種會員活動，常見的有：新會員見面禮、會員大抽獎、會員專享特價、會員健康俱樂部。

17.限時折扣

即商店在特定營業時段內，提供優惠商品，刺激消費者購買的促銷活動。例如：限定 10：00～12：00 某品牌女士涼鞋五折限時優惠；或在 19：00～20：00 某些食品買一贈一優惠等。此類活動以價格為著眼點，利用消費者求實惠的心理，刺激其在特定時段內採購優惠商品。

在進行限時折扣時，可提前以宣傳單預告，並在賣場銷售高峰時段以廣播方式宣告，並刺激消費者購買限時特定優惠的商品，在價格上必須與原定價格有 30%以上的價格差，才會對消費者產生足夠的吸引力，達到使顧客踴躍購買的效果。

18.免費試用

現場提供免費樣品供消費者使用的促銷活動，如免費試吃水餃、香腸、餅乾；免費試用洗滌劑；免費為顧客染髮等。此類促銷活動是提高特定商品銷售量的好方法。因為通過實際試用和專業人員的介紹，會增加消費者購買的信心和日後持續購買的意願。

免費試用時，要安排適合商品試用的地點，要做到既可提高使用效果，又可避免影響顧客對商店內其他商品的購買；選擇適合試用的商品

品種及其供應商，通常供應商均有意配合推廣商品，故應事先安排各供應商，確定免費試用促銷的時間、做法及商品品種；舉行試用活動的供應商，必須配合商店規定的營業時間進行免費試用活動，並安排適當的人員和相應的器具，或委託商店服務人員為顧客服務。

第六節　店長銷售提成比例的問題

零售店是指遍佈各地的直接銷售給最終消費者的零售終端。零售店銷售提成的依據包括：銷售業績、績效考核結果、同行業競爭對手提成水準、底薪等。

一、商店銷售提成比例的設計

圖 14-6-1　零售店銷售人員提成比例設計圖

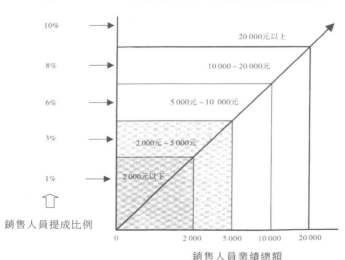

在設計零售店的提成比例時，企業應瞭解本店銷售特點，針對銷售員自身的特點，設計具有激勵性和競爭性的提成比例。

提成比例是超額累進的提成比例。銷售人員的月銷售目標為 2000元。例如某銷售人員月銷售額為 4000 元，則其銷售提成＝2000×1%＋(4000－2000)×3%＝80 元；如果月銷售為額為 5000 元，則銷售提成＝2000×1%＋(5000-2000)×3%＋5000×6%＝410 元。

零售店銷售提成核算是指對零售店所有銷售人員的銷售業績進行匯總，並對其應取得的銷售提成進行計算。

二、店長的銷售提成比例

為了規範零售店銷售提成管理，激勵零售店長，提高其愛崗敬業的責任心和工作積極性，特制定店長銷售提成方案。

零售店長銷售提成採用超額累進的計提方法，具體提成比例如表12-2 所示。

表 14-6-1　零售店長銷售提成比例表

季銷售額(萬元)	提成比例
50(含)以上	3%
30(含)～50	2%
30以下	1%
說明	1. 季銷售任務量為30萬元。 2. 提成計算方法 若零售店長第一季實際完成銷售額為4萬元，則提成＝30×1%+(40-30)×2%＝0.5萬元；若第二季實際完成銷售額為60萬元，則提成＝30×1%+20×2%+10×3%＝1萬元

三、店長銷售提成方案

　　為激勵零售店銷售主管的工作積極性，經研究決定，零售店將全面實行新的薪資制度，主管收入將由基本薪資+銷售提成構成。

　　零售店主管薪資為基本薪資+提成。零售店主管底薪 1000 元，餐費補貼 200 元。零售店主管銷售提成設置如下：

　　⑴零售店主管的提成每月計提一次。

　　⑵零售店主管提成為下屬員工銷售業績總額的 1%。

　　⑶零售店主管月銷售任務量為 5 萬元，完成銷售任務量的情況不同，相應提成標準也不同，具體的提成標準如表 12-3 所示。

表 14-6-2　零售店主管提成比例表

月銷售任務完成情況	提成標準
完成銷售任務量的65%以下	無提成
完成銷售任務量的65%(含)～90%	領取提成的90%
完成銷售任務量的90%(含)～100%	領取全額提成
完成銷售任務量的100%以上	領取提成的110%

心得欄

第 15 章

店長如何掌握賣場業績

第一節　養成每天看報表的習慣

　　日報表是店長每天要做的重要工作。店長不作日報表，就不能把握每日營業狀況。每個商店都應該有自己的日報表。有一些商店只注意營業的高、低，甚至有的只把重點放在今天的日報表上，而忽略了也該把往年的報表列為參考資料，細心的商店甚至還會算出今年與去年的成長比率。逐日記賬是營業的重要例行工作，身為店長，要多瞭解日報表，並逐日登錄日報表。

　　天氣狀況會影響店面業績的多寡，如果能每天詳列氣候狀況與業績狀況，可作更有效的預防或補救措施，如：預知每年此時，氣候變化不穩定，是否需改變那些商品的組合？或配合氣候變化作某些特賣活動？

　　店長應注意的是星期假日、人潮與業績三者互為影響因素。商店往往因為是星期假日、人潮多、業績高都呈現相關影響。

　　舉辦各種促銷活動的結果，店長都要登記在日報表上，作為未來舉辦類似活動的重要參考。

還要記錄交易客數，交易客數能左右一家商店的業績，成為銷售額的基準，由累計的交易客數也可以顯示出商店受歡迎的程度。另外，營業額雖上升，交易客數卻減少等的反常現象，都能經由日報表欄裏清楚地顯示出來。

為了掌握銷售動態，公司必編列營業目標，日報表上的「銷售實績」欄有必要做好。與去年相比，營業額是多是少？如果不能達成預期目標，應如何補救？日報表中應包含下列資料：

(1)每日營業額對去年該月的比較

(2)每月營業額目標達成率

(3)本年營業實績累計對去年營業實績累計的比較

(4)去年度營業目標累計達成率

(5)去年該月平均購買單價及今年本月平均購買單價

(6)去年該月平均購買點數與今年本月份相比較

(7)去年當月進貨額與今年本月進貨額

(8)去年度退貨額累計與今年度退貨額累計。

第二節　運用目標管理提升績效

店長要運用目標管理提升商店績效，每過一段時間就要對店員的工作表現作一個評價，看工作成果是否達到預期的目標。

一、如何設定績效目標

1.設定績效目標的標準

(1)績效目標是具體、可衡量的。例如月銷售額達到 5000 萬元或在

早上 10 點前完成新貨品的上櫃工作。

　　⑵績效目標是在內部公佈的。考核者和被考核者都應當清楚且無歧義地瞭解。

　　⑶績效目標是事先制定的。即在年初或工作開始之前。

　　⑷績效目標具有可達成性。對員工來說，目標業績應是商店員工同心協力可以達成的。因此，績效目標往往也具有挑戰與激勵的作用。反之，如果每次業績的制定都是高難度挑戰，或根本是天方夜譚，如此一來，在這種無論怎樣努力也達不到目標的想法下，目標的制定反而會造成反效果，造成消極情緒。

　　例，一個店長為收銀員制定的績效目標如下：

　　定性的規範性標準：責任感、團隊精神、品德、協調能力。

　　定量的規範性標準：打字速度 80 字/分鐘；每天下午 5：00 前上交收銀報告；出勤率不低於 95%；每星期五提交一份銷售報告。

2.績效考評的主要內容

工作業績		工作能力		工作態度
工作品質		工作技能		投入程度
工作數量	＋	相關能力	＋	工作熱情
工作進度		發展潛力		工作動機
（50%）		（30%）		（20%）
突出實績		引導能力		激活態度

　　在某個時期，一個超市內的果蔬銷售額一直很低，日銷售額僅 2000 多元，店長召集生鮮主管和所有小組長開研討會，主題是如何把果蔬的銷售提上去。大家激烈討論，想盡各種辦法，最後定了一個目標：在一週內至少有一天的銷售額超過 5000 元。

　　結果是在下一週果然有一天銷售額超過 5000 元。店長很高興，詢問

他們是如何實現的，主管回答說：我對員工講，店長要求我們在一週內必須有一天銷售額超過 8000 元。按照這種方式，後來該店在一週內可以有一天超過 10000 元的銷售。這裏是什麼導致了銷售的成功呢？關鍵是明確的目標和對實現目標的信心。

店長需要把目標分解到每個部門、每個員工；要與員工對實現目標達成共識；激發員工實現目標的激情和信心；讓員工體會到目標實現的成就感。

二、銷售目標要跟進

商店銷售目標跟進分為目標跟進和業績跟進兩種。

①跟進目標：對確立的目標作跟進記錄，並回饋給員工。

②跟進業績：不斷把員工的即時業績回饋給員工本人，以促進良好的銷售氣氛，及時解決銷售過程中的問題。

業績跟進的步驟如下：

①收集資料。收集員工在工作過程中的現象資料。

②觀察。在一邊觀察項目的實施情況，並針對操作進行記錄。

③資料整合。整合文本及觀察相關項目實施的資料，找出執行過程中的優點及不足之處，想好教練方式，思考如何與員工進行溝通。

④回饋。將結果回饋給實施者，並針對個人實施教練。例如店長如何跟進業績的話術：

· A 現在已經完成了 5000 元的業績。

· B 完成了 500 元的業績，還需要加油。

· C 已經達成了 2000 元的業績，會員卡銷售了 2 張，還差 1 張。

· 對主推款 A、B、c 都做了推動，共售出 4 件。

· 主推款 A、B 都作了推動，但是還沒有售出，主推沒有成功的原因是什麼？要思考一下。

三、每天都要關心營業目標達成率

1. 每天檢討銷售達成率

店長的重要任務之一，是達成本店的銷售目標，因此，店長要有科學化的管理技巧，要每月訂立銷售目標，分攤到每日的銷售目標，並且隨時有數字概念，天天關心目標達成率。

銷售目標的管理，首先是將「月目標」化為「日目標」，店長必須決定每一天的目標，並且每天執行目標，再將其結果做反省，以擬定出對策。如果不加以重視每一天累積而成的銷售總額的話，就無法有效地達成銷售目標。

將一天的銷售總額與目標做比較，有超過每日銷售目標的天數，也會有低於每日銷售目標的天數。觀察每天的動向，並把這種比較做成圖表，圖表的形成往往一目了然，由此便可瞭解銷售實績的波動情形。

2. 檢討的方式

店長明瞭銷售實績之後，必須加以檢討，其檢討方式如下所述。

(1)要有依據比較的檢討

有了比較的基準，才能將它的基準和實績做評比。

(2)以部門為競爭單位

以店內的商品組別或相關組別為單位、相互競爭以達成目標。任何人，都有競爭心，以組別為單位，能夠給予適當的鼓勵。或以一週為單位，發表名次和目標達成率的名次等等，只要多下一些工夫，很多組都有屬於他們自己的優點，肯為自己的組別而奮進。

(3)讓部屬知道計劃目標和實際成績的經過

店長應該將目標和實際成績的經過，讓店內所有員工都知道，店裏具有各種不同的人才，能夠得到這些人的合作，效果會更好。

⑷稱讚達成目標的組別

人類潛在的需求會想要得到別人的認同、尊重,所以店長以一個月為單位,稱讚達成目標的部門、組別。

⑸鼓勵未達成目標的組別

對於那些未達成目標的,店長可與其共同分析探尋未達成的原因,鼓勵其找到方法努力加油。

3.培養向數字挑戰的觀念

店長要提高業績或創造商店利潤,必須培養出對數字的敏感性,要有「向數字挑戰」的觀念。

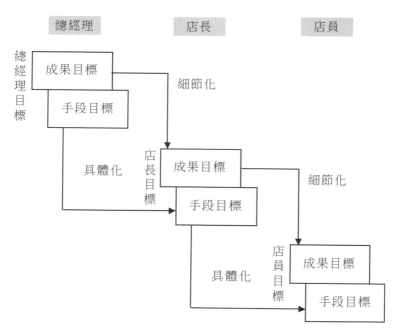

對於數字累計的資料、營業額增減的統計、預算目標的比較,促使店長對營業狀況能有效地把握,進而可以針對差異狀況進行分析與改善。

在營業額管理方面,可以由兩方面著手:

‧與過去的比較,藉以瞭解業績的成長情形;

‧與預算的比較，用以得知對目標的達成狀況。

店長若能培養數字管理的觀念，在經營績效的評估與分析上，就能掌握具體的資料，不至於事事憑猜測或感覺。長久下來，累積經驗對於整個商店的每年營運狀況，甚至每月起伏情形、季節變動情況都能了如指掌，作為營運操作的有利參考資料。

第三節　擬訂銷售計劃的步驟

店長對於商店內的日常銷售活動，都要制訂銷售計劃，並反覆驗證，不斷積累經驗，修正行動，提升業績。

銷售計劃中必須包括詳盡的商品銷售量及銷售金額才算完整。商店的銷售業績，一般當日就能知道能否完成。因此，每天確實實現經營目標，是店長的首要任務。

1.確定銷售目標

店長依據銷售任務，按照月、週、日將整個團隊的任務分解細化，依據每位店員的銷售能力，對可能的銷售業績進行估算，並在計劃工作會上公佈各組/人的銷售任務指標。

2.制訂促銷計劃

針對不同的銷售情況，制訂及修改長、中、短期促銷計劃，並就實施上的必須事項及商店的實際狀況等要點進行檢討。

3.與商品相關的銷售計劃

包括：確定銷售點；確定銷售贈品；掌握節日人口聚集處促銷。

4.與銷售人員相關的促銷計劃

包括：業績獎賞；行動管理及教育強化；銷售競賽；團隊合作的銷售。

5.廣告宣傳等促銷計劃著眼點

包括：宣傳品(銷售點展示)；宣傳單隨報夾入；模特兒展示；目錄、海報宣傳；報紙、雜誌廣告。

6.理清擬訂計劃的進度、程序和步驟

7.與每日的商店作業活動相結合

將團隊的銷售指標變成每位店員的自覺行動，形成全體店員完成任務的凝聚力，始終以計劃指導工作，始終以計劃檢查工作。相信一隻團結、上進、有目標的團隊一定能完成公司下達的任務。

 # 第四節　店長要重視經營數字

1.店長該重視的經營數值

以下幾個數值是店長絕對要把握的：

⑴每天營業額。

⑵來客數。

⑶客單價。

⑷毛利率。

⑸商品庫存值。

⑹商品回轉率與交叉比率。

⑺各種費率及盤損率。

⑻淨利值及淨利率。

⑼BEP 值(損益平衡營業額)。

⑽營業目標值追求。

以下幾個數值有利於經營績效改善或生產性的提高，經營主也應該要設法瞭解。

⑴商品單品及部門別銷售或進貨排行榜、毛利率及回轉率的分析值。

⑵商品部門別銷售或進貨結構比。

⑶商品單品及部門別的貢獻度(交叉比率)。

2.報表統計分析

使用 POS 及進銷存資訊系統初期，店長常感困擾的是面對一堆報表，根本沒時間去看或分析，所以看到電腦系統的一迭報表，就感到巨大壓力。事實上，報表的使用是有要訣的，例如報表的閱讀或產生時機，每日、每週或每月要閱讀的都有不同，使用報表的人也應有區分，部份是操作人員或收銀員、有些則是倉管或採購人員，有些可能僅供店長及經營主使用，經過這種方法分類使用，您會發現，並不是每個人需要隨時看那麼多報表的。

⑴每日進銷結賬日報表。

⑵時段分析、天候與業績分析、收銀班賬分析。

⑶客層分析、客層付款別分析。

⑷部門實績、毛利、來客數等排行及平均客單價。

⑸單品實績、毛利、數量等排行。

⑹VIP 交易分析、付款別分析。

⑺店員、收銀員銷售分析。

⑻暢滯銷品、ABC 分析。

⑼自我診斷與建議：參考損益平衡點(BEP)、賣場效率(如人效、坪效、部門貢獻率等)、交叉比率分析、商品回轉率分析、盤盈虧分析、來客數及客單價分析、商品價格帶分析、ABC 類商品自動分析、安全存量分析。

表 15-4-1　商店報表

報表名稱	使用人	製表	使用頻率	使用時機與說明
收銀日賬報表	出納	李	每日	核對收銀現金繳庫
收銀班員賬	出納	李	每日	同上
商品銷退日報表	店長主管	鄭	每日	瞭解排行及銷售概況
商品進貨日報表	店長、收貨人	陳	每日	掌握進貨進度
採購建議	店長	陳	每日	自價訂定、進貨參考
商品已採未進貨	店長	陳	每日	催貨
特價品一覽表	收銀員	陳	變價日	收銀員參考
抽樣盤點表	店長	店長	每2-3天	防弊、防偷及瞭解操作
營業週報表	店長、老闆	店長	每週三	來客較少時點列印，分析來客數與客單價。
暢滯銷排行表	店長、老闆 收銀人員	鄭	每週三	整理要換貨的滯銷品及追加暢銷品採購
時段銷售明細表	店長、老闆	陳	每週三	瞭解人潮時段分配
營業月報表	店長、老闆	店長	每月25日	檢討月營運成果
暢滯銷月排行	店長、老闆、 收銀人員	陳	每月25日	調整下月的商品計劃
商店簡易診斷報告表	店長，老闆	店長	每月25日	提供坪效、人效、貢獻率較差部門、商品回轉率等

3.以便利店經營為例

便利商店的商品構成比大致如下：

表 15-4-2　便利商店的商品構成比

構成類別	比率	構成類別	比率
櫃台販賣	5.0%	糖果、蜜餞、零食	8.0%
速食	1.5%	麵食	3.0%
麵包	1.5%	餅乾	2.0%
咖啡、奶粉	1.5%	加工食品	1.5%
煙酒、鹽、麵粉、米	27.0%	美容保健	1.5%
飲料	7.0%	雜貨	3.5%
出版品	2.0%	紙製品	1.5%
文具、玩具	1.5%	顧客服務	0.5%
冰品、冷凍品	2.0%	禮品	1.0%

目前便利商店門市損益構成概要如下：

1.每日營業額	50000 元
2.來客數	1000～1100 人
3.客單價	45～50 元
4.每月營業額	1500000 元
5.進貨成本	73%
6.值入率(營業額－進貨額/營業額)	27%
7.毛利率(營業額－進貨額－盤損－報廢/營業額)	25%
8.銷管財費用	23%
人事費用	8.0%
租金費用	6.7%
水電費用	2.0%
設備裝潢攤提	2.0%
其他	4.3%
9.稅前淨利率	2%

以上只是一般概算，經營不善的商店因其銷管財費用偏高、營業額偏低，或因費用控制不當，而使第 8 項的比例合計達 25%以上者甚多，這正是目前便利商店多數虧損的主要原因。

表 15-4-3 便利商店自我評量表

序號	評量項目與說明	業界水準
1	坪效＝每日營業額/賣場坪數 商店在都會與城鄉，其坪效會有不同，店租較低者坪效標準可降低。	1500 元/日/坪
2	平均客單價(商品力測試) 與坪效的要項相同，唯視賣場大小有所差異	50 元/人
3	每日來客數(集客力與賣場表現)	800 人
4	粗毛利率＝毛利額/營業額 粗毛利是指未扣除盤損及報廢金額的毛利率	25%
5	費用率＝支出費用/營業額	23%
6	每月盤損率＋報廢率 盤損率＝盤損金額/營業額 以上金額皆以零售價求得	1.5%＋0.5%
7	商品回轉率＝月營業額/庫存水準 以上金額皆以零售價求得	2.3 次
8	店長或經營主相關行業資歷	3 年
9	是否實施商品分類管理	
10	從業人員每月教育培訓時數	3 小時
11	是否有做進銷存管理	
12	是否已具電腦基本認識或操作人員	

第五節　店長要留心商品銷售量

　　店長要提高銷售績效，必須設法掌握店內商品的銷售數量，店長可透過下列方式：

1.觀察營業高峰之後的貨架

　　觀察賣場上所陳列的商品數量狀態，藉以得知該項商品的銷售情況。

　　譬如營業高峰時間過後，貨架上的暢銷商品必然數量劇減，而且陳列狀態零亂。反之銷路不佳的商品，即使高峰時間過後，其陳列狀態也是幾乎保持原樣，甚至蒙上灰塵。

　　總之，店長要隨時隨地注意賣場商品的陳列狀態，透過細心觀察來掌握比較暢銷的商品，藉由這種目視管理，可以確認那些是暢銷商品。

2.察看補貨量

　　根據賣場商品的補貨頻率，掌握暢銷商品的銷售狀況。

　　在賣場進行補貨之際，如果仔細觀察，自然能夠分辨那些商品是每日必須補貨，以及那些商品僅有少量補貨。換言之，店長透過補貨作業，可以掌握暢銷商品。不注重經營的店長，常出現下列問題：

　　‧暢銷商品貨架空了也未察覺
　　‧大量堆積滯銷商品仍不自知
　　‧想要規劃排面卻不知應該納入那些商品及其適當的進貨量
　　‧對於不知道的商品愈來愈不瞭解

　　為了避免上述毛病，店長必須走入賣場，仔細巡視每個貨架的各個排面，留心以下諸點現象：

　　‧是否出現商品短缺，排面凹陷的情形？
　　‧倉庫裏有庫存品嗎？
　　‧暢銷商品的庫存量是否確保無誤？

・商品的價格、顏色、尺寸等是否種類齊全？
・是否出現暢銷商品排面狹窄的狀況？

3．ABC 分析

店內若品目繁多，店長如何掌握銷售量呢？方法是以具體資料掌握各項單品的銷售額與毛利額，再按數額多寡，依序分為 ABC 三個等級，實施符合各該等級的商品管理方法。

店長要進行 ABC 銷售分析，其執行步驟如下：

⑴就某段期間（一個月或一年）各項單品的銷售額（或毛利額）做成統計調查。

⑵在方格表的縱軸上，標明銷售額（或毛利額）的累計百分比；再按銷售額（或毛利額）多寡，依序將商品名稱均等地列在橫軸的刻度線上。

⑶將各項單品的銷售額（或毛利額）累計構成比，依序標於其平等縱軸上，再將這些標點連成一條曲線，稱之為「柏拉圖曲線」。

⑷從累計縱軸的 75%刻度處，向右畫出橫線，與曲線相交後，再從相交點處垂直往下畫線。其次，95%的刻度也以同樣方式畫線。

⑸以 75%為準所圍成的方形區域內的商品品目，稱為 A 商品；而 95%的品目則稱為 B 商品。

各商店進行 ABC 分析所根據的基準數值不一，此處所提 75%和 95%僅供參考。

⑹商品區分為 A、B、C 類，店長依重點管理法則加以管制 A、B、C 類。

4.察看各種報表

商品的銷路好壞，可以經由訂貨量多寡來掌握端倪。銷路順暢的商品，訂貨量當然很多；反之，銷路欠佳的商品，訂貨量也就很少。

如果公司採用電腦採購系統，店長可透過總部所發行的電腦相關資料，瞭解各種商品的銷售狀況，例如連鎖總部所發行的「高週轉商品表」等。

第六節 要善用 POS 銷售分析資料

對於世界各地的零售商店而言，應用 POS 系統的時間已經很久了。經營者應如何充分地利用好 POS 機裏的數據，實現對顧客的個性化服務呢？這裏有一個「啤酒加尿布的故事」的有趣故事。

啤酒和尿布是顧客群完全不同的商品，但數據挖掘的結果顯示，在居民區中尿布賣得好的店面，啤酒也會賣得很好，毫無關聯的兩個商品，業績有何關聯呢？原因很簡單，一般太太讓先生下樓為嬰兒買尿布的時候，先生們一般都會也順便犒賞自己，買幾罐啤酒。

在商店日常經營中，每天會產生大量的資訊，而這些資訊背後蘊藏著豐富的經營技巧和市場規律。關鍵是如何把它們找出來，並應用到商店日常的經營中去。POS 系統能夠對門店的銷售、顧客，以及門店員工管理等方面進行綜合分析。

圖 15-6-1 單店管理系統圖

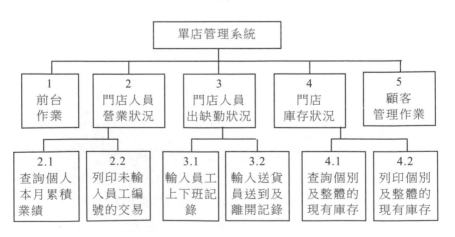

例如超市一天中賣了 1000 瓶可樂，要分析這些可樂是上午賣得多，還是下午賣得多？是一個人買走了，還是許多人買走了？分析這些數據顯然將有助於店長有針對性地進貨和調配庫存。

建立有行業實用性的 POS 系統(即時銷售系統)，會帶來準確的數字和人工統計費用的降低以及報表自動化生成，好的系統可加快物流速度和分析功能。

零售業資訊化系統規劃，其架構依個別店的經營形態和商品需求而定，經營者應當與資訊系統廠商適當溝通，再開發出最適於個別公司零售系統的運作系統。

以世界著名的沃爾瑪百貨公司為例，成功地將每一台收銀機上的顧客資訊收集起來，再回饋到供應商那裏。它的 10000 多家供應商能隨時得到沃爾瑪 2500 家商店每種商品的銷售情況,每天傳輸的分析數據高達 1000 萬筆，為此沃爾瑪公司中心處理器的儲存容量僅次於五角大樓。

日本的 7-ELEVEN 公司創立於 1973 年,面積平均 30 坪的零售店在 1 萬家以上，以加盟店方式，表現了超越大榮零售業每年 300 億日圓以上的利潤，究竟日本的 7-ELEVEN 公司是採取什麼技巧加以經營的呢？其實有一部份的功勞就是歸功於運用電腦來作「銷售分析」的技巧。

過去零售業的觀念，總以為「店內擺滿了商品生意才會好」，這種觀念猶如生產者的「大量生產」觀念。但是，7-ELEVEN 的資料證明，這種觀念是錯的。

如果按過去的觀念，為了增加銷售而擺滿商品，則在消費者需求變化迅速的現在，銷不掉的商品，立即形成呆滯庫存。而且商品種類一多，就無法精確掌握暢銷商品的種類，到時只有統統進貨，以致店頭堆滿了滯銷品。

7-ELEVEN 的做法正好相反，是藉減少庫存的方法來掌握暢銷、滯銷品的種類。週轉率低與滯銷的商品，毫不留情地撤換下來，將空出來的貨架用來置放暢銷商品，並根據暢銷商品情報來開發商品，藉以因應消

費者需求劇烈的變化。

　　換言之，應掌握滯銷品的實態並予以撤除，旨在保留狹小店頭寶貴的空間，並目前暢銷的商品來填補。零售店應該充滿可刺激感性高的消費者想像力及創造性的情報。

　　例如過去 10 年的期末平均庫存額(每一家零售店)與平均每日銷售額(每一家零售店每一天的平均銷售額)，以及平均毛利率的變遷圖。銷售額及毛利率與年俱增，而庫存則是年年減少，只要發覺產品滯銷，就予以更換，甚至於一年中要撤換掉 2/3 的商品。

　　運用電腦來作「銷售分析」「電腦自動訂貨」的功能，可以所販賣的「便當」來作說明：

　　傳送加盟店的情報，當然是總公司利用連線蒐集各加盟店資料，加以處理、分析之後，再回鎮給加盟店的。值得注意的一點是，這項資料並非 7-ELEVEN 3000 家加盟店商品動向的統計，而是各加盟店獨自的資料分析。

　　總公司所提供出來的情報有下列 11 項：

　　‧每天商品別賣罄時刻一覽表。

　　‧商品類別、時段別銷售量分析表。

　　‧時段別之顧客類別銷售實績別。

　　‧商品類別單品分析。　‧商品類別滯銷品一覽表。

　　‧商品廢棄分析情報。　‧商品類別十週的變遷。

　　‧單品別銷售十天期間的變遷。

　　‧日期別、時段別單品銷售情報。

　　‧雜誌銷售情報。　‧實績變更業務。

　　以飯盒銷售為例，看看各種不同飯盒銷售數量構成比率與銷售率。構成比率表示在全部銷量中所佔比率，銷售率表示進貨量與銷出飯盒的比率。

　　「迷你加味飯盒」的銷售比率 100%，表示全數售罄。

「烏賊飯盒」售出 53 個，數量雖佔第五位，但是銷售比率只有 86%，售不完的飯盒數量較多，可見訂貨數量過多。

「豬排飯盒」銷售數量只有 28 個，但銷售比率 100%。

再看「每日商品售罄時刻一覽」的磁碟片，進貨時間是 7 時一次、11 時一次，因此 9 時～11 時來店的顧客就買不到這種飯盒，加盟店因此可以判斷，7 時進貨時，可以加進「豬排飯盒」。有了這些情報，可減少缺貨、滯銷等損失，對顧客也可以做到更週全的服務。

在「時段別顧客分類銷售實績表」中，統計了週一到週日的顧客類別人數、每天的顧客人數、每位顧客購買金額等資料。各日的銷售額及顧客人數，每兩週統計一次，掌握那一天、那一時段的人數最多、銷售額最多，以便改變商品種類來適應不同顧客的需要。

這一行動使 7-ELEVEN 一年要撤換 2/3 的商品。該公司主檔中有 6000 種商品，而 2/3 的 4000 種，在一年之內必定會撤換。

這種細膩的因應需求做法，使店鋪面積僅僅 30 坪的加盟店，每天營業額可達 100 萬日元，有些每小時營業額就超過了 10 萬日元，而商品週轉，一年之間也達 36 到 40 次之多，7-ELEVEN 公司的經營技巧由此可見。

第七節　要做好銷售環節的分析

不管開何種店，隨著競爭的越加激烈，店面經營必須用數據來說話，只有這樣才能避免經營風險，才能真正找到問題的根源，然後才能對症下藥。

一個朋友準備開家咖啡廳，結果店面都定下兩個多月了還沒有開業，原來這兩個月裏，他一直在搜集相關數據，在做詳細的市場調研。為了判斷開店的風險性以及贏利可能性，他選擇了附近三家規模比較大

的咖啡廳，每天親自呆在咖啡廳裏，統計客流量，觀察客人的消費結構以及消費能力，判斷店面的營業額和利潤空間，然後確定自己咖啡店的產品組合、價格定位、座位數量、特色服務以及宣傳策略。

「留店率」分為三類，就耐用品而言，顧客如果留店少於 5 分鐘，說明顧客基本上沒有留下來，只是隨便逛一圈，基本上不會回頭和購買；如果留店 5～15 分鐘，說明顧客基本上留下來，但對產品很難有深入的瞭解，顧客對導購員處於認同階段，但談不上信任，不過這類顧客有可能會回頭；如果留店 15 分鐘以上，說明顧客找到了喜歡的產品，並且會對產品有更深入的瞭解，有一定的信任度，即使不購買，回頭的可能性也在 30%以上。留店率既能夠反映顧客的購買狀況，也能反映業務水準。

「就座率」往往是被很多人忽視的環節，對於耐用品而言，顧客有沒有坐下來，對顧客的留店時間、客情關係的建立、顧客異議的化解以及最後的購買都起著非常關鍵的作用。所以，就座率的高低可以判斷顧客的購買階段，是判斷導購效率的重要標誌。

「回頭率」是指以前進店沒有購買然後又回來的顧客數量佔總顧客數的比例。顧客回頭，說明其對產品、品牌、價格、服務等是基本滿意的，而這些則說明上次接待是成功的，所以該項指標可以直觀地判斷店面的導購水準。

「重覆購買率」即為老顧客回頭再次購買，或者是帶動顧客的朋友購買的比例。該項指標可以判斷顧客購買之後對產品、售後服務等的滿意程度，以及導購員挖掘「潛伏」型顧客的努力程度。

在做數據分析時，首先要考慮到六大項目是有先後順序的，並且，前面一項的比率是後面一項比率的保證，所以，在提升技能的時候一方面要進行單項提升，另一方面也要兼顧前後各項的次序。通過縱向對比可以判斷單項能力的波動以及對應提升的空間。例如，將日與日之間、週與週之間以及月與月之間的同類項目對比，以此判斷銷售能力的變化。並且，如果條件允許，還可以將數據做成曲線變化圖，則能更加直

觀地診斷具體環節的變化。對影響店面業績的環節進行初步診斷，並找出解決問題的方向，這只是店面診斷的第一步，還需要進一步對每個環節進行具體的動作分解，才能真正找到解決問題的途徑。

表 15-7-1　「進店數」動作診斷與銷售破解

動作分解	動作分析與銷售破解
店面位置	如果店面位置較差，要麼在店面所在市場入口處進行廣告推廣，要麼在主要通道口對顧客進行攔截和引導，要麼在本店門口進行一定方式的動態吸引
裝修風格與檔次	風格與檔次能否與左右店面具有明顯差異，店外 15 米觀察能否看清店內陳設
店內動態感	店內是否有播放音樂或視頻等，店外 5 米能否被該音像吸引
門頭吸引力	門頭能否與左右店面明顯區分，店外 15 米是否具有「第一」印象
櫥窗吸引力	櫥窗設計是否有個性，能否讓顧客駐足欣賞
海報吸引力	海報設計是否具有吸引力，陳列位置是否方便看到，內容是否具有吸引力
產品陳列吸引力	能否吸引店外 5 米的眼球，有沒有專設吸引力產品等
導購員拉力	是否處於積極的工作狀態，能否有效拉動路人進店

表 15-7-2 「留店率」動作診斷與銷售破解

動作分解	動作分析與銷售破解
店面體驗感	店面是否整潔，氣氛能否讓人放鬆，有沒有人性化配套設施
導購服務	顧客進店 3 分鐘有沒有一杯水的特定服務，導購員是否主動提供服務
是否被動式介紹	是否跟隨式地介紹產品，是否被動式地應答顧客，是否具有變被動為主動的溝通能力
是否逼迫式介紹	是否只顧自己講解，是否只顧介紹自己喜歡的產品，有沒有引導顧客多說話
顧客是否找到喜歡的產品	有沒有詳細地詢問顧客的需求，有沒有針對顧客需求講解產品，你的產品是否和顧客需求相差甚遠
是否提前進入價格階段	導購員有沒有自己先提及價格，顧客開口問價導購員能否有效轉移
沉默型顧客是否有效接待	是否有效把握接近沉默型顧客的時機，針對沉默型顧客的拒絕，能否有效化解，有沒有設定針對沉默型顧客的服務
是否針對需求介紹產品	有沒有瞭解到顧客的真實需求，對不願意說出需求的顧客能否有效應對，有沒有引導顧客需求
是否引導顧客體驗產品	有沒有設定產品體驗環節，導購員是否主動要求體驗，是否有效引導顧客體驗，體驗的過程是否具有充分的互動性
導購員專業性	是否掌握核心賣點的話術和展示方法，每項賣點的表達和展示能否達到 5 分鐘以上

表 15-7-3　「就座率」動作診斷與銷售破解

動作分解	動作分析與銷售破解
休閒區的舒適感	休閒區是否舒適，是否能讓顧客放鬆
導購員引導就座	有沒有主動引導就座，引導就座的理由是否充分
引導就座時機的把握	顧客對產品充分瞭解後、顧客提出異議時、討價還價時、顧客對某個問題點沉思時、顧客在店內徘徊時、顧客體力疲倦時

表 15-7-4　「回頭率」動作診斷與銷售破解

動作分解	動作分析與銷售破解
顧客對產品的認可程度	導購員有沒有充分展示賣點，顧客異議是否有效化解，顧客是否認可產品，顧客購買意向是否真誠
顧客對價格的認可程度	價格是否超出顧客預算，顧客索要價格與你的最低價相差多遠
顧客離店原因	顧客離店是否存在藉口，顧客離店的真實原因是什麼，顧客離店時有沒有化解真實原因
離店時是否給足了面子	有沒有對顧客不買表示理解和認同，有沒有表示歡迎再次光臨，有沒有笑臉相送以示誠意
離店時是否再次強調產品賣點	是否清楚顧客對產品的最大興趣點，有沒有再次拋出產品最具誘惑力的一兩個賣點

表 15-7-5　「簽單率」動作診斷與銷售破解

動作分解	動作分析與銷售破解
主動提出簽單的意識	提升主動促成的意識，提升簽單技能
顧客購買慾望程度	顧客是否充分認可產品，是否對某一問題左右徘徊，是否總是徵求朋友建議，是否總是討價還價等
顧客最後異議的化解	能否把握影響簽單的最後異議是什麼，有沒有盡力幫助顧客化解
顧客對導購員的信任度	顧客是否在最後的時候還提出苛刻的異議和要求，有沒有暫停簽單，放緩下來探尋顧客的真實想法，從顧客角度出發解決問題，恢復信任度
簽單時機的把握	能否辨別簽單時機，能否抓住簽單時機
有效簽單的能力	簽單技巧的熟練使用，有效化解顧客拒絕簽單的能力

表 15-7-6　「重覆購買率」動作診斷與銷售破解

動作分解	動作分析與銷售破解
購買時的滿意度	對產品的滿意度，對導購員的滿意度
購買後的增值服務度	服務項目的設置及執行
主動挖掘顧客價值	促動顧客本人重覆購買，挖掘顧客身邊的「潛伏」型顧客

第八節　創造銷售場所的活潑氣氛

　　店長必須具備創造店內活潑氣氛的心態，在沒有顧客時尤其需要店長帶頭主動做一些與商品接觸的動作。

　　有時從早到晚都沒有顧客上門，店員們必須一直站著等下去或者偷偷地躲到陳列架後面，兩眼乾瞪著店內，像這種必須枯等一天的情形，對店員來說，在精神和體力上都是一大考驗。甚至有些人會連連打哈欠，如果其他同事也感染這一氣氛，則店內將會立刻顯得毫無生氣。

　　銷售員的姿勢可以影響一個銷售場所的氣氛，雖然本人很認真地站立著，但是，顧客始終不上門，也是無可奈何的事。

　　當然，有許多店員抱持著等待顧客就是工作的一部份。所以在此理由之下說道：「向顧客推銷是我的工作，既然顧客不來，我們只好等待，這也是工作的一部份。」在這期間同伴們不能互相開玩笑或看漫畫書，像這麼認真等待的銷售員到處都有。

　　但是，這類銷售員等待顧客的姿勢，往往抹煞了銷售場所的活潑氣氛。因為，每個店員呆立在一旁，使得週圍的空氣更加沉悶。在不動的狀況所散發出的靜寂氣氛之下，是絕對不會有顧客願意上門的。

　　為了改變這種氣氛，可以在銷售場所播放一些比較輕鬆、活潑的音樂，但是，在熱鬧的音樂之下，而店員仍呆立在一旁，還是缺乏銷售氣氛的。

　　因此，身為店長的人必須巧構心思，在沒有顧客上門時，儘量想一些可使銷售場所帶來新鮮朝氣的點子。所以，銷售場所的氣氛與店員的姿態，可由店長是否肯下功夫呈現不同的效果。針對此點，店長可舉行會議由大家共同構思、提議，共同創造一個生氣蓬勃的銷售場所。

第九節　店員要手不離開商品

在沒有顧客上門時，店長也不能讓店員呆立在一旁，應要求店員的手不要離開商品。店長千萬不要忽視這些小動作，只要反覆地累積這些動作，就可創造出銷售場所的活潑氣氛。

首先，要求店員的手不要離開商品。只要店員手上拿著商品，即使和朋友聊天也可以，只要聲音不是很大，不會傳到外面去，遠遠望去就好像拿著商品讓顧客看的樣子。

換句話說，如果店員的手離開商品，就好像無所適事到處遊蕩一樣。既然是與商品為伍的工作，在銷售場所時手就儘量不要離開商品。這就是製造忙碌感的秘訣，也是讓店員進一步熟悉商品的好時機，這點道理務必讓店員理解。

將堆積在商品陳列架上的商品重新更換排列方式，或者將上排的商品改換在下面，或者拿下來之後再仔細地放回去，盡可能排在眼睛最容易看見的場所。諸如此類的店員動作，都可促使商品易於銷售。因為這種做法就好像把商品追加放在架子上一樣。

將陳列好的商品重新做一變更，或是將大頭針拔下來，將商品重新折過再放入盒內，立刻再從盒內拿出不同的商品，再一次陳列，或重新更換，或重整理形狀……等，這些看起來都是非常有趣的工作。當顧客看到這種情形，一些經過裝飾的商品立刻一舉賣光。因為，重新陳列過的商品可令人產生新鮮感。

這些動作或許有人會認為是故做姿態，但是，其最主要的目的，就是希望在沒有顧客的銷售場所中製造一些活絡的氣氛。激起店員的工作激情，如果每位店員都能養成習慣，相信該店必定生意興隆。

在某小鎮等待回家列車時，看到車站前有一家成衣百貨店，看到店

員們似乎很忙碌的樣子。時而將右列商品放入左列，之後又把商品放入相反場所。雖然乍看之下這些動作毫無意義，但是由於非常忙碌令人感到生氣蓬勃。

店長千萬不要忽視這些小動作。尤其重要的是，應以店長為首來製造店員活絡的工作態度。只要反覆地累積這些動作，就可創造出銷售場所的活潑氣氛。

第十節　創造愉快工作的每一天

一、激發店員的自發性

要為店員創造愉快工作的每一天，激發店員的自發性和自主性；將單調的工作變得有趣；指導員工由「厭業」到「樂業」，調整店員的心態，開心地度過每一天，這也是店長的職責之一。

工作就像「馬拉松」，長得看不到盡頭。如果只把工作當成「營生」的手段，那麼店員就會在長期平淡無奇的工作中油然而生厭職情緒。正如希臘哲學家蘇格拉底所說：「不懂得工作真義的人常視工作為勞役，則其心身亦必多苦痛。」

工作給店員提供接觸百味人生、接納百種個性的機會，通過工作可以實現自我價值，這就是工作帶給人們的意義！

工作的最大動力不是職位和薪酬，而是來自真心喜歡他的工作與角色所激發出來的自發性和自主性，那麼作為店長，該如何為店員創造愉快工作的每一天呢？

某珠寶商店績效很差，請了一位專家來試圖解決問題。專家將店員分成兩組，告訴第一組店員，如果他們的銷售量達不到要求會被開除；

告訴第二組店員，他們的工作有問題，他要求每個人幫忙找出問題在那裏。

結果第一組的銷售量不斷下降，壓力升高，有的店員乾脆辭職不幹了；第二組店員的士氣卻很快提高，他們依照自己的方式去做，負起增加銷售額的全部責任，發現問題，齊心協力解決，經常有創見，單單第一個月，銷售額就提高了 20%。

上面的這個案例中，兩組的結果都完全是誘導造成的。強迫不能使員工提高業績，相反，誘導能有效地激勵員工，提高業績。

領導與引導是不同的，領導無疑含有命令成分多一些，而引導包含的命令成分要少得多，將領導變為引導是企業管理者靈活運用激勵原則的高超表現，在企業員工中能夠取得意想不到的激勵效果。

任何人都不會喜歡單調的東西，如果長期面對單調的工作，會使人覺得枯燥乏味，產生厭惡情緒。而變化繁多的事物總能誘發人們的好奇心，吸引人探究的興趣。同樣道理，倘若員工本身對工作有興趣，再加上工作富於變化，那做起事來便會著迷，從事複雜、困難之事，當事人之所以鬥志高昂，那是因為工作富於變化，可使人充分發揮自己能力的緣故。店長要想有效地激勵員工，就要做到以下幾點：

1. 改變工作內容

如理貨工作與銷售工作每半天或一天交換一次，即可發生變化。

2. 改變作業氣氛

如更改展示櫃、收銀台位置或商店佈局，使氣氛煥然一新。

3. 將工作區分成幾段

在短時間內將容易完成的小目標一個個分開。

4. 工作時提供短暫的休息時間

如十分鐘的喝茶、讀書看報的時間，以增加一點樂趣，讓店員暫離單調的工作。

二、指導員工由「厭業」到「樂業」

只要用心去挖掘，任何事情都會變得不簡單，而工作也是一樣，當你希望將每一個細節都做到完美無缺時，就會發現工作是多麼具有挑戰性，而且是多麼有趣。

因此只要調整了心態，「厭業」就會變成「樂業」，具體的調整可以參考以下步驟：

1. 改變對工作的看法

看到一件商品，若能聯想到該零件可能在何處製造、用途何在、有何特徵、同樣的產品別家公司有否製造，如此一考慮再經過求證，你就能瞭解同行分佈、公司概況等資訊，趣味無窮。

2. 專心工作

不管多單純的工作，都不可能毫無變化，每天到商店購物的顧客都不可能與昨日完全相同，那一類型的顧客應該用何種銷售技巧應對等，都需要店員專心研究，找到自己的興趣點。

3. 分析工作

手上的工作經過分析後，你會得知無論多單純的工作也必須由十多種要素構成，就以「取商品」為例吧，必先伸手尋找，經過選擇、拾起，最後緊握手中。這樣簡單的行為必須由如此多的動作拼成，其實這並不單純。將這種觀念應用到工作上，任何事物先經過分析，最後必可得到啟示。

蒂娜在閒逛中，走進了派克街魚市，看起來普普通通的一個魚市，喧鬧混亂實則井井有條的場面，使得她如同走進了國家級產品博覽會。這裏充溢著的快樂情緒與充滿活力的氣氛深深打動了蒂娜。

一個叫傑克的魚販向她講述了這裏的過去和現在，過去派克街魚市也和其他市場一樣，簡單重覆的工作、百無聊賴的時光，但一次討論卻

改變了這一切，把一個最糟糕難管的部門變成最具活力和效率的部門，讓一群頹廢的人發自內心地愛上他們的工作和生活，並使得派克街成為世界著名的旅遊勝地。

從魚市上，你學到了這樣幾條重要的經驗：

· 選擇自己的態度：即使你無法選擇工作本身，你可以選擇採用什麼方式工作。用玩的心情對待你的工作，快樂每一天。

· 讓別人快樂：帶著陽光、帶著幽默、帶著愉快的心情對待每一個人。

· 投入：把你的注意力集中在快樂工作上，就會產生一連串積極的情感交流。

心得欄

第 *16* 章

店長要拉住顧客

第一節　服務理念可提升業績

　　顧客是商店最寶貴的資源，是決定商店生死存亡的關鍵，商店的所有員工只有使顧客滿意，工作才有意義，企業才能發展。這是對顧客重要性的正確認識，對服務顧客觀念的正確理解。

　　服務理念，是服務於顧客最基本的動力，沒有了它，員工就缺少求勝求好的上進心，而且缺乏企業那種同心協力的集體意志。只有企業的所有員工都具備了為顧客服務的理念，他們才會認真服務於顧客，真誠聽取顧客的意見，並向企業主管提出建議性的改進措施。

　　商店為顧客提供的產品既可以是有形的產品，也可以是無形的服務。在營銷活動中，企業通過為顧客服務來取得顧客的滿意和忠誠，以促進相互有利的交換，最終獲取適當的利潤和企業長遠的發展。

　　要想有效地實施服務戰略，就得使所有員工都具備良好的服務理念。這種理念應該清楚地表達一種遠大的理想，而且必須和顧客、企業經營有關。如：IBM 公司(國際商用機器公司)的「IBM 就意味著服務」，

清楚而又準確的闡明瞭顧客服務的內涵。「我們要在為用戶提供最佳服務方面，獨步全球」，這意味著 IBM 所提供的不只是機器，還有服務。

良好的企業理念可以形成競爭上的優勢，它既能激發員工的士氣，為企業的目標而奮鬥，還能引導企業員工做出決策，主動去處理工作中的問題，為顧客提供服務。

沒有一個店長不希望員工對工作投入熱情，具有奉獻精神。然而，很少的企業能做到這一點。對於店長而言，投入與奉獻源於對顧客服務的熱忱，但對員工來說，要使他們具備這種服務理念，就應該讓他們積極參與。因此，服務理念的形成，必須注意以下原則：

1.店長必須自己先投入

如果店長自己不先投入，你就沒有理由鼓勵店員投入，就不能得到店員誠心的投入，至多員工只產生形式上的同意與遵從。嚴重的是，如果員工觀念沒有轉變過來，這種做法反而可能是他們未來不滿的種子。

2.必須令員工自願接受

只有員工自願接受企業的服務理念，才能發揮創造力和工作熱情。每個人都有這種感覺：對自己參與決定的計劃會投入極大的熱情，而對於從上級主管那裏被動接受的計劃或方法缺乏熱情。

企業領導者、店長要讓員工參與制訂有關的工作計劃和策略，採用座談、探討等方式讓員工選擇，認識到顧客服務的作用。

只有企業的所有人員信任企業的目標，實現遠大理想，就會積極投入和奉獻，盡心盡力地做，甚至做得更多、更好。

第二節　要拉住老顧客

顧客的價值，不在於他一次購買的金額，而是他一生能帶來的總額，包括他自己以及對親朋好友的影響，這樣累積起來，數目相當驚人。

任何商店的員工，都千萬不可低估了一個顧客的價值，一個僅僅買20元商品的客人，其實也是商店的一個大顧客，請看看下列的方程式：

$$顧客價值 = \boxed{\begin{array}{c}商品\\平均值\end{array}} \times \boxed{\begin{array}{c}購買\\系列\end{array}} \times \boxed{\begin{array}{c}每年購\\買次數\end{array}} \times \boxed{\begin{array}{c}顧客的\\壽命價值\end{array}} \times \boxed{口碑}$$

每一個踏入商店的顧客，都有可能產生購買行為。假如一個顧客第一次購買的商品價值為 20 元，又因導購員介紹而買了一份相關性的商品，價值約為 20 元，顧客對商品的品種及質量甚為欣賞，也十分滿意服務態度，成為老顧客，一年有十次的購買且連續購買 10 年，還不斷將商店良好的信譽告訴週邊朋友，以每年 10 人為例，這個顧客的價值最終為：

$$20 \times 2 \times 10 \times 10 \times 100 = 400000$$

按照分析，一個僅買 20 元商品的顧客，實際上是可為商店帶來 40萬元的銷售。這 40 萬的生意全賴於一個店員的服務水準、工作熱誠，和善親切的笑容！每一個商店的店員應為自己能為公司贏取此筆大生意而感到自豪。

因此我們需要為顧客提供儘量好的商品與服務，促使顧客從購買到持續購買，成為我們的老顧客，並向自己的親朋好友傳播口碑，這些過程都將給我們的商店帶來利潤。

1. 老顧客的優點

商店與顧客之間的關係，就像一位男士對女士的追求，只要有足夠的吸引力，商店才有可能與顧客建立一個「甜蜜的初戀」的關係，只有用心維持，才有可能與顧客發生一段「天長地久」的戀情。

商店的業績都來自兩類顧客：新顧客和老顧客。商店要長久發展，必須維持與老顧客的良好關係，培養老顧客對商店的信任和忠誠，爭取讓老顧客介紹新顧客。

(1)維持費用低而收益高

吸引新顧客的成本是保持老顧客的 5 倍以上。所以，假如商店一週內流失了 100 個顧客，同時又獲得 100 個顧客，雖然從銷售額來看仍然

令人滿意，但這樣的企業是按「漏桶」原理運營業務的。

實際情況是，爭取 100 個新顧客已經比保留 100 個老顧客花費了更多的費用，而且新顧客的獲利性也往往低於老顧客。據統計分析，新顧客的贏利能力與老顧客相差 15 倍。

(2)能產生良好口碑的效應

老顧客如果對商店的商品擁有滿意和忠誠度，便會為自己的選擇而感到欣喜和自豪。由此，也能自覺不自覺地向親朋好友誇耀、推薦所購買的產品及得到的服務。這樣，老顧客就會派生出許許多多的新顧客，給商店帶來大量的無本生意。

(3)能帶動業績上升

一個忠誠的老顧客可以影響 25 個消費者，誘發 8 個潛在顧客產生購買動機，其中至少有一個人產生購買行為。老顧客能給商店帶來源源不斷的新顧客。

(4)能帶動相關產品和新產品的銷售

當老顧客對商店產生好感後，極易接受商店的其他相關產品，甚至新產品。例如顧客認為 IBM 和蘋果公司的產品雖然存在一些問題，但在服務和可靠性方面無與倫比，因而老顧客能耐心等待公司對不理想產品的改進及新產品的推出。

2.維持老顧客忠誠的關鍵

(1)樹立真正以顧客為中心的經營理念

商店以服務於顧客的真正宗旨，讓全體員工都認識到，顧客是商店的利潤之源，是商店生存發展的「衣食父母」，因而也是每個員工經營工作的最終目標。

(2)盡可能提供零缺陷的產品

留住老顧客的關鍵是把以顧客為中心的觀念轉化為實際行動，商店要清楚地認識到，顧客購買商品和服務的真正需求是希望由此獲得舒適和快樂，若品質量或服務存在令人不滿的缺陷及問題，顧客就可能斷絕

與企業已有的聯繫而轉向其他企業購買。

(3)制定公平合理的價格策略

制定一個有助於同顧客形成持久合作關係的價格策略，即關係定價策略。商店的利益是建立在顧客的利益之上的，應對忠誠的老顧客實行優惠，特別是用價格這一有效手段予以回報。

(4)建立與老顧客的情感聯繫管道

老顧客之所以忠誠於你的商店，是因為他們不僅對你的商品有一種理性的偏愛，而且更有一種情感上的依戀。

因此，企業在為顧客提供優質產品和服務的過程中，還要做到心繫顧客，把顧客當作自己一生的朋友來對待，並利用感情投資向其注入親人般的情感和關懷，以努力建立起「自己人效應」。

感情聯繫的方式、方法很多，如通過經常性的電話問候、特殊關心、郵寄銷售意見卡和生意賀卡、節日或生日賀卡、贈送紀念品、舉行聯誼會等來表達對老顧客的關愛，加深雙方的情感聯繫。

3.店員可以通過以下方式與老顧客建立親密關係

(1)記住對方的面孔

將對方的相貌特徵、服裝及攜帶物品記到本上，歸為「熟人」。與「熟人」接近除了要說「歡迎光臨」外，再寒暄幾句：「今天您真漂亮。」「和孩子一起來的？」

(2)要記住名字

寒暄後，輕鬆地聊一些別的；自然地讓顧客填寫「會員申請表」以瞭解顧客自然狀況，會員下次再來要叫出會員的名字，使顧客感到滿足。

(3)建立名冊

將顧客狀況整理成名冊，並將顧客家庭結構、興趣等顧客資訊增補進去，以便下次顧客來時記住顧客。將名冊按消費水準、住址分類管理。

(4)運用名冊影響顧客

將新商品的進貨，減價、獎銷活動等早一點告訴對方。

⑸把自己的名字告訴對方並告訴顧客「請隨時找我」

如果忘記顧客姓名，可先委婉地詢問顧客的會員卡號，查找確認顧客姓名後進行接待。

3.由顧客資料開始進行顧客管理

管理顧客的原則就是必須記住每位顧客的資料，並且隨時做筆記。例如，要記住顧客的姓名、長相、所喜愛的商品、想要買的商品……等，一一記錄下來，以三頁、五頁、甚至十頁，不斷累積形成 200 人或 500 人的資料簿。

每一名銷售人員可記住的顧客人數以 200 名為限。如果能將所有資料都輸入電腦，使用效率就可大幅度增加，但是若要將全部的資料完全輸入電腦是相當困難的，因為資料中沒有人的長相，而要記住也不容易。但是，若能將其他資料做一整理分析，針對促銷的目標仔細挑選出顧客，然後在招待函上寫著「您所想要的新商品已經進貨，本店將企劃一個包君滿意的參觀活動，竭誠邀請您來參加。」

因此，如果商店的體制缺乏記住每位顧客的觀念，想要做好顧客管理如同紙上談兵，對於此點店長必須銘記在心。

目前興起的電子網路 E-mail 方式，由於其特殊功能或許有助於郵寄 DM 的更新使用，各位讀者可評估引進「電子郵件行銷方式」來拉住老顧客。

第三節　加強售後服務以創造顧客

有句格言：「滿意的顧客就是最理想的推銷員」。不管你廣告是否具有吸引力，只要先前購買的顧客向後面的顧客說道：「這商品確實很好，你可以放心購買。」就是絕佳的宣傳廣告。

換句話說，人們對於客觀性的證明不會存有懷疑。所以，滿意的顧客當然可視為最好的廣告。

為了創造滿意的顧客，其要訣就是做售後追蹤。而所進行的售後追蹤工作，就是決定售後服務成效的關鍵。

服飾店一旦賣出服飾套裝都會提供徹底的售後追蹤，而其間所需的費用當然不可忽視；我們並非提供免費的服務，而是收費服務，顧客也感到滿意。

例如，當我們賣出一套西裝時，會再推銷，要求顧客要特別訂購三個尺寸的衣架，這些衣架是配合衣服的款式特別製作的。每一個衣架的費用為 270 元。同時我們會向顧客說明：「一旦到了換季時，我們將送去裝西裝的套袋，將西裝折疊放入衣櫃易變形，所以必須用衣架吊掛起來，到時我們會製作一些特別的套袋，以郵寄送達。制作費與郵資費大約為 480 元，除此之外，還配合西裝的質料準備不同的刷子。這些附件都是以成本價出售，由於目前日本並未生產真正純豬鬃的刷子，所以必須特別訂購，每把 2000 元。

售後追蹤的直接費用為 750 元，這些費用加起來比西裝製作的手工費還高，顧客們都非常驚訝。儘管這些套裝的價格如此昂貴，但是有了這些追蹤，顧客的滿意程度大為提高。

所以，你的店若能做到讓曾經買過的顧客願意對後來才買的顧客說道：「這是一家值得信賴的專門店，你可以放心選購。」的地步，就表示已經真正做到令顧客滿意的售後服務了。

有家藥局，每當顧客買藥回家之後都會打電話到顧客家問道：「吃藥之後，燒退了沒有？」有家婦女服飾店，銷售之後也會建議婦女們應該去租那些手飾來搭配……等這些都提供了相關的售後追蹤，從而牢牢抓住了這些顧客。

第四節　會員制的必贏之道

一、會員制適用於各種商店

近年來，會員制消費迅速普及，尤其在商品流通領域，會員制營銷更加普遍。無論是大型超市集團，還是稍微有點規模的連鎖店，甚至是各大商場、企業，都實行會員制營銷。會員制消費已經成為消費者普遍接受的一種日常消費方式，是企業與消費者之間的制度模型中最為重要的組織形式之一。那麼，什麼是會員制呢？

各種各樣的會員卡形成了一張無形的網，將熱愛休閒、購物、娛樂的人們彙集在一起，通過形式多樣的會員活動，使會員成為商家定期消費的忠誠顧客。這就是商業會員制，它已經成為各路商家開發和維護忠誠顧客的秘密武器。

會員制是一種人與人或組織與組織之間進行溝通的媒介，它是由某個組織發起並在該組織的管理運作下，吸引顧客自願加入，目的是定期與會員聯繫，為他們提供具有較高感知價值的利益包。會員制的營銷目標是通過與會員建立富有感情的關係，不斷激發並提高他們的忠誠度。

一般情況下，會員制組織是企業、機構及非營利組織維繫其顧客的結果，會員制組織的名稱有「會員俱樂部」、「顧客俱樂部」、「VIP 俱樂部」、「××會」等，它通過提供一系列的利益項來吸引顧客自願加入，這一系列的利益稱為顧客忠誠計劃。而加入會員制組織的顧客稱為會員，會員制組織與會員之間的關係通過「會員卡」來體現，會員卡是會員進行消費時享受優惠政策或特殊待遇的「身份證」。

什麼是會員制營銷呢？顧名思義，會員制營銷就是通過會員制的形式來間接地賣東西。」乍一聽好像沒錯，其實不然，會員制營銷的實際

意義就是創造會員價值，或者換句話說，就是實現「會員價值的最大化」。總的來說，會員制的名稱是什麼並不重要，重要的是它能達到提高顧客忠誠度的目的。

週日，吳小姐家附近新開了一家美容店，只需要預存 3000 元，就能成為會員享受 9 折優惠；要是預存 2000 元，就能成為會員享受 8.5 折優惠，還可以免費享受免費化妝的服務，而且預存的金額是可以馬上消費的。

而她樓下的××冷飲店，只要每月累計消費 350 元，就可以成為××冷飲店的會員，成為會員後就可享受每月免費飲品兩杯的優惠。

吳小姐不會放過任何成為會員的機會，她同時還成為了小區裏的超市、書店、餐館、乾洗店的會員，這些會員制商店已經成為吳小姐生活中不可或缺的一部份，因為她覺得真的很優惠，而且很方便了。

會員制是商家們為吸引消費者、促進銷售而推出的一種優惠制度。會員卡分佈的範圍很廣，大到高爾夫、網球、健身俱樂部、美容美髮中心、大型百貨商場，小到洗衣房、洗澡堂、洗車行、便利店、擦鞋店。會員卡的價值也有所不同，從幾十元到幾萬元不等。

不同的會員制對會員實行優惠的方式也不同，有的是消費者預先交納一筆錢，購買一張價值不等的「會員卡」，便可在以後的消費中享受不同程度的折扣優惠，每次消費的費用則在「會員卡」的預付金額中扣除。有的會員卡在辦理時只需交納一點手續費，在以後的消費中累計積分返利，或者給予一定折扣。

許多人樂意當會員是因為會員制消費確實給消費者帶來了一些優惠。業內專家表示，會員制消費有助於商家吸引、培養一批相對固定的顧客群，同時也能讓消費者得到實惠，這是一種更先進的買賣關係。

1. 適用行業特徵

對於具備以下幾個特點的行業，實施會員制營銷，更會收到較好的效果：

⑴產品/服務具有社會性。產品/服務最好是消費品，尤其是針對某一類特定人群的消費品。

⑵產品/服務具有重覆消費的可能。俱樂部是為了長期留住顧客而設，因此更適用於消費者長期重覆消費的產品。但是，也有特例，諸如房地產行業，多為一次性消費，俱樂部營銷具有很強的階段性。

⑶產品/服務需要深度服務。消費者的第一次消費往往是剛剛開始，而不是終止，這樣的產品更適合採取俱樂部營銷。這也是減肥產品為什麼熱衷於會員制營銷的原因，因為減肥不是一朝一夕的事情，需要有一個週期，更需要細緻而週到的服務。

⑷目標消費群體容易鎖定，並且數量在服務能力之內。目標能夠鎖定，方可保證實效；不能為了提升銷量或擴大會員制規模而忽略服務質量，要追求一個最佳的量值。

2.適用行業

在滿足上述幾個條件的基礎上，以下幾個行業，都適宜採用會員制營銷：

⑴日用消費品行業：以白酒、茶葉等產品為代表。

⑵化妝品、保健品等消費品行業：如減肥俱樂部、女性生態美俱樂部等。

⑶休閒、健身、娛樂、零售等服務性企業：如健身俱樂部、會員制超市、美容美髮沙龍等。

⑷房地產行業(包括旅遊房地產)：如「新地會」、「萬客會」等。

⑸汽車行業：這種營銷模式在汽車行業潛力無限，如一些汽車 4S 專營店開辦的汽車營銷俱樂部、車友俱樂部等。

⑹報刊傳媒行業：如讀者俱樂部、廣告顧客俱樂部、企業家沙龍等。

事實上，會員制的流行是商業高度發展和市場細分的結果。目前，很多商場、超市、酒樓、賓館等大多實行會員制，一些家電賣場也開始試行會員制，並越來越重視會員制營銷在賣場營銷中的作用。業內人士

認為，會員制低廉的價格、完善的售後服務、產品結構的差異化及先進的銷售模式，將讓單純以「價格戰」吸引消費者眼球的低層次競爭難有立足之地。

事實上，在會員中定期或不定期地舉行一系列有意義而且有吸引力的活動取得的效果，遠遠超過了採用打折的單一手段來吸引顧客的促銷方式。通過形式多樣的會員活動，能夠將會員變成永久顧客，這樣創造的商機和利潤將是很大的。因此，會員制自身所具備的優勢，成為了眾多行業紛紛涉足的主要原因。

會員制是經過長期市場檢驗的行之有效的競爭手段，可廣泛應用在商業、傳媒與通信終端等領域，企業應根據不同的行業性質設計不同的會員營銷方式。隨著零售市場的不斷成熟和消費者觀念的不斷改變，會員制的較量實際上是服務戰的升級和深化。

二、會員制定能提升業績

會員制的實施可謂是必贏的選擇，不但可以讓顧客享受比其他消費者更為優惠的低價，而且在服務方面更能得到特別對待；對於企業來說，會員制可以擁有固定顧客群體，讓會員得到更多的實惠，增加持續的消費，得到更多的忠實顧客。

山姆會員店是沃爾瑪公司所經營的一大特色，是其奪取市場、戰勝西爾斯的一大法寶。實行會員制給沃爾瑪帶來了許多利益，如：

通過會員制，沃爾瑪以組織約束的形式，把大批不穩定的消費者變成穩定的顧客，從而大大提高了沃爾瑪的營業額和市場佔有率。

通過會員制，成為會員的消費者會長期在山姆會員店購物，這樣很容易產生購買習慣，從而培養起消費者對沃爾瑪這一零售商品牌的忠誠感。

會費雖相對個人是一筆小數目，但對於會員眾多的山姆店來說，卻

是一筆相當可觀的收入，它往往比銷售的純利潤還多。

事實證明，會員制作為成功的營銷模式，不但可以建立長期穩定的顧客群、加強雙方之間的溝通，還可以提高企業新產品的開發能力和服務能力、增加企業的會費收入，更重要的是會員制可以提升顧客對企業的忠誠度，為企業創造長期穩定的顧客資源。

1.建立長期穩定的顧客群

會員制營銷要求企業著眼於提升會員與企業之間的關係，它與簡單的打折促銷的根本區別在於，會員制雖然也會賦予會員額外利益，如折扣、禮品、活動等，但不同的是，會員一般都具有共同興趣或消費經歷，而且他們不僅經常與企業溝通，還與其他會員進行交流和體驗。久而久之，會員會對企業產生參與感與歸屬感，進而發展成長期穩定的消費群體，而這是普通打折促銷無法達成的。

1983 年沃爾瑪創立了「山姆會員店」，這是一種會員制商店，沒有櫃台，所有商品以更低價格的批發形式出售，這種方式使沃爾瑪的利潤很低，卻將大批消費者牢牢地吸引在它的週圍，令對手無可奈何，「山姆會員店」光是營業額就超過了 100 多億美元。

沃爾瑪山姆店提供給會員的並不僅僅是「低價」，還有歸屬感和忠誠感，會員可以從中獲取許多利益，例如：

對於消費者來說，加入山姆店可以享受價格更低的優惠，一次性支出的會費遠小於以後每次購物所享受到的超低價優惠，所以往往願意加入會員店。

消費者一旦成為會員之後，可以享受各式各樣的特殊服務，例如，可以定期收到有關新到貨品的樣式、性能、價格等資料，享受送貨上門的服務等。

會員卡的形式很多，其中附屬卡可以作為禮品轉贈他人。

山姆會員商店的會籍分為商業會籍和個人會籍兩類。商業會籍申請人須出示一份有效的營業執照複印件，並可提名 8 個附屬會員；個人會

籍申請人只須出示其居民身份證或護照，並可提名 2 個附屬會員。

　　兩類會籍收費統一，簡便的入會手續，保證了每一位消費者都有成為會員、享受優惠的可能性。

2.互動交流，改進產品

　　會員制營銷以顧客為中心，會員數據庫中存儲了會員的相關數據資料，企業通過與會員互動式的溝通和交流，可以發掘出顧客的意見和建議，根據顧客的要求改進設計，根據會員的需求提供特定的產品和服務，具有很強的針對性和時效性，可以極大地滿足顧客需求。

　　會員是在使用產品和接受服務的過程之中進行感受和體驗的。產品的什麼地方設計得不方便，什麼地方應當改進，顧客是最有發言權的。通過互動式的溝通和交流，可以發掘出顧客的意見和建議，有效地幫助企業改進設計、完善產品。同時，借助會員數據庫可以對日前銷售的產品滿意度和購買情況做分析調查，及時發現問題、解決問題，確保顧客滿意，從而建立顧客的忠誠度。

3.提升顧客的忠誠度

　　當顧客成為企業的會員後，無論在商品交易價格或者某項特色服務上，都享有比普通消費者更高一層的服務待遇，而這個強烈對比，無形中刺激了相當一部份顧客的加入，由此也促進了銷售的實際增長，當然成為會員的這部份顧客群也產生了自有的優越感，在日常的人際交流中又會成為商場的免費宣傳視窗，從而提高會員的數量。

　　這種由顧客以口碑推薦所帶來的銷售也叫做鏈式銷售，由會員進行鏈式銷售可以為企業建立和維護大量長久穩定的基本顧客，獲得穩固忠實的顧客群。

4.提高新產品開發能力和服務能力

　　企業開展會員制營銷，可以從與顧客的交互過程中瞭解顧客需求，甚至由顧客直接提出要求，因此很容易確定顧客要求的特徵、功能、應用、特點和收益。在許多工業產品市場中，最成功的新產品往往是由那

些與企業聯繫密切的顧客提出的。

而對於現有產品，通過會員制營銷容易獲得顧客對產品的評價和意見，從而準確決定改進產品和換代產品的主要特徵。

5.可觀的會費收入

會員俱樂部一般要求顧客入會時交納一定額度的入會費用。入會費相對個人雖是一筆小數目，但對於企業來說卻因為積少成多而成為一筆相當可觀的收入。會費收入一方面增加了企業的收益，一方面又可以吸引會員長期穩定地消費。

沃爾瑪山姆會員店的會員主卡為 150 元/年。1995 年，山姆會員店還未正式開業就招募到 20000 名會員，單會員卡銷售這一項就為山姆會員店帶來了 300 萬元的收益。

三、會員制營銷方法的七大重點

知己知彼，方能百戰百勝。企業在進行會員制規劃之前，必須詳細瞭解自己的現狀，特別是「產品是否具有競爭力」。因為顧客忠誠是建立在顧客滿意及價值之上的，只有產品具有競爭力，會員制營銷才能行之有效。

1.明確實行會員制的目標是什麼
2.會員制的目標顧客群是那些人

回答這兩個問題對你要制定那種類型的會員制計劃有非常大的影響。其中，目標顧客群的選擇與會員制為會員提供利益有著直接的關係。因為每一種目標顧客群都有自己的偏好，要求得到的利益也有不同。

某著名管理顧問公司針對製造業的一項研究表明，通過關注並跟蹤企業的顧客保留情況，設定相應的顧客忠誠度計劃和目標，努力實現並超越既定目標的企業，能夠比那些沒有該忠誠度計劃的企業提高 60%的利潤。

3.是否為會員選擇了正確的利益

這是會員制營銷中最重要也最複雜的部份。會員利益是會員制的靈魂，它幾乎是決定會員制營銷成功或失敗的唯一因素。因為只有為會員選擇了正確的利益，才能吸引會員長久地凝聚在企業的週圍，成為企業的忠誠顧客。而你為會員選擇設計的利益是否對會員有價值，這不能憑自己或別人的經驗來確定，只有徵求顧客的意見後才能做出判斷。

4.規劃財務預算了嗎

會員制推廣和維護的費用很高，很多會員制營銷失敗的主要原因之一就是沒有嚴格控制成本。所以，建立一個長期、詳盡的財務預算計劃非常重要，內容應該包括可能產生的成本以及收回這些成本的可能性。

5.為會員構建一個溝通平台

為了更好地為會員服務，企業必須建立一個多方位的溝通平台，這個溝通平台包括內部溝通平台和外部溝通平台。

⑴內部溝通平台：用於企業內部員工進行溝通交流，讓內部員工理解、支持並參與到會員制營銷的開發中去，因為只有內部員工同心合力，會員制成功的幾率才有可能提高。

⑵外部溝通平台：確定會員與會員制組織之間以及會員與會員之間需要間隔多長時間、通過什麼管道、進行何種形式的溝通。

6.建立良好的會員制組織制度

具體包括：確定組織和管理的常設部門，如服務中心，決定將那些活動外包出去，確定需要那些資源配合，如組織上、技術上、人事上等；如何實現為會員提供的利益，等等。

7.數據庫的建立與管理

及時有效地建立數據庫，將會員的相關信息資料整合到企業的其他部門，以充分發揮其對其他部門的支持作用。會員資料對於企業的研發、產品管理和市場調研等部門來說非常有價值，充分挖掘會員制的潛力，既能幫助上述部門提高業績，也能增加會員制營銷自身的價值。

第五節　服裝公司的會員制方法

SS 服裝公司採行會員制方式，會員方案主方向為會員多級別晉升制，以會員優越感為中心，充分體現不同級別會員的尊貴感和榮譽感。

一、普通會員卡

每次購物 5000 元或 90 天累計購物 10000 元，可申請辦理普通會員卡。

1.購買金額按 100 元 1 分(不足 100 元金額不計)存入會員卡中。

2.入會即送禮品一份(禮品待定，市面價值 500 元)。

3.會員生日當月可 8 折購買商品一件(當月憑會員卡和身份證領取折扣券)。

4.可參加定期舉辦的只有會員可以參加的特賣會。

5.會員每月可免費索取《SS》雜誌一本。

6.會員購物累計到一定分數可升級為下一級會員。

7.普通會員卡使用期限為一年。

二、銀卡會員

普通會員購物分數達 300 分，可升級為銀卡會員。

1.銀卡會員保留原分數繼續積分。

2.入會即送禮品一份(禮品待定，市面價值 1500 元)

3.會員生日當月可 7 折購買商品一件(當月憑會員卡和身份證領取折扣券)。

4.可參加定期舉辦的只有會員可以參加的特賣會。

5.會員每月可免費索取《SS》雜誌一本。

6.銀卡會員所購買的 SS 服裝可隨時根據自己的想法到店裏進行免費改制。

7.銀卡會員在有贈送活動時購物，可獲雙份贈品。

8.會員購物累計到一定分數可升級為下一級會員。

9.銀卡會員卡使用期限為一年。

10.使用期內再積 200 分以上，第二年可直接辦理會員銀卡，但分數為本卡基數 300 分。

三、金卡會員

銀卡會員購物分數達 800 分，可升級為金卡會員。

1.金卡會員保留原分數繼續積分。

2.入會即送禮品一份(禮品待定，市面價值 2000 元左右)。

3.會員生日當月可 6 折購買商品一件(當月憑會員卡和身份證領取折扣券)。

4.可參加定期舉辦的只有會員可以參加的特賣會，並可同時購買高級會員區所售商品。

5.會員每月可免費索取《SS》雜誌一本。

6.金卡會員所購買的 SS 服裝可隨時根據自己的想法到店裏進行免費改制，免收附料及貼標籤等費用。

7.有任何禮品贈送活動時，金卡會員無需購物就可免費領取一份禮品。

8.會員購物累計到一定分數可升級為下一級會員。

9.金卡會員卡使用期限為一年。

10.使用期內再積 500 分以上，第二年可直接辦理會員金卡，但分數為本卡基數 800 分。

四、鑽石卡會員

金卡會員購物分數達 1500 分，可升級為鑽石卡會員。

1.鑽石卡會員保留原分數繼續積分。

2.入會即送禮品一份(禮品待定，市面價值 2500 元左右)。

3.會員生日當月可 5 折購買商品一件(當月憑會員卡和身份證領取

折扣券）。

4.可參加定期舉辦的只有會員可以參加的特賣會，並可同時購買高級會員區所售商品。

5.每月為鑽石卡會員郵寄《SS》雜誌一本和新款資訊。

6.鑽石卡會員所購買的 SS 服裝可隨時根據自己的想法到店裏進行免費改制，免收附料及貼標籤等費用，其他品牌服裝可免費改褲腳。

7.有任何禮品贈送活動時，鑽石卡會員無需購物就可免費領取一份禮品。

8.鑽石卡會員可參加一次「SS 之旅」活動，免費旅遊觀光（地點待定）。

9.鑽石卡會員卡使用期限為一年。

10.使用期內再積 700 分以上，第二年可直接辦理會員鑽石卡，但分數為本卡基數 1500 分。

心得欄

第 *17* 章

店長如何改善賣場績效

🔊 第一節　先瞭解為何業績不佳

　　店長透過分析可瞭解業績不佳的原因。針對原因採取對策，賣場績效才能加以改善。店長應對店(或賣櫃、賣場)的業績時時關心，一旦發覺業績不理想，未達到目標，應立刻分析原因，找出對策，迅速執行，並對「產品」、「人員」、「時間」分別設定目標，追蹤其執行結果，加以跟催。

　　分析手段甚多，其中「特性要因圖」是最常使用的方法。可使用「特性要因圖」來分析業績不佳的原因。這種圖形可以一目了然表示出結果(製品的特性)受原因(影響特性的原因)的影響情形，形狀頗似魚骨狀，故亦稱為魚骨圖。又因這種圖形可清楚顯示出其因果關係，故又稱為因果圖。

　　以餐飲業店為例，例如要改善衛生狀況，項目之一是針對廁所，可逐項改良，專人每日實施，並設定專人督導檢查。見圖 17-1-1。

圖 17-1-1　特性要因圖

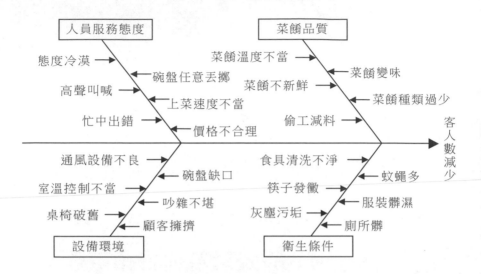

第二節　透過營業公式來抓改善重點

　　商店每天營業額的多寡，對店長而言，是極為敏感、也是最為關切的問題。店長可透過營業公式的分解，對於營業額的多寡體會出個中道理，進而採取有效的措施。

營業額公式的分析
1.營業額＝交易客數×平均交易客單價
2.交易客數＝通行客數×顧客入店比率×顧客交易比率
3.顧客入店比率＝入店客數÷通行客數
4.顧客交易比率＝交易客數÷入店客數
5.平均交易客單價＝平均購買商品數×購買商品平均單價

由上述公式得知：

營業額＝①通行客數×②顧客入店比率×③顧客交易比率×④平均購買商品數×⑤購買商品平均單價

經由上述公式分解，我們可以得悉營業額的構成是①通行客數，②顧客入店比率，③顧客交易比率，④平均購買商品數，⑤購買商品平均單價等五項因素相乘的效果，店長若要提高商店的營業額，就必須由這五項因素著手進行了。

1. 通行客數

指顧客來往流動是否頻繁？通行客數的多寡，能影響商店的業績，所以商店在立地條件的選擇上，都是優先考慮在人口流量較頻繁的地區設店。對於整個公司營業促進活動的有效運用，也是造成通行客數增加的要因。而今日零售店的經營，從根本上來說，還是應該努力於公司商店商圈的擴大、設法開發新老顧客。

2. 顧客入店比率

商店即使位於顧客流量頻繁之處，本身若缺乏吸引顧客入店的魅力，也難以吸引顧客進入，帶動商店業績。因此要設法有效地塑造商店特性，諸如櫥窗展示陳列的魅力，店面佈置的美化及有關促銷展示活動的吸引力、商店服務機能的多樣化等，以便引起通行顧客入店的興趣，甚至能吸引專程前來的顧客，以增加顧客入店比率。

3. 顧客交易比率

來客數究竟有多少？又有多少比率會購物呢？

當顧客入店之後，如何引起他的購物動機與行動，有賴於整體商品力與販賣力的發揮。店長要設法加強樓面裝潢氣氛、商品構成特色、展示陳列效果、銷售人員的服務態度、待客技巧的表現等組合運用，以提高顧客的成交比率。

圖 17-2-1　商店業績分析圖

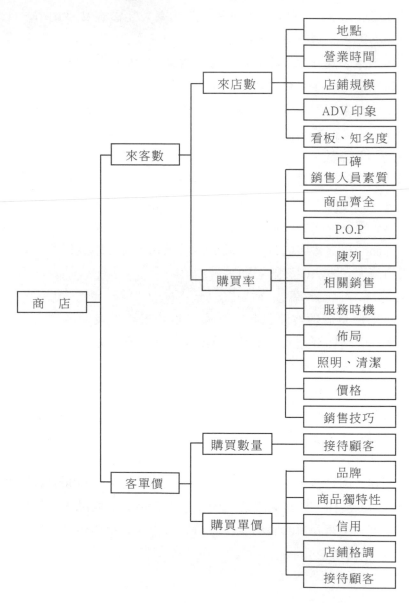

4.平均購買商品數

商店要設法提高顧客的平均購買商品數量，基本上有賴商店對於商品之齊全性，以方便供應顧客之需求。因此，店長要設法提高店員對商品知識的深入，隨時能為顧客作適切的說明與建議，而促進顧客多購買商品的需求性，以增高顧客購買的商品數。

5.顧客購買商品的平均單價

「平均購買商品數」是針對「量」的增加，此處是針對商品「值」的提高，即使同樣一筆交易，力求顧客購買單價的提高。因此，店長在進貨商品時，必須能夠針對顧客層的需求，以提供附加價值較高的商品。

6.提高商品毛利

通過提供新產品、優質商品和大批量、低價位的商品，改進包裝和服務，提供更多的便利等方式來增加商品的附加價值，創造優良的銷售業績，相應提高毛利收入。

🔊 第三節　商店自我診斷評估

商店績效評估是指為實現商店的整體目標，通過一定的評估方法來衡量商店日常營運所表現的結果，達成經營目標的管理。

商店進行自我診斷評估，一方面可以降低評估成本，另一方面可以對所屬商店提供迅速的回應並加以改善。

商店在做自我診斷評估時，其診斷必須有主題、有範圍、有目標，事前也要有充分的準備和計劃。診斷時注意診斷面要廣，但改善面宜深，診斷過程與結果應儘量使用圖表，要求定性或定量地陳述。數據本身應有比較的標準，對自己或對產業等都做比較。

另外，診斷執行者要客觀務實，切忌過於主觀或太理想化，改善建

議要確實可行，且需要有建議的執行時間表。同時還要考慮企業文化的差異和企業背景的不同，其他公司的數據或經驗不可盡信。

1. 診斷範圍

主要的商店自我診斷涵蓋下列幾個範圍：

(1)商店內外條件診斷

商店的內外環境會影響到商店的經營績效。雖然在開業以前，對於商店所在的商圈、立地的條件、週圍的各種業態，都會有一定程度的調查分析，而且對於商店內部的設計，絕大部份的商店已經發展出一定的規格，但是，隨著時間的改變，原本對商店有利的條件也許會出現變化，例如新競爭同業的設立、道路工程的施工等。

所以商店內外條件的自我審查，是必須長期而且定期進行的工作。商店內外條件可以分為外在環境和店內狀況兩部份。外在環境變化主要包括商圈形態、業種分佈、商業特徵、人口分佈等的改變。

(2)經營效率診斷

主要依照各種經營績效數據，以診斷商店績效的優劣。重要的內容包括系統組織效率、工作效率、商品效率等。

系統組織效率：對商店各種聯絡系統功能的效率進行審核，例如資訊傳輸的時間、物流程序的處理時間、存貨週轉率、商店存貨量等。

工作效率：主要對商店工作人員的效率進行審核，例如平均人員貢獻、平均加班費及加班時數、平均績效獎金……等。

(3)管理系統診斷

主要是依各種管理制度的效能來診斷商店績效的優劣，重點在資金流、物流、資訊流等各類的管理程序及制度，可以應用的績效評估數據包括：營業時間、人員流動率、零用金支出、商品生財器具維修金額等。

(4)顧客診斷

商店除了配合整體的顧客調查外，也要針對商店的主顧客作定期的調查，以保持營業績效的潛力，調查的重點包括顧客滿意度、商店形象、

商店服務等。

　　顧客滿意度：顧客滿意度可以顯示員工的服務品質及效率，採用《顧客滿意度調查表》或定期的顧客滿意調查，以診斷商店的顧客服務品質。例如麥當勞、儂特利及溫蒂漢堡都有類似的活動。

　　企業及商店形象：許多企業會定期作問卷調查、市場調查或座談會，來確定本企業形象在主顧客心中的定位，憑藉回收資訊來改進本身的服務、形象策略、活動方向及方式等。商店員工也可以對商店的固定主顧客做口頭或電話詢問，以作為商店改進的參考。

　　商店服務：除了特別的問卷或特定的座談會外，商店可以由一些商店內部的績效評估數據來審核自身服務是否還有改進的空間。例如會員數量（如果有會員貴賓卡制）、顧客抱怨次數、退貨百分比等。

2.診斷方法

　　商店自我診斷評估的方法主要有三種：觀察法、詢問法和實踐法。

(1)觀察法

　　仔細觀察要診斷的目標，其業務是如何運作的，運作結果如何？觀察法的診斷範圍可以包括實務操作的觀察、作業環境的認識、工作說明書使用報表及其他作業工具的搜集、作業績效的瞭解等。

(2)詢問法

　　詢問法包括書面詢問和口頭詢問，詢問內容必須預先規劃。同時要認真聽取眾人對所診斷業務運作的理由、說明檢討和建議，最好能使受訪者在「自由意識」下充分表達其看法，這樣才能獲得更真實的材料。

(3)實踐法

　　親自去操作，實際體驗作業執行的困難度，以印證問題發生的原因和改善計劃的可行性。例如：作業規劃者憑藉想像，在最理想的條件下編制流程，並設定績效評估的標準，以其本身的心境和能力去要求下屬達到同樣的標準，但在實際操作過程中卻會有不同的結果，這就要求規劃者去親身嘗試，在實際操作中尋找改進的方法和可行的方案。

3.診斷時間

商店的管理者在進行自我評估後，可就全年工作中存在的問題、疏漏及需要改進之處做深度的自我批評與檢討，找出與先進管理的差距。年度檢討可在每年 6 月 15 日前與 12 月 15 日前各一次。

表 17-3-1　門店年度檢討書

部門		經理	
改進事項			
檢討事項			
建議事項			

4.績效評估的形式

正確的績效評估可以更正營運管理決策的錯誤，避免資源的浪費，作為公司政策成效的審核、經營管理的指標及經營改進的方向。把各種經營績效的項目及程序規格化、標準化，不但可以迅速評估商店的績效高低，減低開店失敗率，也可以就績效評估的結果進行改進，減少浪費、增進利潤。

商店績效的評估有三種形式：月評估，即每月考評一次並提出報告，一般每月 10 日為考評時間；季評估，每季(4、7、10、1 月 10 日)綜合當季各月成績評選；年總評，每年 1 月 10 日綜合當年各季成績評選。

(1)制定評估標準

績效評估標準由經營目標的設定轉化而來，由未來經營發展方向及營業目標換算為合理、可以考評的數據，因此必須考慮到實際的可行性和選擇合適的執行方式。

同時，考評標準是否被員工接受、數據本身是否有價值、是否符合

目標的設定、是否有時間進度、是否符合產品種類、公司通路、策略目標及財務目標的需求等都是標準設置必須考慮的。

經營績效標準使用的單位要相同，不可以用不同單位來考評，否則會影響結果的正確性。績效標準應該依照工作本身來建立，而不是針對不同的工作者給予不同的績效標準。

⑵門店績效評估流程

門店績效的評估有三種形式，其評估流程如圖 17-3-1 所示。

· 月評估：每月考評一次並提出報告。

· 季評估：每季綜合當季各月成績評估。

· 年總評：每年綜合當年各季成績評估。

圖 17-3-1　績效評估流程圖

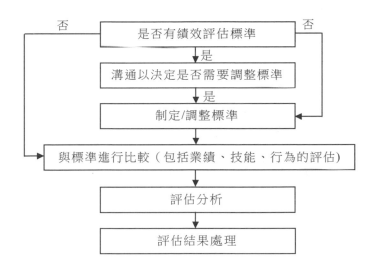

⑶確定評估項目

績效評估的項目是用來衡量經營績效、成功關鍵因素或衡量工作服務品質及成果的。績效項目的評估必須容易理解，計算方式固定，能反映實際，不受外部條件的影響。常用的績效評估項目如下：

①營業額

通常依不同的時間來記錄，例如每日、每週、每旬、每月、每季或每年的營業額；也有以特別的活動，例如週年折扣期間的營業額作為考評項目的，這是最常用的經營績效考評項目，可以直接由商店的銷貨記錄取得，但是並不能計算出精確的利潤。例如某家店的成本費用驚人，所以即使營業額相當高，但實際的利潤可能很有限。

②營業數量

經營數量的增加不一定是利潤的增加，銷貨數量和銷售價格呈反比，如果折扣大，營業數量雖然增加，但是利潤還是很低，有時績效反而不如折扣較低、營業數量較少時的績效。

③利潤額

利潤額一般指毛利額、淨利額及投資報酬率。毛利指營業額扣除成本費用後的稅前毛利額，這種考評項目雖然比較偏財務方面，但也是營運中追求的重要指標。

毛利扣除稅金後的淨額，才是公司實際賺取的利潤，也就是營運的成果。但是淨利的計算較為複雜，往往不是營業部門所能計算的，多半由財務會計部門在季末計算。

④費用額

指維持運作所耗的資金及成本，一般包括租金、折舊、人事費用、營運費用等。一個高營業額的商店，如果費用也高，就會抵消它的利潤，與經營績效關係最直接的就是營業費用。

⑤成長率

指與歷史數據的比較，實際上常與去年同期的數據比較，例如營業額成長率、市場佔有率、重要商品成長率等。

⑥業績達成率

一般企業對所屬營運單位或商店，都會在新年度開始前，制訂不同的營業目標，銷售額與預定目標的比例即為達成率，由達成率可以知道

實際的銷售狀況。

⑦空間效益

將營業額除以單位面積數，由此項可看出每個單位空間所提供的效益。但是小面積數的賣場效益會比較高，例如百貨公司內的專賣店，所以此項僅為參考，不作為主要的績效考評項目。

⑧員工貢獻效益

營業額除以營業人數，由此可以看出每位員工的平均績效。但這不是客觀而公平的評估項目。

⑨商品效率

指退貨率、損壞率、商品週轉率、平均庫存等，與商品有關的績效項目。商品效率雖然和營運有間接關聯，但是可以由這些考評項目審核營運的品質。

⑩產品更新比例

指出生產廠或商品供應廠所送的商品量與預計商品量的比例。出陳比例低會影響正常的營運績效。

⑪銷售分析資料

指來店客數、平均客單價及時段營業額等的商店銷售資料。

據美國的一項調查顯示：全美約有 1/4 到 1/3 的新設立公司，在營業第一年就被迫結束營業；而 2/3 左右的新公司在五年之內宣告倒閉，真正創業成功的只有約 1/3。

5.門店績效評估的工具

商店經營績效的例行評估包括對人員士氣與服務、商品管理、環境整潔月和財務管理四個方面的評估分析。

林先生的便利店開業三個月以來，每天只有一些營業額，繳了市場管理費和商店租金後，就所剩無幾了，幾乎是在虧本經營。為此，林先生苦惱不已。

2004 年春節，絕望的林先生到市裏最大的超市買年貨，發現那個超

市正在做促銷活動，很多商品都以特價出售。林先生做了好幾個月的生意，對許多商品的價格瞭若指掌，他知道超市促銷賣的是零利潤！這個價格不但沒有一點利潤，還要付出人工成本，這是什麼道理呢？

看著超市裏熙熙攘攘的顧客，林先生突然間明白了，大超市和大商場賣特價商品，並不是為了贏利，而是在靠低價吸引顧客！少數的特價商品不但可以吸引很多顧客上門，而且會讓顧客產生這裏所有的商品都比其他地方便宜的錯覺，從而對其他商品也產生購買的慾望。大部份顧客在購買特價商品的同時，都會買一些別的東西，而這就是那些大商場和超市的利潤點！難怪那些商家總是熱衷於特價促銷！

林先生恍然大悟。他想，如果自己的小店也採用大超市的這種行銷策略，不是就能起死回生了嗎？說幹就幹，林先生粗略地統計了店裏所有商品的類別和數目，拿出了毛巾、襪子、純淨水和香煙等 40 種小商品來做特價促銷品，這些促銷品佔所有商品的 1/20 左右。接著，在店門口立了一個醒目的告示牌，上面寫著特價商品的種類和促銷價。

當顧客半信半疑地走進他的便利店，發現這裏的特價商品果然比別家的價格低 20%～30%。結果，他那天的生意比往常火爆得多，顧客像走馬燈似的絡繹不絕。一天下來，營業額竟是以前的十幾倍！雖然賣出去的許多東西是零利潤，但附帶著賣出去的其他商品也是平時的幾倍。也就是說，他的利潤也是平時的幾倍！

林先生很快就發現，好的開始帶來了連鎖效應：他的東西賣得多，在批發商那裏進貨也多了，批發價格上就會有較大的優惠。因此，林先生的運作成本就變低了，商品流通快，看上去比別人的新，也就更有賣相。就這樣，所有的環節都進入了良性循環狀態。

對於大多數商店的店主來說，面對營業狀況不理想，甚至虧本經營時，都會感到束手無策。而案例中的林先生雖然身處險境，卻善於不停地琢磨，積極借鑑大型超市的成功經驗，再根據自己店裏的實際情況，推出獨到的經營招數，從而獲得了較大的成功。

故事給了我們這樣一個啟示：再小的天地，都蘊藏著無限的潛力。只要店長肯鑽研，就一定能夠大有作為！

🔊 第四節　具體改善商店形象

1.商店的外觀表現是否太弱

商店的形象優劣，會影響顧客是否常來參觀、選購，因此，針對商店的燈光照明、店內色彩、動態陳列、商品的展示、櫥窗佈置、服務人員是否專業化、整體商店外觀等都要加以檢討改善：

商店有的從正面看過去是 1～2 層或是 3 層，近年來連第 3 層都利用的商店似乎愈來愈多，不過，實際上讓顧客以為只有 1 層的商店也不少，這就是由於商店沒有整體的外觀與造型所致。譬如說，1、2、3 層的正面，都分別使用不同素材，其整體性就弱了，又如招牌很小，只豎立在第 1 層，招牌過於老舊，文字模糊，都會導致商店外觀的薄弱。

要增強商店的外觀，就必須要注意招牌、廣告媒體的位置、大小、顏色、文字內容，與鄰店的關係等，如果因時間久了或鄰店的出現而影響外觀的視覺強度，就需設法改善或加強。

2.商店的燈光是否太幽暗了

商店如果看起來暮氣沉沉，給人一種暗淡的壓抑感，則視線可能被忽略，也可能使顧客望而卻步，因為在那幽暗的櫥窗及商品櫃裏，商品可能顯得古舊而沒有吸引力，甚至好像擺了很久的時間都沒有人問津。

作為店員應該考慮，像皮革等製品，本來就是以褐色、黑色為主，凡深色的商品，顏色較暗的商品，都會吸收較多的光，所以若使用較強的日光燈照射，整個商品的氣氛就會明朗起來。

一般散光式的照明燈對於大型商店並不適合，大型商店需要以白熱

燈泡的照明為主，才能夠顯示出商品的魅力。

　　一般室內裝飾設計的素材，其彩色調最好用明朗的顏色，其照明效果較佳，不過，也不是說深色的背景不好，有時為了實際上的需要，強調淺顏色商品與背景的對比，而另外打投光燈在商品上，更能使商品顯眼突出並富有立體感。

3.商店的櫥窗是否做了有效的活用

　　櫥窗是商店的臉孔。從櫥窗的內容，便能聯想到商店的內容、機能和水準。可惜有許多的商店，都未能充分地活用它。

　　櫥窗並不是商店的附屬物，可透過季節感、格調感來影響顧客，如果把櫥窗充分地加以計劃、設計，適當地運用，必能使商店經營出現生機。

4.商店的色彩運用是否適當

　　有些商店會給人一種冷涼的感覺，有一些則給人一種炙熱感，這都是色彩影響所致。

　　只有暖色調未必是最好的，而僅有冷色調、金屬色調也未必妥當。暖色或冷色為主色的選擇，固然隨個人的嗜好可以取捨，但是，也不能忽略了商店或商品的特性與色彩的關係。

　　例如，商品本身的顏色，或圖案很搶眼，其背景顏色也搶眼時，就不免讓人眼花繚亂了。又如整個店內都使用金屬色，可能也會給人一種冷颼颼的感覺，如果再加上刺眼的亮光，恐怕就難以使顧客駐足太久了。所以商店的色彩運用，應該考慮到顧客階層、年齡、嗜好傾向、商品特性、注目率等問題，但是，冷冷的氣氛，總不如溫暖、溫馨的氣氛來得耐人尋味。

5.商店是否太靜態而不生動

　　經營活潑化的商店，有精彩生動的裝飾、有視覺重點的商店陳列、有讓人感到快活的接待；甚至有讓人身心舒暢的音樂，不論視覺、聽覺、或內心的感覺，都讓人有清新美好的感受。

百貨公司設有彩色噴泉、電梯、並且播放悅耳的輕音樂，都是要創造顧客購買時的氣氛，使其在商場中多流連、多採購。

其實，小型商店又何嘗不能和大型百貨公司一樣，改變靜態的經營，成為立體而動態的經營呢？

6.商品的展示量是否充足，陳列位置是否妥當

商店商品展示量如果不足(例如進貨太少或堆在倉庫、箱櫃之中)，不但不能夠呈現出一種販賣的魄力，販賣額無法提高，也會由於缺乏朝氣蓬勃的氣氛，而減少了顧客入店的意願。

此外，老是把同樣的商品，擺在同樣的位置，或者擺得很死板、雜亂都是不好的。最好是不要把同樣的商品，長時間的固定擺在一個位置，也要講究商品陳列的視覺高度、集中度等視覺效果。

有些商品陳列時，還要考慮到生活化的問題，這些都會影響顧客購買的感覺。

7.商品販賣對於時尚的把握是否準確

過時的商品，就像過時的月曆一樣，沒有吸引力；就好像夏天賣冬天的大衣一樣，引不起顧客的購買興趣。

特別是流行品、新潮品，如果失去了販賣的契機，則缺乏生機，無法販賣成功。

流行的本質就是有時間性。把同一個展示一擺就是好幾個月，而且舊的商品，不合季節、不合流行的商品自然是無法吸引顧客眼球的。

商店經營者，應把商店的商品配合時令經常變化，使其清新醒目，給顧客一種時尚領導者的印象。

8.商店是否能給人專業化、高格調的印象

商店能夠專業化，才能給人有一種高格調的印象，所在商店的專業化甚為重要。

專業化是指給人一種專門、專家、專心、專責的服務印象，這應該從商店的外觀、甚至於店員的談吐中流露出來。

至於高格調的印象，有時從商店陳列品、商品販賣中，已經不打自招地告訴了顧客本店的格調。

第五節　扭虧為盈，自強救店

一、商店虧損分析與應對策略

商店經過各種評估和自我診斷之後，如果被確定屬於虧損店，則需列入商店扭虧計劃處理。若超過三個月仍無起色，就應考慮是否遷店或關店。並非所有一時處於雙低(營業額成長率低、市場佔有率低)的商店，都註定永遠陷於困境。只要商店所處的商圈和立地條件理想，積極努力改善商店的經營構造，轉變成明星店的可能性也是有的。

如果造成虧損的原因是立地理條件不理想，就有必要採取撤退策略，退出市場結束營業。因為，立地條件不好的商店，期待將來有一天立地條件好轉是不太可能的事。

1.問題分析

虧損類型的商店，通常受商圈、立地、規模、競爭和宣傳實力以及本身業務等多種因素的影響而形成。其中一些是因為開店前商圈調查評估不確實所導致的結果，而更多的因素則是因為開店後經營管理不用心所導致的結果。

(1)商圈分析

很多虧損商店對商圈特性的掌握不到位，所選商圈腹地太小而且又人潮不足；商圈內消費者的消費習慣與商店產業不符，這些都屬於布點的錯誤。另外，一些虧損商店在競爭店數量增加和改變經營策略的時候沒有及時做出反應，並進行相應的修正，也是成為虧損店的原因之一。

(2)服務、士氣管理分析

很多商店會因顧客大量流失而成為虧損店,其主要原因就在於服務管理和人員士氣不足。例如:服務態度不佳,人員敬業精神差,服務流程不合理、不順暢,人員不足不能滿足顧客需求或技能培訓執行不佳等,都會導致顧客大量流失,商店業績下降而成虧損商店。

(3)商品及其他管理分析

商品管理不當也是造成商店業績下降的主要原因。很多虧損店都會存在商品組合不當,如庫存大、週轉慢等現象,或者存在商品品質不佳,如報廢增加、退貨增加、商品陳列不佳、嚴重缺貨、存貨控制不佳等現象。這些都會影響商店的正常運營而導致商店虧損。

另外,店長領導方式不正確、促銷等活動執行不佳、店內設備及營業器具運用不佳、環境清潔衛生差,以及財務管理不善,如現金短溢情況增加等現象都可能導致商店虧損。

(4)績效分析

通過績效分析來確定商店是否虧損也是主要手段之一。例如:營業目標達成率不佳、毛利目標達成率不佳、費用目標控制率不佳、淨利目標達成率不佳、營業額成長率不佳、員工貢獻率不佳等都是確定商店是否成為虧損店的重要指標。

2.虧損商店對策

一般而言,經營者面對虧損商店時,主要經營策略有四種:

(1)維持策略

有時,企業在考慮整體利益的情況下,會對虧損門店採取維持策略,使其繼續經營。例如:

①當虧損店位於配送路線上時,企業為享有降低物流成本的經濟利益,會以降低物流成本效益維持此門店的經營。

②當門店是企業積累新業態經營經驗的實驗店,或在重要位置宣傳、廣告的展示店時,基於這些特殊功能考慮所開設的門店就不能輕言

撤退。

　　③當門店是企業為搶佔市場或迫使既有競爭店退出某市場而設立時，即便虧損也要採取維持策略。

　　(2)改裝策略

　　如果虧損門店位於消費者容易接近的位置，能形成獨立的商圈，具有良好的前景或潛力，就需要考慮門店是否需要改裝了。

　　門店在改裝時，除需要進行硬體設施的更新外，更重要的是對軟體經營能力進行轉換與變革。例如，與競爭店比較分析，尋找自身的優勢項目；或者，請專家指導以改善其經營能力。另外，門店改裝還要重點強化其商品計劃能力。

　　(3)轉換策略

　　當門店商圈立地條件隨著時間與空間的變遷，與既有業態生存條件不符合而影響其發展時，門店經營者就應適時考慮轉而經營其他新興業態。

　　轉而經營其他業態時，必須注意門店是否有新業態的專業經營技術和專業管理人才，轉換的新業態是否具有成長性。

　　(4)撤退策略

　　當門店的營業額增長率和市場增長率都很低，而且處於發展前景不明確、成長性很低的商圈時，門店經營者就應該採取撤退策略，早日退出市場以減少損失。

　　但在撤退前，應考慮是否具有扭虧為盈的可能性。例如，營業額能否增長？是否能提高毛利額？是否能削減管理費用？若確認門店虧損是因為人流量不大、消費水準不高、配送成本較高，就必須堅決關閉該虧損門店。

3.商店扭虧作業流程

圖 17-5-1　商店扭虧作業流程

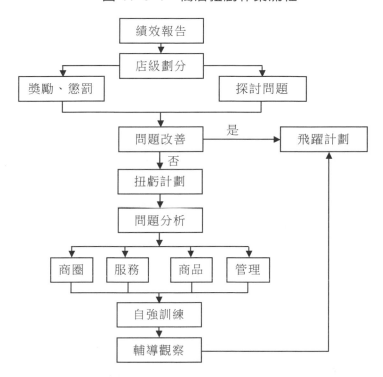

二、扭虧的自強培訓——拼搏之中求生存

虧損商店在確定其經營情況後，可以通過一定的課程培訓和問題研討來實現商店扭虧自強的目的。

自強培訓的課程包括：激勵活動，商圈調查與資料運用，服務流程培訓，服務技巧的應用以及專業培訓，設備、器具的標準使用培訓，管理技巧培訓和環境整潔的標準作業程序培訓。同時需要對下列問題的改進做研討：

・商圈的地點情況是否適合本店的生存和發展

・服務人員不足，顧客流失率增加
・商品組合、陳列是否妥當
・促進績效達成及標準研討

為達到快速改進、強化培訓的目的，虧損商店在選擇課程時，可以根據自身情況對某些課程做重點培訓學習，其培訓課程的內容也可根據問題分析結果重新組合(見表 17-5-1)。

表 17-5-1　培訓課程分析

問題所在	探討結果	培訓課程
商圈、商品	・商圈立地點不佳 ・商圈經營手段不佳 ・商品陳列不佳、組合不當	・管理技巧培訓 ・激勵溝通活動 ・商圈調查與資料運用
管理	・溝通、配合不協調 ・管理制度不健全 ・執行力度差	・管理技巧培訓 ・促銷執行培訓 ・營運方針的宣傳指導 ・領導溝通與激勵活動開展
服務	・人員不足 ・工具不足 ・缺乏培訓與指導	・管理技巧培訓 ・服務技巧與流程的培訓、運用 ・申請專業培訓
其他如財務管理、環境衛生等問題的課程安排和培訓		

三、扭虧自強計劃配合事項

商店的扭虧自強除了要進行必要的課程培訓和問題研討外，還需對所處商圈加強精耕作業，同時配合一定的促銷活動，幫助商店提升業績和擴大影響。

商圈精耕的方式包括：加強姐妹店的公關，尋找商圈內發放 DM 的地點及時段，如主消費層（上班族、附近住戶等）走動頻繁的地點，次消費層（青少年等）走動頻繁的地點，和主、次消費層走動頻繁的時段。

虧損商店扭虧自強作業的觀察期一般為 2 個月。觀察後提出報告，報告內容包括：店內問題改善狀況，商圈內消費者對本店的接受狀況，營業績效和來客數、客單價提升情況，以及商圈精耕的進展狀況等。

商店經營者可根據觀察報告對虧損商店做出相應的處理決定，如維持、遷店、撤退、整改還是改變經營業態。

表 17-5-2　自強計劃時間表

活動安排		第一個月	第二個月	第三個月
集中特訓（集中式）		1～3 天		
本部研討		2 天		
商圈精耕		7 天		
促銷活動及工具準備		14 天		
DM 發放		2～3 天		
促銷期限		7～15 天		
觀察期			60 天	
人員駐店	一般店	每週一天	視需要的情況	
	自強店	每週兩天		

表 17-5-3　年度績效評估指標權重參照表

指標類別		分指標	分值	計算方法	備註
財務指標	經營指標	毛利	30 分	30 分×(實際毛利/計劃毛利)	
		銷售收入	15 分	15 分×(實際銷售收入/計劃銷售收入)	
		變動費用	15 分	15 分×(計劃變動費用/實際變動費用)	
	庫存指標	商品處理損失率	5 分	每次比計劃高 0.2‰，扣 1 分	
		存貨週轉次數	5 分	每次比計劃低 1 次扣 1 分	
		不良庫存分流率	5 分	100%以上為滿分，每次比計劃低 2%扣 1 分	
非財務指標		成長潛力	5 分	考核市場佔有率增長率、主推品牌收入比例、員工建議數、員工滿意度、團隊建設、員工培訓等	· 三個非財務指標分為 5 個等級：一級 5 分，二級 4 分，三級 3 分，四級 2 分，五級 1 分。考評實行關鍵業績指標對比排序法，根據排序結果，經考評小組綜合平衡後歸入相應等級。
		顧客滿意	5 分	考核顧客滿意度指數、顧客投訴比例、服務升級、顧客調查排名等	· 非財務指標實行雷區激勵，如有觸雷情況，視情節輕重給予 0.5～3 分扣分。如考核期內不遵守公司規定，無故拖欠員工工資，可扣 1 分；顧客投訴扣 0.5 分等。雷區激勵可根據日常檢查或年終檢查結果進行。
		內部管理	7 分	例行考核內部管理的規範性和時效性、行銷中心管理、管理升級、安全事件指數等	
總經理綜合評價			8 分	考核任職能力、對總公司的作用與貢獻、發展潛力、職業道德	年終進行

第 *18* 章

店長手冊範例

＜範例 1＞　餐飲業的店長手冊

第一章　工作崗位職責

一、崗位職責

崗位名稱：店長。

行政上級：總經理。

業務督導：總部督導。

直接下級：助理、出納、採購、庫管。

崗位描述：全面負責店鋪的經營及管理工作。

二、工作內容

⑴按照總部統一管理要求組織本店的經營管理工作。

⑵執行總部的工作指示及其制定的各項規章制度，擬訂本店的工作計劃及工作總結。

⑶代表本店向總部做工作彙報，接受總部的業務質詢、業務考評、工作檢查及監督。

⑷營業高峰期的巡視，檢查服務品質、出品品質，並及時採取措施解決。

⑸嚴格實施有效的成本控制及對財務工作的監控，落實本店經營範圍內的合約的執行，控制本店的各項開支及成本消耗。

⑹對下屬員工實施業務考評與人才推薦，合理安排人事調動、任免。

⑺確保下屬員工的人身、財產安全。

⑻加強員工的職業道德教育，關心員工的生活，加強員工的業務技能培訓。

⑼協調、平衡各部門的關係，發現矛盾及時解決。

⑽負責門店的年檢，督促分店出納辦理員工的各類證件。

⑾負責店鋪的週邊關係協調。

⑿分析每日經營狀況，發現問題及時採取措施。

⒀負責根據分店的經營狀況，制訂行銷計劃，報總部審批後實施及配合總部實施整體行銷。

⒁負責建立無事故、無投訴、無推諉、無派系的優秀團隊。

三、工作流程

1. 日常工作流程

⑴ A 班運行方式

06：00 上班

06：00 問候早班員工

　　　　查看店長日誌

　　　　檢查昨天營業記錄

　　　　安排當天工作日程

06：30 檢查開市前的衛生

　　　　檢查原材料的預備情況

07：00 開早餐督導

10：00 收貨、驗貨

11：00 吃午飯

　　　　與員工溝通

　　　　新員工培訓

11：30 開中餐

　　　　餐中督導

13：30 檢查 A 班、B 班員工工作銜接

　　　　安排早班員工下班

14：30 與晚班助理交接工作

　　　　訂貨

　　　　下班

⑵ B 班運行方式(晚班運行方式)

14：30 上班，與早班經理交接工作

14：30 檢查庫存及備貨情況

15：00 收貨、驗貨

16：00 檢查開餐準備情況

　　　　安排員工工作

17：00 開晚餐

　　　　營業督導

20：00 進餐，員工溝通

21：00 準備打烊

22：00 檢查收市情況，訂貨

23：00 下班

2.週期工作任務

查看營業週報表：每週。

衛生檢查：每週。

員工培訓：每週。

工作例會：每週。

安排員工大掃除：每週。

盤存：每月。

訂貨：每月。

查看營業月報表：每月。

安排下月工作計劃：每月。

第二章 考勤與排班管理

考勤與排班管理就是對員工的工作時間合理、有效地利用。店鋪的員工薪資是根據工時來核算的，因此，排班時應注意，一方面，要合理地安排合適的人員，保證服務和產品品質，另一方面要儘量控制人力成本。

一、排班的程序

(略)

二、排班的技巧

(1)首先要根據理論和經驗制定出一個可變工時排班指南，即按照員工的素質能力，以及那個時段的客流量，合理安排員工數量。

(2)然後預估每個時段的客流量，確定需要的人數。

(3)注意在每個時段內保證各個崗位有合適的人選。

(4)同一崗位注意新老員工的搭配。

(5)儘量滿足員工的排班要求。

三、人手不足時的對策

(1)延時下班。

(2)調整人員，人盡其才。

(3)電話叫人上班。

(4)利用非一線人員，如出納、庫管、電工等人員，

四、人員富餘時的對策

(1)提前下班，指已經上班但工作熱情不足的員工。

(2)培訓。　(3)電話叫人遲上班或不上班。

(4)做細節衛生。　(5)促銷，發贈品、傳單等。

(6)公益活動，掃大街、擦洗公共設施。

第三章　物料管理

物料包括原材料、輔料、半成品等食品用料，還包括各種機械設備、辦公用品等所有餐廳財產。店長在物料管理中的目的是減少浪費、保證供應等。

一、訂貨

1.訂貨的依據

店長在訂貨時，要有全面準確地盤貨記錄，以及前期的物料使用情況。根據前期營業情況來預測營業額。

2.訂貨原則

店長在訂貨時應當注意，適當的數量、適當的品質、適當的價格、適當的時間、適當的貨源。

3.訂貨職能

(1)保持公司的良好形象及與供應商的良好關係。

(2)選擇和保持供貨管道。

(3)及早獲知價格變動及阻礙購買的各種變化。

(4)及時交貨。

(5)及時約見供應商並幫助完成以上內容。

(6)審查發票，重點抽查價格及其他項目與訂單不符的品種。

(7)與供應商談判以解決供貨事件。

(8)與配送中心聯繫，以保證供貨管道的暢通。

(9)比價購買。

二、進貨

1.進貨流程

(1)核對數量。進量＝訂量。

(2)檢查品質。溫度，特別是對溫度敏感的食品；有效期；箱子的密

封性；一致的大小形狀；味道；顏色；黏稠改變；新鮮度。

(3)搬運。先搬溫度敏感產品。

(4)存放。在進貨之前，店長要通知庫房預先整理好庫房。貨品存放時必須按照時間順序依次存放。

2.訂貨量的計算

下期訂貨量＝預估下期需要量－本期剩餘量＋安全存量

預估下期需要量：根據預估下期營業額和各種原輔料萬元用量來計算。

預估本期剩餘量：根據庫存報告計算出來。

安全存量：就是指保留的合理庫存量，以備臨時的營業變化的需要。

3.訂貨時間安排

原料：每日。

調料、乾貨：每月。

低值易耗：每週。

辦公用品：每月。

酒水、飲料：每月。

第四章　衛生環境管理

餐廳衛生按營業階段可分為餐前衛生、餐中衛生和收市衛生；按時間間隔可分為日常衛生、週期衛生和臨時衛生；按對象可分為環境衛生、傢俱衛生、餐具用具衛生、電器及其他設備衛生；按場所可分為室外衛生、進餐區衛生、洗手間衛生、收銀台衛生、備餐間衛生及其他區域衛生。

一、日常衛生

指每天要清潔一次以上的衛生，也指營業中隨時要做的清潔工作，如掃地、擦桌子、洗餐具等。店長要制定《崗位日常清潔項目標準》，向員工培訓《崗位衛生工作流程》、《清潔衛生工作細則》，使員工的清潔衛生工作達到規定要求。清潔衛生工作的有關規範可參見《服務培訓手冊》

日常衛生要抓好檢查關，餐廳管理人員每天都要抽查衛生工作。

二、週期衛生

也稱計劃衛生，一般指間隔兩天以上的清潔項目，由於餐廳的營業性質是不間斷營業，因此，店長要根據計劃衛生的內容制定週期衛生安排表，由專人負責安排和檢查，例如，窗簾每月 15 日清潔一次；人造花10 日和 25 日清潔一次；地面每週五消毒一次等。週期衛生由於不是連續操作，容易忘記，所以要定好各項目的負責人，將《週期衛生工作表》張貼在工作信息欄。

三、衛生檢查

⑴建立三級檢查機制：員工自查；領班逐項檢查，可對照檢查表進行；部門負責人（助理）和店長抽查，對主要部位、易出問題的部位或強調過的部位重點檢查，抽查也可隨機進行。

⑵店長要對店面進行全面檢查，從門口停車場、迎賓區、進餐區、洗手間、備餐區、生產區等逐一巡視，對檢查出的問題要做好記錄並及時採取補救措施。

四、自助管理

餐廳的衛生工作較多，要求細緻，涉及幾乎所有前廳人員的工作，完全依靠檢查會增大管理的成本，而且仍會造成遺漏。所以要注重培養員工的責任意識和自我管理意識，如對衛生工作長期無差錯的員工給予衛生免檢榮譽等。

第五章　人員管理

人員管理始於人員招募，在於工作過程，止於人員離店。有效的人員管理能實現人力績效的最大化，為店鋪創造更多財富。

店長對人員管理的職責有以下幾方面。

保證店鋪人力資源能夠「人盡其才，才盡其用」。

店長負責人員招募與人員培訓。（人力資源協助）

在人員訓練的基礎上實施梯級的人員升遷制度。

在制度、實務、操作層次上留住勝任工作的員工。

一、人力資源管理

1. 總部人事制度

連鎖總部的人事制度是對各加盟店人事政策所做的規定。店鋪人事管理包括：參與人員招募、實施人員訓練；執行薪資制度、福利制度、獎懲制度；合理使用與梯級升遷。

2. 總部訓練制度

人員訓練是指讓自然人轉變為職業人的過程，貫穿於店鋪經營的全過程。店鋪訓練的根據是總部所擬定的訓練制度，包括新員工訓練，老員工訓練，基層管理人員、中層管理人員、高層管理人員所實施的梯級培訓規定。

3. 總部升遷制度

總部升遷制度是指在梯級訓練的基礎上經過考核、試用對員工和管理組所進行的梯級升遷制度。

總部升遷制度對人員晉升依據、晉升形式、晉升形式、晉升程序、晉升待遇等都有明確規定，店長應注意梯級培訓制度與升遷制度相結合運用。

二、人員基礎管理

1. 人員招聘

人員預算表、職務說明書、崗位說明書是人員招募的依據。店長在人員招募中的責任是：確定人員招募條件；選擇人員招募途徑；制定人員招募程序、參與人員具體招募。

店長在員工的招聘和挑選過程中肩負著很重的擔子，在員工招聘的過程中，店長要做的幾項重要工作如下。

(1)店長必須確定員工的工作任務，以及員工要做好工作所必須具備的條件。這一點，店長可以參照營業手冊中所制定的各個崗位的職務說明書確定。

(2)店長要熟悉招聘和甄選員工的基本步驟。

(3)店長要對應聘的員工進行挑選。不少飯店是採用「排隊頂替」的辦法來解決人力需求的。

(4)應付緊急需求辦法。解決緊急需求的問題的一個簡單辦法是手頭經常留有預先篩選過的基本上符合條件的求職者的卡片。這就是說，當有人進來找工作但一時沒有空缺時，可讓他填寫一份求職登記表，並對他進行非正式的面試。一旦出現空缺需要人員時，店長就可以查閱這些資料。

(5)制訂長期需求計劃。

①制訂人力需求計劃的步驟。制定餐廳目標，預估未來營業額。店長必須瞭解餐廳的發展目標，制訂年度的經營計劃，才能確定出具體的人力需求計劃和實施方案。

②對現有人員進行清理。確定了人力需求計劃之後，就需要在餐廳內部進行人員的「清理」。清理的對象可以是全體員工也可以是管理崗位的員工。這樣就可以在餐廳內部發現人才。

③預測人員的需求。透過人員需求分析，應該預測各種崗位需要的員工人數和類型。人員需求的預測需要依靠判斷、經驗和對長期預算目標及其他一些重要因素的分析。

④實施計劃。確定了人員需求的數量，就可以制訂招聘計劃，並在經營的過程中實施這些計劃。

2.人員培訓

對招募的員工按培訓體系實施具體訓練。

(1)新員工培訓

大量的離職發生在員工入職後的前幾個星期或前幾個月，這表明員工的挑選和新員工的培訓工作十分重要。

員工開始工作時，一般熱情都很高，很積極，他們希望達到餐廳的要求。因此店長完全有責任利用新員工的這種早期願望使他們在新崗位

上做好工作。

如果新員工的培訓工作做得不好，會使新員工感到管理人員不關心他們，他們並沒有找到一個理想的工作場所，他們的這種感覺很快會影響最初他們對一份新工作的熱情。

迎接新員工的步驟如下。

在新員工到達前店長應該確定好他的工作位置，並通知相關部門準備員工工作服、工具等工作用具。還可以安排一名有經驗的員工（訓練員）與新員工密切配合工作，訓練員必須真心願意幫助新員工適應新環境。

《員工手冊》中詳細介紹了餐廳的規章制度，諸如何時休息、何時發薪資等與員工息息相關的內容，在新員工學習《員工手冊》時，店長或者店長指派的訓練員應該隨時回答員工的問題。當新員工學習完了之後，店長應對《員工手冊》上的內容作一個簡單的口試，以確保學習的效果。

店長應該帶新員工熟悉工作場所，使新員工能區分各個不同的工種，碰到人要作介紹。一路上還可以向他指點員工休息室、更衣室等位置。

現在可以將新員工交給訓練員了，這名訓練員必須是即將與他在工作中密切配合的人。在第一天工作結束時，店長要看望一下新員工，並回答他提出的問題，同時對他的生活和前途表示一下關心。幾天後，可以安排一次與新員工的非正式會見，分析這幾天學習的進展情況。

(2)在崗培訓

培訓無論對新員工還是老員工都很重要。店長可以利用培訓向員工教授工作技巧，擴大他們的知識面，改變他們的工作態度。

在崗培訓的時間一般安排在上午 9：30～10：30 和 14：00～15：00。

(3)人員升遷。

(4)人員流動。

(5)人員儲備。

第六章 財務管理

財務管理直接關係到店鋪營業收入、運營成本、運營費用。店長在財務管理工作上主要完成以下內容。

保證店鋪財務工作按總部及店鋪的規定進行。執行財務制度，防止違反制度的行為或事件發生。負責財務信息的處理與總部或上級保持信息溝通。發現財務問題及時制止和處理。

一、財務制度

財務制度是財務管理的基礎，店長應執行連鎖總部或店鋪制定的制度約定，即會計年度、會計基礎、成本計算、會計報告、會計科目、會計賬簿、會計憑證、處理準則、作業流程等。

二、成本管理

餐飲店的成本控制，其實也不難，只要科學合理制定相關制度並徹底執行它，再加上下面的控制策略，那就會更加得心應手。

1. 標準的建立與保持

餐飲店運營都需建立一套運營標準，沒有了標準，員工們各行其是；有了標準，經理部門就可以對他們的工作成績或表現，作出有效的評估或衡量。一個有效率的營運單位總會有一套運營標準，而且會印製成一份手冊供員工參考。標準制定之後，經理部門所面臨的主要問題是如何執行這種標準，這就要定期檢查並觀察員工履行標準的表現，同時借助於顧客的反應來加以檢驗。

2. 收支分析

這種分析通常是對餐飲店每一次的銷售作詳細分析，其中包括餐飲銷售品、銷售量、顧客在一天當中不同時間平均消費額，以及顧客的人數。成本則包括全部餐飲成本、每份餐飲及勞務成本。每一銷售所得均可以下述會計術語表示：毛利邊際淨利（毛利減薪資）以及淨利（毛利減去薪資後再減去所有的經常費用，諸如房租、稅金、保險費等）。

3.菜品的定價

餐飲成本控制的一項重要目標是為菜品定價(包括每席報價)提供一種適當的標準。因此,它的重要性在於能借助於管理,獲得餐飲成本及其他主要的費用的正確估算,並進一步制定合理而精密的餐飲定價。菜品定價還必須考慮顧客的平均消費能力、其他經營者(競爭對手)的菜單價碼,以及市場上樂於接受的價碼。

4.防止浪費

為了達到運營業績的標準,成本控制與邊際利潤的預估是很重要的。而達到此一目標的主要手段在於防止任何食品材料的浪費,而導致浪費的原因一般都是過度生產超過當天的銷售需要,以及未按標準食譜運作。

5.杜絕欺詐行為的發生

監察制度必須能杜絕或防止顧客與本店店員可能存在的矇騙或欺詐行為。在顧客方面,典型而經常可能發生的欺詐行為是:用餐後會乘機偷竊而且大大方方地向店外走去,不付賬款;故意大聲宣揚他的用餐膳或酒類有一部份或者全部不符合他點的,因此不肯付賬;用偷來的支票或信用卡付款。而在本店員工方面,典型欺騙行為是超收或低收某一種菜或酒的價款,竊取店中貨品。

三、費用管理

在餐飲店成本中,除了原料成本、人力資源之外,還包括許多項目,如固定資產折舊費、設備保養維修費、排汙費、綠化費及公關費用等。這些費用中有的屬於不可控成本,有的屬於可控成本。這些費用的控制方法就是加強餐飲店的日常經營管理,建立科學規範的制度。

1.科學的消費標準

屬於成本範圍的費用支出,有些是相對固定的,如人員薪資、折舊、開辦費攤銷等。所以,應制定統一的消耗標準。它一般是根據上年度的實物消耗額度以及透過消耗合理度的分析,確定一個增減的百分比,再

以此為基礎確定本年度的消費標準。

2.嚴格的核准制度

店鋪用於購買食品飲料的資金,一般是根據業務量的儲存定額,由店長根據財務報表核定一定量的流動資金,臨時性的費用支出,也必須經店長同意,統一核准。

3.加強分析核算

每月店長組織管理人員定期分析費用開支情況,如要分析計劃與實際的對比、同期的對比、費用結構、影響因素的費用支出途徑等。

四、營業信息管理

監察制度的另一項重要作用是提供正確而適時的信息,以備製作定期的營業報告。這類信息必須充分而完整,才能作出可靠的業績分析,並可與以前的業績分析作比較,這在收入預算上是非常重要的。

1.營業日報分析

營業日報表全面反映了店鋪當日及時段的營運績效,是營運走勢控制、人員控制、費用控制的重要依據。營業日報分析包括營業額總量分析、營業額結構分析、營業額與人力配比分析、營業額與能源消耗比率分析、營業額與天氣狀況分析、營業額與其他因素分析等內容。

2.現金報告分析

每日現金報告是店鋪每日營業額現金的永久記錄,是分析每日、每週、每月和每年營運績效的工具。店長負責檢查每日現金報告的填寫。現金報告的填寫應以收銀機開機數、收機數、錯票數為依據。

3.營業走勢分析

匯總特定時期的營業日報,運用曲線圖或表格的形式呈現,店長很容易把握每週營業走勢、每日飯市走勢。透過對店鋪營業走勢分析,店長可根據營業走勢擬訂相應的拉動和推動銷售策略,以實現營業額的穩中有升。

4.營業成本分析

將店鋪應達到的目標成本與實際成本相比較，找出差異並進行控制。差異是由實際成本不準確、店鋪安全有問題、不正確調校與運作、生產過程控制較差、不正確的生產程序、缺乏正確的職業訓練、處理產品的程序不當等原因造成。根據差異制訂出店鋪減少或消除差異的行動計劃，包括：提升營業額預估與預貨的準確性；控制食品成本和相關成本；嚴格執行生產過程控制計劃；杜絕生產過程的跑、冒、滴、漏現象。

5.營業費用分析

營業費用分析也是透過費用標準與實際消耗的比較實現的，主要是對可控費用的分析。費用成本差異主要是由內部管理不善造成的，因而可透過強化管理來改進。

＜範例 2＞　超市的店長手冊

一、店長的工作崗位職責

1.直屬部門：營運部

2.直屬上級：地區營運部總監

3.適用範圍：各店長

4.店長崗位職責：

· 維持店內良好的銷售業績；

· 嚴格控制店內的損耗；

· 維持店內整齊生動陳列；

· 合理控制人事成本，保持員工工作的高效率；

· 維持商場良好的顧客服務；

· 加強防火、防盜、防傷、安全保衛的工作；
· 審核店內預算和店內支出。

5. 主要工作：
· 全面負責商店管理及運作；
· 制訂銷售、毛利計劃，並指導落實；
· 傳達並執行營運部的工作計劃；
· 負責與地區總部及其他業務部門的聯繫溝通；
· 負責商店各部門管理人員的選拔和考評；
· 指導各部門的業務工作，努力提高銷售、服務業績；
· 宣導並督促實行「顧客第一、服務第一」的經營觀念，營造熱情、
　禮貌、整潔、舒適的購物環境；
· 嚴格控制損耗率、人事成本、營運成本，樹立「低成本」的經營
　觀念；
· 進行庫存管理，保證充足的貨品、準確的存貨及訂單的及時發放；
· 督促商店的促銷活動；
· 保障運營安全，嚴格清潔、防火、防盜的日常管理和設備的日常
　維修、保養；
· 負責全店人員的培訓；
· 授權值班經理處理店內事務；
· 負責店內其他日常事務。

6. 輔助工作：
· 指導其他商店人員的在職培訓；
· 協助總部有關公共事務的處理；
· 向總公司回饋有關運營的信息。

二、副店長的工作崗位職責

- 制定各部門量化工作指標，追蹤各部門報表完成情況，及時採取糾正措施並將異常情況回饋給店長；
- 在店長的領導下行使分管部門工作或被授權處理店長不在時店內事務；
- 對店內人員的合理定編、增編、縮編，向店長提出建議；
- 審查各部門員工業績考評記錄，並報給店長；
- 檢查各部門「運營規範」的執行情況並組織輔導、考評；
- 起草各項規章制度和通告，完善各管理機制；
- 制度審批後，負責向下發部門解釋、傳達、監督並回饋其執行情況；
- 與政府職能部門聯繫、協調，保證商場的正常運作；
- 起草店內各項費用預算及其送審、申報工作；
- 做好消防安全，及時處理各項突發事件；
- 加強各部門間的溝通與協調，及時瞭解情況，並提出整改意見；
- 協助店長監督檢查各部門執行崗位職責和行為運作規範的情況；
- 瞭解員工動態並予以正確引導。
- 檢查店內清潔衛生；
- 檢查員工食堂工作品質，做好後勤保障工作；
- 檢查設備維護及管理的情況；
- 檢查督導防火、防水、防盜、防工傷事故的工作。

三、人的管理

(一)顧客(會員)的管理

1.顧客(會員)的分佈和需求

透過會員信息，瞭解會員的分佈，特別是週邊地區會員的分佈結構。

每季一次由客服部進行會員需求調查，瞭解會員的消費、需求傾向，店長根據市場調查報告決定對策，加強管理。

2.如何處理顧客投訴

(1)店長在顧客投訴的處理方面，既有執行功能，又有管理功能。指導處理下屬人員無法處理的事情，如食用本店商品所引起的食物中毒、堆高車擦傷顧客等，此類問題涉及的不僅是單純的賠償，如處理不當會給公司造成嚴重的不良後果。

要檢查店內所有的投訴記錄，跟蹤、檢查重大事件的處理結果情況。

指導全體員工做好優質服務，在全店營造「顧客第一，服務至上」的良好服務環境。

(2)店長必須熟知那些方面易引起顧客投訴，才能有效地對症下藥，解決問題。量販店顧客投訴主要有以下幾種。

- 對商品的抱怨：價格、品質、缺配件、過期、標示不明、缺貨等。
- 對收銀的抱怨：員工態度差、收銀作業不當、因零錢不夠而少找錢、等候結賬時間過長、遺漏顧客的商品。
- 對服務的抱怨：洗手間設置不當，沒有聯絡設施、購物車不足、顧客寄存物品的遺失和調換、抽獎及贈品作業不公平等。
- 對安全的抱怨：意外事件的發生、顧客的意外傷害、無殘疾人通道、員工作業所造成的傷害等。
- 對環境的抱怨：衛生狀況差、廣播聲音太大、播放的音樂不當、堵塞交通等。

(3)店長及全體員工，在處理顧客投訴的原則是：
- 在處理顧客的不滿與抱怨時，使顧客在情緒上受到尊重；
- 保持心情平靜；
- 就事論事，以自信的態度認知自己的角色；
- 認真聽取投訴，確定顧客目前的情緒，找出問題所在；
- 設身處地站在顧客的立場為對方設想；
- 做好細節記錄，感謝顧客所反映的問題；
- 提出解決方案：掌握重心，瞭解癥結所在，按已有政策酌情處理，處理時力求方案既能使顧客滿意，又能符合公司的政策；
- 超出權限範圍內，要及時上報，並告知顧客解決的日期。

(二)對廠商的管理
- 在每週例會上要聽取各部門主管有關各供應商情況的彙報。貨物的準時配送與否對營業額有很大的影響，不配合的廠商，應及時同總部採購部聯繫，採取相應措施。
- 瞭解駐店促銷人員、聯營人員的工作面貌，督導下屬嚴格按照公司規範管理外來駐店人員。

(三)對員工的管理
- 出勤：每月檢查排班表，掌握出勤狀況，人力安排不能影響賣場的整體運行。
- 服務：不管公司的任何員工，在對顧客服務方面，一律平等，每天巡查時，抽查員工的禮貌用語、服裝、儀容及應對態度，特別是對客服總台、退換貨客服員工的檢查。
- 工作效率：經常按各部門的排班表，追蹤巡查是否有閒散人員，人員配置是否合理，將閒置人員予以靈活調動，以產生最高效率。
- 新員工的培訓和老員工的知識更新的管理：消防培訓；禮儀培訓；新的運營知識培訓。
- 各級管理人員和員工的工作考評並作相應獎懲措施。

四、商品的管理

1. 缺貨的管理

「缺貨是最大的罪惡」，由於缺貨而使顧客無法即時獲得滿足，長此以往，則會流失大量忠誠的顧客，所以缺貨率要嚴格控制，如有缺貨，要在該商品的價格卡右側，放置缺貨卡（紅色卡表示廠商未及時送貨所致，綠色卡表示樓面未及時下單所致），店長要詢問落實情況，督促該主管及時解決。不允許用商品填補或拉大相鄰品項的排面來填補缺位。

2. 補貨的管理

主要檢查補貨是否符合下面的原則。

· 貨物數量不足或缺貨時補貨，補貨時須將商品擺放整齊。

· 補貨區域先後次序：端架→堆頭→貨架。

· 補貨品項先後次序：促銷品項→主力品項→一般品項。

· 先進先出。

· 不堵塞通道，不妨礙顧客購物。

· 補貨時不能隨意更動排面。

· 補貨時，同一通道的放貨卡板同一時間內不能超過三塊，且要放在同一側。

· 補貨結束後，首先要清理通道，多餘存貨放回庫區，垃圾送到指定位置。

3. 理貨的管理

主要檢查理貨是否符合下列的原則：

· 零星物品要收回並歸位。

· 貨物排面要整齊，貨物和價格卡要相對應。

· 理貨區的先後次序是：端架→堆頭→貨架。

· 所理商品的先後次序是：快訊商品→主力商品→易混亂商品→一

般商品。

· 商品包裝(尤其是複合包裝)是否完好、條碼是否完好。

· 理貨的順序:自左向右,自上向下。

· 每日的銷售高峰前後,須進行全面理貨。

· 每日營業前理貨時,須做好清潔衛生。

· 不妨礙顧客購物。

· 堆高車和鋁梯要按照規範安全使用。

4. 庫存區商品的管理

主要檢查是否符合下列的原則:

· 符合消防安全規定,商品與燈的距離大於 75cm,不阻礙消防噴頭
  和其他電子設施。

· 指定區域存放易燃、易爆、易腐蝕商品。

· 貨物須在棧板上有序堆放。

· 庫存區要有條理,方便進出貨物,易辨認。

· 安全標示,嚴禁吸煙。

而賣場庫存區外箱上要有完整填寫的庫存單,且此面向外,原則上庫存與陳列上下一一對應,安全碼放,防止意外事故。

5. 商品陳列

主要檢查商品的陳列是否達到以下目的:

· 高的銷售額、高的商品週轉率及資金週轉率。

· 美感、商業感。

· 方便、符合購物習慣。

· 是否有量販的概念。

· 以銷量決定陳列空間。

· 陳列黃金線(0.9m~1.3m)的應用。

· 衝動性產品放在臨近主通道的地方陳列,日常性的消耗品陳列在
  店的後方。

· 輕小的物品放在貨架的上面，重大的物品放在貨架的底部，以增加安全感。

· 陳列時，商品的主要彩面面向顧客。

· 滿貨架陳列。

· 優先選擇相對垂直陳列。

6. 促銷商品的管理

· 促銷商品準時足量到貨(促銷前一天 16：00 前)，若沒到貨，則及時與相關採購聯繫或由企劃部及時張貼道歉啟事；

· 促銷商品的價格與快訊的價格要一致；

· 促銷商品補貨要優先、及時、足量、豐滿且整齊；

· 促銷用的 POP 要明顯、吸引人；

· 促銷手段要合理、得當，如低價格、搭贈、遊戲、摸獎、試吃、店內音樂、廣播及員工配合，等等；

· 逐口分析《促銷商品日銷售報表》，制訂計劃提高促銷品的銷售；

· 促銷結束後，價格要回升到正常價位，促銷用的紅色價簽要更換成正常的綠色價簽，促銷用的 POP 牌要撤換成正常的 POP 牌，保證當天所有價格標示正確。

7. 損耗管理

由於競爭激烈且價位低，故損耗的高低直接影響利潤，往往每個單位商品的損耗需要幾個甚至更多單位商品的銷售才能彌補。損耗通常是由於以下原因。

· 收貨環節的錯誤。

· 條碼貼錯。

· 不合乎程序的變價。

· 商品變質、破損等管理因素。

· 作業不當。

· 偷盜。

· 拆包過多等原因所致。

8.其他非常性商品的管理

· 季節性商品：特別是服裝等季節特別強的商品，在換季節時新產品訂貨量是否充足，品樣是否足夠，該退的商品是否已退，此時的退貨量較大，容易出現錯誤而造成損失。

· 節假日商品：像春節、中秋節、端午節、國慶日、店慶日等節日，如何推出合氣氛、合時宜的禮品和活動是增加營業額的主要手段之一，如抽獎、贈品、幸運顧客、專門禮物、花籃等。

· 特殊商品：例如下雨、下雪時，一定要及時把雨具(雨傘、雨披)等放在收銀台前以便利顧客購買。

五、收貨的管理

收貨是整個賣場物流的「咽喉」要道，它的任何失誤、差錯都能造成庫存的不正確，甚至結賬不及時。

· 輸入數據是否正確(收/退)。

· 資料是否完整、條理歸檔保存。

· 收貨區的貨物是否擺放合理、整齊，有無長期置放的商品及閒雜人員和廠商進入。

· 卸貨平台是否有秩序。

· 是否有員工索要或接受廠商物品。

· 衛生是否打掃乾淨。

· 是否按收貨程序和退貨程序作業。

· 退貨是否先錄入電腦，而後退給廠商；退貨商品的歸位是否條理。

· 貨物的碼放是否合理，一般要交叉堆放，高度控制在 1.4m 左右。

六、收銀的管理

對收銀的管理主要有以下幾個方面：
· 上機前的準備工作是否完善。
· 零鈔是否足夠。
· 服裝禮儀及規範用語是否得當。
· 是否有足夠的收銀台開放以避免顧客長時間等候。
· 是否按正確規範作業。
· 應答是否得體，避免與顧客發生爭執。
· 能否解決條碼、價格等問題。
· 檢查排班是否合理，特別是節假日、高峰期。
現金室(金庫)的管理包括以下幾個方面。
· 金庫是否有不相關人員出入。
· 金庫密碼是否洩密，是否變換及時。
· 金庫是否隨時上鎖。
· 上班與下班前一定要檢查金庫有無異常情況。
· 是否按規範作業。
· 定時和不定時地檢查儲備金的安全性。

七、信息資料的管理

店長要按日、週、月分析研究報表，以便隨時掌握營業狀態，並加以改善，加強管理。
· 每日銷售報表(部門營業額、時間段、客單價、來客數等)。
· 促銷商品銷售報表(營業額、客單價、來客數、促銷前後的差異)。
· 盤點報表(掌握庫存量、週轉期)。

・費用明細表(掌握每月的各項費用金額及比重)。

八、費用的管理

對費用的主要控制如下。

・在人工費用方面主要檢查:有沒有閒散人員,做到一職多能,按質按量地規範作業,嚴格將店人力費用開銷控制在公司營運部規定的百分比之內。

・控制水、電、煤氣開支,節電節能,盡可能減少高峰期用電量,減少損耗。

・降低辦公開銷:杜絕私人電話,建立各部門及辦公用品指標制,減少文具浪費。

・有效維護、保養設備。

・加強防火、防水、防盜。

心得欄

臺灣的核心競爭力，就在這裏！

圖書出版目錄

下列圖書是由臺灣的憲業企管顧問（集團）公司所出版，自 1993 年秉持專業立場，特別注重實務應用，50 餘位顧問師為企業界提供最專業的經營管理類圖書。

選購企管書，敬請認明品牌 ： 憲業企管公司。

1. 傳播書香社會，直接向本出版社購買，一律 9 折優惠，郵遞費用由本公司負擔。服務電話 (02) 27622241　(03) 9310960　　傳真 (03) 9310961

2. 付款方式：請將書款轉帳到我公司下列的銀行帳戶。

   ・銀行名稱：合作金庫銀行（敦南分行）　帳號：5034-717-347447
   　公司名稱：憲業企管顧問有限公司

   ・郵局劃撥號碼：18410591　　郵局劃撥戶名：憲業企管顧問公司

3. 圖書出版資料每週隨時更新，請見網站 www.bookstore99.com

經營顧問叢書

25	王永慶的經營管理	360 元	129	邁克爾・波特的戰略智慧	360 元
47	營業部門推銷技巧	390 元	130	如何制定企業經營戰略	360 元
52	堅持一定成功	360 元	135	成敗關鍵的談判技巧	360 元
56	對準目標	360 元	137	生產部門、行銷部門績效考核手冊	360 元
60	寶潔品牌操作手冊	360 元	139	行銷機能診斷	360 元
72	傳銷致富	360 元	140	企業如何節流	360 元
78	財務經理手冊	360 元	141	責任	360 元
79	財務診斷技巧	360 元	142	企業接棒人	360 元
86	企劃管理制度化	360 元	144	企業的外包操作管理	360 元
91	汽車販賣技巧大公開	360 元	146	主管階層績效考核手冊	360 元
97	企業收款管理	360 元	147	六步打造績效考核體系	360 元
100	幹部決定執行力	360 元	148	六步打造培訓體系	360 元
122	熱愛工作	360 元	149	展覽會行銷技巧	360 元
125	部門經營計劃工作	360 元			

150	企業流程管理技巧	360 元
152	向西點軍校學管理	360 元
154	領導你的成功團隊	360 元
155	頂尖傳銷術	360 元
160	各部門編制預算工作	360 元
163	只為成功找方法，不為失敗找藉口	360 元
167	網路商店管理手冊	360 元
168	生氣不如爭氣	360 元
170	模仿就能成功	350 元
176	每天進步一點點	350 元
181	速度是贏利關鍵	360 元
183	如何識別人才	360 元
184	找方法解決問題	360 元
185	不景氣時期，如何降低成本	360 元
186	營業管理疑難雜症與對策	360 元
187	廠商掌握零售賣場的竅門	360 元
188	推銷之神傳世技巧	360 元
189	企業經營案例解析	360 元
191	豐田汽車管理模式	360 元
192	企業執行力（技巧篇）	360 元
193	領導魅力	360 元
198	銷售說服技巧	360 元
199	促銷工具疑難雜症與對策	360 元
200	如何推動目標管理（第三版）	390 元
201	網路行銷技巧	360 元
204	客戶服務部工作流程	360 元
206	如何鞏固客戶（增訂二版）	360 元
208	經濟大崩潰	360 元
215	行銷計劃書的撰寫與執行	360 元
216	內部控制實務與案例	360 元
217	透視財務分析內幕	360 元
219	總經理如何管理公司	360 元
222	確保新產品銷售成功	360 元
223	品牌成功關鍵步驟	360 元
224	客戶服務部門績效量化指標	360 元
226	商業網站成功密碼	360 元
228	經營分析	360 元
229	產品經理手冊	360 元
230	診斷改善你的企業	360 元
232	電子郵件成功技巧	360 元
234	銷售通路管理實務〈增訂二版〉	360 元
235	求職面試一定成功	360 元
236	客戶管理操作實務〈增訂二版〉	360 元
237	總經理如何領導成功團隊	360 元
238	總經理如何熟悉財務控制	360 元
239	總經理如何靈活調動資金	360 元
240	有趣的生活經濟學	360 元
241	業務員經營轄區市場（增訂二版）	360 元
242	搜索引擎行銷	360 元
243	如何推動利潤中心制度（增訂二版）	360 元
244	經營智慧	360 元
245	企業危機應對實戰技巧	360 元
246	行銷總監工作指引	360 元
247	行銷總監實戰案例	360 元
248	企業戰略執行手冊	360 元
249	大客戶搖錢樹	360 元
250	企業經營計劃〈增訂二版〉	360 元
252	營業管理實務〈增訂二版〉	360 元
253	銷售部門績效考核量化指標	360 元
254	員工招聘操作手冊	360 元
256	有效溝通技巧	360 元
257	會議手冊	360 元
258	如何處理員工離職問題	360 元
259	提高工作效率	360 元
261	員工招聘性向測試方法	360 元
262	解決問題	360 元
263	微利時代制勝法寶	360 元
264	如何拿到 VC（風險投資）的錢	360 元
267	促銷管理實務〈增訂五版〉	360 元
268	顧客情報管理技巧	360 元
269	如何改善企業組織績效〈增訂二版〉	360 元
270	低調才是大智慧	360 元
272	主管必備的授權技巧	360 元
275	主管如何激勵部屬	360 元

276	輕鬆擁有幽默口才	360 元
277	各部門年度計劃工作（增訂二版）	360 元
278	面試主考官工作實務	360 元
279	總經理重點工作（增訂二版）	360 元
282	如何提高市場佔有率（增訂二版）	360 元
283	財務部流程規範化管理（增訂二版）	360 元
284	時間管理手冊	360 元
285	人事經理操作手冊（增訂二版）	360 元
286	贏得競爭優勢的模仿戰略	360 元
287	電話推銷培訓教材（增訂三版）	360 元
288	贏在細節管理（增訂二版）	360 元
289	企業識別系統 CIS（增訂二版）	360 元
290	部門主管手冊（增訂五版）	360 元
291	財務查帳技巧（增訂二版）	360 元
292	商業簡報技巧	360 元
293	業務員疑難雜症與對策（增訂二版）	360 元
294	內部控制規範手冊	360 元
295	哈佛領導力課程	360 元
296	如何診斷企業財務狀況	360 元
297	營業部轄區管理規範工具書	360 元
298	售後服務手冊	360 元
299	業績倍增的銷售技巧	400 元
300	行政部流程規範化管理（增訂二版）	400 元
301	如何撰寫商業計畫書	400 元
302	行銷部流程規範化管理（增訂二版）	400 元
303	人力資源部流程規範化管理（增訂四版）	420 元
304	生產部流程規範化管理（增訂二版）	400 元
305	績效考核手冊(增訂二版)	400 元
306	經銷商管理手冊(增訂四版)	420 元
307	招聘作業規範手冊	420 元

308	喬·吉拉德銷售智慧	400 元
309	商品鋪貨規範工具書	400 元
310	企業併購案例精華（增訂二版）	420 元
311	客戶抱怨手冊	400 元
312	如何撰寫職位說明書（增訂二版）	100 元
313	總務部門重點工作（增訂三版）	400 元
314	客戶拒絕就是銷售成功的開始	400 元
315	如何選人、育人、用人、留人、辭人	400 元
316	危機管理案例精華	400 元
317	節約的都是利潤	400 元
318	企業盈利模式	400 元
319	應收帳款的管理與催收	420 元
320	總經理手冊	420 元
321	新產品銷售一定成功	420 元
322	銷售獎勵辦法	420 元
323	財務主管工作手冊	420 元
324	降低人力成本	420 元
325	企業如何制度化	420 元
326	終端零售店管理手冊	420 元
327	客戶管理應用技巧	420 元

《商店叢書》

18	店員推銷技巧	360 元
30	特許連鎖業經營技巧	360 元
35	商店標準操作流程	360 元
36	商店導購口才專業培訓	360 元
37	速食店操作手冊〈增訂二版〉	360 元
38	網路商店創業手冊〈增訂二版〉	360 元
40	商店診斷實務	360 元
41	店鋪商品管理手冊	360 元
42	店員操作手冊（增訂三版）	360 元
44	店長如何提升業績〈增訂二版〉	360 元
45	向肯德基學習連鎖經營〈增訂二版〉	360 元
47	賣場如何經營會員制俱樂部	360 元

48	賣場銷量神奇交叉分析	360 元
49	商場促銷法寶	360 元
53	餐飲業工作規範	360 元
54	有效的店員銷售技巧	360 元
55	如何開創連鎖體系〈增訂三版〉	360 元
56	開一家穩賺不賠的網路商店	360 元
57	連鎖業開店複製流程	360 元
58	商鋪業績提升技巧	360 元
59	店員工作規範（增訂二版）	400 元
60	連鎖業加盟合約	400 元
61	架設強大的連鎖總部	400 元
62	餐飲業經營技巧	400 元
63	連鎖店操作手冊（增訂五版）	420 元
64	賣場管理督導手冊	420 元
65	連鎖店督導師手冊（增訂二版）	420 元
67	店長數據化管理技巧	420 元
68	開店創業手冊〈增訂四版〉	420 元
69	連鎖業商品開發與物流配送	420 元
70	連鎖業加盟招商與培訓作法	420 元
71	金牌店員內部培訓手冊	420 元
72	如何撰寫連鎖業營運手冊〈增訂三版〉	420 元
73	店長操作手冊（增訂七版）	420 元

《工廠叢書》

15	工廠設備維護手冊	380 元
16	品管圈活動指南	380 元
17	品管圈推動實務	380 元
20	如何推動提案制度	380 元
24	六西格瑪管理手冊	380 元
30	生產績效診斷與評估	380 元
32	如何藉助 IE 提升業績	380 元
38	目視管理操作技巧(增訂二版)	380 元
46	降低生產成本	380 元
47	物流配送績效管理	380 元
51	透視流程改善技巧	380 元
55	企業標準化的創建與推動	380 元
56	精細化生產管理	380 元
57	品質管制手法〈增訂二版〉	380 元

58	如何改善生產績效〈增訂二版〉	380 元
68	打造一流的生產作業廠區	380 元
70	如何控制不良品〈增訂二版〉	380 元
71	全面消除生產浪費	380 元
72	現場工程改善應用手冊	380 元
75	生產計劃的規劃與執行	380 元
77	確保新產品開發成功（增訂四版）	380 元
79	6S 管理運作技巧	380 元
83	品管部經理操作規範〈增訂二版〉	380 元
84	供應商管理手冊	380 元
85	採購管理工作細則〈增訂二版〉	380 元
87	物料管理控制實務〈增訂二版〉	380 元
88	豐田現場管理技巧	380 元
89	生產現場管理實戰案例〈增訂三版〉	380 元
90	如何推動 5S 管理（增訂五版）	420 元
92	生產主管操作手冊(增訂五版)	420 元
93	機器設備維護管理工具書	420 元
94	如何解決工廠問題	420 元
96	生產訂單運作方式與變更管理	420 元
97	商品管理流程控制(增訂四版)	420 元
98	採購管理實務〈增訂六版〉	420 元
99	如何管理倉庫〈增訂八版〉	420 元
100	部門績效考核的量化管理（增訂六版）	420 元
101	如何預防採購舞弊	420 元
102	生產主管工作技巧	420 元
103	工廠管理標準作業流程〈增訂三版〉	420 元
104	採購談判與議價技巧〈增訂三版〉	420 元

《醫學保健叢書》

1	9 週加強免疫能力	320 元
3	如何克服失眠	320 元
4	美麗肌膚有妙方	320 元

5	減肥瘦身一定成功	360 元
6	輕鬆懷孕手冊	360 元
7	育兒保健手冊	360 元
8	輕鬆坐月子	360 元
11	排毒養生方法	360 元
13	排除體內毒素	360 元
14	排除便秘困擾	360 元
15	維生素保健全書	360 元
16	腎臟病患者的治療與保健	360 元
17	肝病患者的治療與保健	360 元
18	糖尿病患者的治療與保健	360 元
19	高血壓患者的治療與保健	360 元
22	給老爸老媽的保健全書	360 元
23	如何降低高血壓	360 元
24	如何治療糖尿病	360 元
25	如何降低膽固醇	360 元
26	人體器官使用說明書	360 元
27	這樣喝水最健康	360 元
28	輕鬆排毒方法	360 元
29	中醫養生手冊	360 元
30	孕婦手冊	360 元
31	育兒手冊	360 元
32	幾千年的中醫養生方法	360 元
34	糖尿病治療全書	360 元
35	活到 120 歲的飲食方法	360 元
36	7 天克服便秘	360 元
37	為長壽做準備	360 元
39	拒絕三高有方法	360 元
40	一定要懷孕	360 元
41	提高免疫力可抵抗癌症	360 元
42	生男生女有技巧〈增訂三版〉	360 元

《培訓叢書》

11	培訓師的現場培訓技巧	360 元
12	培訓師的演講技巧	360 元
15	戶外培訓活動實施技巧	360 元
17	針對部門主管的培訓遊戲	360 元
21	培訓部門經理操作手冊（增訂三版）	360 元
23	培訓部門流程規範化管理	360 元
24	領導技巧培訓遊戲	360 元

26	提升服務品質培訓遊戲	360 元
27	執行能力培訓遊戲	360 元
28	企業如何培訓內部講師	360 元
29	培訓師手冊（增訂五版）	420 元
30	團隊合作培訓遊戲(增訂三版)	420 元
31	激勵員工培訓遊戲	420 元
32	企業培訓活動的破冰遊戲（增訂二版）	420 元
33	解決問題能力培訓遊戲	420 元
34	情商管理培訓遊戲	420 元
35	企業培訓遊戲大全(增訂四版)	420 元
36	銷售部門培訓遊戲綜合本	420 元

《傳銷叢書》

4	傳銷致富	360 元
5	傳銷培訓課程	360 元
10	頂尖傳銷術	360 元
12	現在輪到你成功	350 元
13	鑽石傳銷商培訓手冊	350 元
14	傳銷皇帝的激勵技巧	360 元
15	傳銷皇帝的溝通技巧	360 元
19	傳銷分享會運作範例	360 元
20	傳銷成功技巧（增訂五版）	400 元
21	傳銷領袖（增訂二版）	400 元
22	傳銷話術	400 元
23	如何傳銷邀約	400 元

《幼兒培育叢書》

1	如何培育傑出子女	360 元
2	培育財富子女	360 元
3	如何激發孩子的學習潛能	360 元
4	鼓勵孩子	360 元
5	別溺愛孩子	360 元
6	孩子考第一名	360 元
7	父母要如何與孩子溝通	360 元
8	父母要如何培養孩子的好習慣	360 元
9	父母要如何激發孩子學習潛能	360 元
10	如何讓孩子變得堅強自信	360 元

《成功叢書》

1	猶太富翁經商智慧	360 元
2	致富鑽石法則	360 元
3	發現財富密碼	360 元

《企業傳記叢書》

1	零售巨人沃爾瑪	360 元
2	大型企業失敗啟示錄	360 元
3	企業併購始祖洛克菲勒	360 元
4	透視戴爾經營技巧	360 元
5	亞馬遜網路書店傳奇	360 元
6	動物智慧的企業競爭啟示	320 元
7	CEO 拯救企業	360 元
8	世界首富　宜家王國	360 元
9	航空巨人波音傳奇	360 元
10	傳媒併購大亨	360 元

《智慧叢書》

1	禪的智慧	360 元
2	生活禪	360 元
3	易經的智慧	360 元
4	禪的管理大智慧	360 元
5	改變命運的人生智慧	360 元
6	如何吸取中庸智慧	360 元
7	如何吸取老子智慧	360 元
8	如何吸取易經智慧	360 元
9	經濟大崩潰	360 元
10	有趣的生活經濟學	360 元
11	低調才是大智慧	360 元

《DIY 叢書》

1	居家節約竅門 DIY	360 元
2	愛護汽車 DIY	360 元
3	現代居家風水 DIY	360 元
4	居家收納整理 DIY	360 元
5	廚房竅門 DIY	360 元
6	家庭裝修 DIY	360 元
7	省油大作戰	360 元

《財務管理叢書》

1	如何編制部門年度預算	360 元
2	財務查帳技巧	360 元
3	財務經理手冊	360 元
4	財務診斷技巧	360 元
5	內部控制實務	360 元
6	財務管理制度化	360 元
8	財務部流程規範化管理	360 元
9	如何推動利潤中心制度	360 元

為方便讀者選購，本公司將一部分上述圖書又加以專門分類如下：

《主管叢書》

1	部門主管手冊（增訂五版）	360 元
2	總經理手冊	420 元
4	生產主管操作手冊（增訂五版）	420 元
5	店長操作手冊（增訂六版）	420 元
6	財務經理手冊	360 元
7	人事經理操作手冊	360 元
8	行銷總監工作指引	360 元
9	行銷總監實戰案例	360 元

《總經理叢書》

1	總經理如何經營公司(增訂二版)	360 元
2	總經理如何管理公司	360 元
3	總經理如何領導成功團隊	360 元
4	總經理如何熟悉財務控制	360 元
5	總經理如何靈活調動資金	360 元
6	總經理手冊	420 元

《人事管理叢書》

1	人事經理操作手冊	360 元
2	員工招聘操作手冊	360 元
3	員工招聘性向測試方法	360 元
5	總務部門重點工作（增訂三版）	400 元
6	如何識別人才	360 元
7	如何處理員工離職問題	360 元
8	人力資源部流程規範化管理（增訂四版）	420 元
9	面試主考官工作實務	360 元
10	主管如何激勵部屬	360 元
11	主管必備的授權技巧	360 元
12	部門主管手冊（增訂五版）	360 元

《理財叢書》

1	巴菲特股票投資忠告	360 元
2	受益一生的投資理財	360 元
3	終身理財計劃	360 元
4	如何投資黃金	360 元
5	巴菲特投資必贏技巧	360 元
6	投資基金賺錢方法	360 元
7	索羅斯的基金投資必贏忠告	360 元

8	巴菲特為何投資比亞迪	360 元

《網路行銷叢書》

1	網路商店創業手冊〈增訂二版〉	360 元
2	網路商店管理手冊	360 元
3	網路行銷技巧	360 元
4	商業網站成功密碼	360 元
5	電子郵件成功技巧	360 元

6	搜索引擎行銷	360 元

《企業計劃叢書》

1	企業經營計劃〈增訂二版〉	360 元
2	各部門年度計劃工作	360 元
3	各部門編制預算工作	360 元
4	經營分析	360 元
5	企業戰略執行手冊	360 元

請保留此圖書目錄：

　　　　未來在長遠的工作上，此圖書目錄

可能會對您有幫助！！

如何藉助流程改善，

提升企業績效？

敬請參考下列各書，內容保證精彩：
- 透視流程改善技巧（380 元）
- 工廠管理標準作業流程（420 元）
- 商品管理流程控制（420 元）
- 如何改善企業組織績效（360 元）
- 診斷改善你的企業（360 元）

　　上述各書均有在書店陳列販賣，若書店賣完而來不及由庫存書補充上架，請讀者直接向店員詢問、購買，最快速、方便！購買方法如下：

　　銀行名稱：合作金庫銀行　敦南分行(代碼：006)

　　帳號：5034-717-347-447

　　公司名稱：憲業企管顧問有限公司

　　郵局劃撥帳號：18410591

用培訓、提升企業競爭力是萬無一失、事半功倍的方法。其效果更具有超大的「投資報酬力」！

好消息

最 暢 銷 的 工 廠 叢 書

序 號	名 稱	售 價
47	物流配送績效管理	380元
51	透視流程改善技巧	380元
55	企業標準化的創建與推動	380元
56	精細化生產管理	380元
57	品質管制手法〈增訂二版〉	380元
58	如何改善生產績效〈增訂二版〉	380元
68	打造一流的生產作業廠區	380元
70	如何控制不良品〈增訂二版〉	380元
71	全面消除生產浪費	380元
72	現場工程改善應用手冊	380元
75	生產計劃的規劃與執行	380元
77	確保新產品開發成功（增訂四版）	380元
79	6S管理運作技巧	380元
83	品管部經理操作規範〈增訂二版〉	380元
84	供應商管理手冊	380元
85	採購管理工作細則〈增訂二版〉	380元
87	物料管理控制實務〈增訂二版〉	380元
88	豐田現場管理技巧	380元
89	生產現場管理實戰案例〈增訂三版〉	380元
90	如何推動5S管理（增訂五版）	420元
92	生產主管操作手冊（增訂五版）	420元
93	機器設備維護管理工具書	420元
94	如何解決工廠問題	420元
96	生產訂單運作方式與變更管理	420元
97	商品管理流程控制（增訂四版）	420元
98	採購管理實務〈增訂六版〉	420元
99	如何管理倉庫〈增訂八版〉	420元
100	部門績效考核的量化管理（增訂六版）	420元
101	如何預防採購舞弊	420元
102	生產主管工作技巧	420元
103	工廠管理標準作業流程〈增訂三版〉	420元

在海外出差的⋯⋯⋯⋯
臺灣上班族
不斷學習，持續投資在自己的競爭力，最划得來的⋯⋯

愈來愈多的台灣上班族，到海外工作(或海外出差)，對工作的努力與敬業，是台灣上班族的核心競爭力；一個明顯的例子，返台休假期間，台灣上班族都會抽空再買書，設法充實自身專業能力。

[憲業企管顧問公司]以專業立場，為企業界提供專業咨詢，並提供最專業的各種經營管理類圖書。

85%的台灣上班族都曾經有過購買(或閱讀)[憲業企管顧問公司]所出版的各種企管圖書。

建議你：工作之餘要多看書，加強競爭力。

建立企業圖書館

當市場競爭激烈時：

培訓員工，強化員工競爭力
是企業最佳對策

「人才」是企業最大的財富。如何提升人才，是企業永續經營、戰勝對手的核心競爭力。積極培訓公司內部員工，是經濟不景氣時期的最佳戰略，而最快速的具體作法，就是「建立企業內部圖書館，鼓勵員工多閱讀、多進修專業書籍」

建議您：請一次購足本公司所出版各種經營管理類圖書，作為貴公司內部員工培訓圖書。 使用率高的（例如「贏在細節管理」），準備 3 本；使用率低的（例如「工廠設備維護手冊」），只買 1 本。

給總經理的話

　　總經理公事繁忙，還要設法擠出時間，赴外上課進修學習，努力不懈，力爭上游。

　　總經理拚命充電，但是員工呢？

　　公司的執行仍然要靠員工，為什麼不要讓員工一起進修學習呢？

　　買幾本好書，交待員工一起讀書，或是買好書送給員工當禮品。簡單、立刻可行，多好的事！

商店叢書 ⑦³   售價：420 元

店長操作手冊（增訂七版）

西元二〇一七年十一月	（全新改版內容）增訂七版一刷
西元二〇一六年二月	增訂六版一刷
西元二〇一三年二月	增訂五版一刷
西元二〇一一年七月	增訂四版二刷
西元二〇一〇年十二月	增訂四版一刷
西元二〇〇九年四月	增訂三版二刷
西元二〇〇八年五月	增訂二版二刷
西元二〇〇七年十月	增訂二版一刷
西元二〇〇二年十二月	企管教材普及版、初版八刷

編著：黃憲仁

策劃：麥可國際出版有限公司（新加坡）

編輯：蕭玲

發行人：黃憲仁

發行所：憲業企管顧問有限公司

電話：(02) 2762-2241　　(03) 9310960　　0930872873

電子郵件聯絡信箱：huang2838@yahoo.com.tw

銀行 ATM 轉帳：合作金庫銀行　　帳號：5034-717-347447

郵政劃撥：18410591　　憲業企管顧問有限公司

江祖平律師顧問：紙品書、數位書著作權與版權均歸本公司所有

登記證：行政業新聞局版台業字第 6380 號

本公司徵求海外版權出版代理商（0930872873）

本圖書是由憲業企管顧問（集團）公司所出版，以專業立場，為企業界提供最專業的各種經營管理類圖書。

圖書編號 ISBN：978-986-369-063-4